C.S. Preobrajenia
Anabarskoi
R. Popigai
Ust Anabarsk
Katanska
L. Piasia
Iakoot
L. Evsievsk
Starokantaisk
Arctic Circ
Novaia Zemlia
Karskoe
Gulf of Obi
Tomsk
Omsk
Krasnoiarsk
Irkutsk
Tchapogirs
Tunguska
Tartary
Chinese
Scale of English Statute Miles
0 50 100 200 300 400 500
English Feet
12000
9000
6000
3000
Konjakofski 5397 ft. Culm. p. of the Ural Mts
Snow limit 4800 ft.
Siberian Plain
Tobolsk 115 ft.
Semipalatinsk 755 ft.
Pyelucha 11063 ft. Culminating Point of the Altai and of Siberia.
Snow limit 7030 ft.
Altai Mts
Sajan Mts
Level of the Sea
Section

A M E R I C A
Bherings Strait
S. Laurence
C. Atchene
G. of Anadir
O C E A N
New Siberia
Kotelnoy
Sviatoi Nos
Mts of the Lena
Ust Yansk
Ice I.
Tchaoun
C. Chalagskoy
R. Pakhia
R. Tchaoun
Shalaurovo
R. Aniuy
Sredne Kolimsk
Nijenai Kolimsk
Alazeisk
Sordak
Mountains
Gigansk
IAKUTSK
Aldansk
Omekon
Okhotsk
S E A O F O K H O T S K
Bherings I.
Ust Stretensk
Argunsk
R. Amoor
E M P I R E
Lake Baikal 1610 ft
Nertchinsk Mts 4000 ft
Nertchinsk 1854 ft
Iablonnoi
Line AB

매머드,

빙하기

거인의

부활

매머드,
빙하기
거인의
부활

M A M M O T H

리처드 스톤 지음 · 김소정 옮김

지호

레이첼과 조지에게

우리는 이것이 공상 속 이야기라고 생각한다.

그러나 이것은 엄연한 현실이다.

코드와이너 스미스,
「알파 랄파 볼바르*Alpha Ralpha Boulevard*」(1961)

차례

M A M M O T H

감사의 글

나를 기꺼이 초대해서 자신들의 탐사 작업을 관찰할 수 있게 해준 매머드 연구가들이 아니었다면 이 책을 쓸 수 없었을 것이다. 먼저 '매머드 부활 추진 위원회'의 고바야시 가즈토시와 '매머더스'의 베르나르 뷔게에게 감사를 드린다.

모두 서른 명이 넘는 매머드 연구가들이 나를 위해 시간을 할애해주었다. 그 가운데서도 특히 래리 아젠브로드와 알렉스 그린우드, 고토 가즈후미, 이라타니 아키라, 로스 맥피, 폴 마틴, 안드레이 셰르, 알렉세이 티호노프에게 감사드린다. 그들은 정말 가치 있는 이야기를 내게 들려주었다. 무엇보다도 나는 딕 몰과 프레제 몰 부부에게 고마움을 표시하고 싶다. 그들은 내가 암스테르담을 여행하는 동안 정말 따뜻하게 맞아주었다. 체르스키에서 나를 친절하게 맞아준 세르게이 지모프와 갈리나 지모프에게도 감사드린다.

내가 매머드 탐사를 마음 놓고 할 수 있도록 물심양면 도와준 동료들에게도 감사드린다. 특히 콜린 노먼, 칼 짐머, 스티브 페트라넥에게 감사드린다. 그들은 1998년과 1999년, 2000년의 시베리아 여행 때 많은 도움을 주었다. 가브리엘 월커에게도 충심으로 감사를 전한다. 그녀의 해박한 지식과 편집 능력은 마지막 제다이의 스승, 요다같이 내가 쉽고 빠르게 책을 쓸 수 있도록 도와주었다.

책을 쓰고 조사를 해나가는 동안 조언을 아끼지 않았던 팀 디클레어와 안드레이 올호바초프, 미셸 사토리, 크리스틴 와인라이트에게도 감사의 마음을 전한다. 또한 처음부터 나를 믿고 지켜봐준 페르세우스 편집부 여러분께도 감사드린다.

그리고 이 책이 나오는 데 결정적인 역할을 한 두 명의 친구에게도 고마움을 전한다. 아만다 쿡은 이 책의 전 과정에서 나를 이끌었고, 케리 누전트 웰스는 나에게 영감을 주었다.

원래 계획은 2000년 4월 1일, 아들 아론이 태어나기 전에 책을 끝낼 생각이었다. 하지만 그럴 수 없었다. 아마 아내 무츠미의 배려가 없었다면 영원히 끝내지 못했을지도 모른다. 아내는 자료를 찾아주고 끝이 안 보이는 이 작업을 계속할 수 있도록 격려해주었다. 그녀의 도움으로 간신히 두 개의 중요한 행사 전에 책을 끝낼 수 있었다. 하나는 러시아에서 열린 베레조프카 매머드 발견 백 주년 기념 축제였고, 다른 하나는 아들 아론의 첫번째 생일 파티였다.

2001년 3월 26일, 영국 케임브리지에서

죽은 자의 부활

우리는 고도를 낮춘 채 시베리아의 타이미르 반도를 횡단하고 있었다. 뿌연 담배 연기와 매캐한 등유 냄새가 아에로플로트 사의 낡은 헬리콥터 안을 가득 채우고 있었지만 둥글고 작은 창문으로 내려다보이는 바깥 경치는 상쾌하고 선명했다. 늦은 오후 햇살 아래 벌거벗은 언덕은 푸르스름한 그림자를 드리우고 있었고, 광활한 얼음의 대륙, 툰드라를 지나는 강 위의 얼음은 햇빛에 반사되어 마치 용이 내뿜는 화염처럼 황금빛으로 반짝이고 있었다. 머리 위로 날아가는 낯선 기체의 소음에 놀란 순록 떼가 설원에 하얀 눈보라를 일으키며 애리 마스 보존지구에 마지막 남아 있는 낙엽송 지대를 따라 달리기 시작했다. 이곳은 지상에서 가장 최북단에 위치한 삼림지대이다.

이틀 전 이 메마른 황무지에서 노련한 북극 탐험가인 베르나르 뷔게Bernard Buigues와 그의 동료들이 실종되었다. 나는 걱정이 되어 미칠 것 같았다. 2000년 10월의 마지막 주를 시베리아에서 뷔게와 함께 보낸 나는 이 현대판 털북숭이매머드 연구가를 좋아했다. 그가 실종되기 며칠 전 우리는 시베리아의 외진 마을에서 함께 지냈다. 시베리아 원주민인 돌간족은 우리를 따뜻하게 맞아주었다. 그들 대부분은 현대식 복장을 하고 있었지만 개중에는 순록 가죽으로 만든 상의와 바지를 입고 있는 사람도 있었다. 이번에는 급하게 오느라 빈손이었지만 보통 뷔게는 마을 사람들을 위한 밀가루나 아이들을 위한 신발 등 이 거친 툰드라의 삶에 조금이라도 보탬이 될 수 있는 물자를 마을로 가져다주었다. 그 동안의 안부를 묻는 그의 눈을 보면 그가 진심으로 원주민들을 걱정한다는 것을 알 수 있었다. 뷔게는 원주민에게 어디에 가면 털북숭이매머드의 뼈 조각을 찾을 수 있는지 물어보았다. 물론 그가 가장 찾고 싶었던 것은 완벽하게 보존된 매머드 사체였다.

처음에 원주민들은 어떠한 단서도 제공해주지 않았다. 그들은 조상들이 숭배했던 동물의 사체가 훼손되는 것을 두려워하고 있었다. 그러나 결국 원주민들은 관자놀이가 희끗해져가는 이 금발의 서양인에게 매머드 뼈가 묻혀 있는 장소 몇 군데를 알려주었다. 뷔게는 매머드가 묻힌 장소를 알아내는 데 성공했지만 원주민들이 발굴에 협조하지 않을 것을 알고 있었다. 원주민들은 매머드 사체를 훼손하면 자신뿐만 아니라 가족의 생명도 위험해진다고 믿고 있었다.

지금 나는 원주민들의 전설이 사실인지도 모른다는 생각을 하고 있다. 풍부한 현장 경험을 자신하던 뷔게와 그의 동료들은 겨우 하루치 식량만 가지고 현장으로 떠났다. 그들과 연락이 끊어졌지만 이웃 마을에서 발전기를 빌려 와야 했기 때문에 헬리콥터도 띄울 수가 없었다. 기상 통신은 기온이 크게 떨어지고 있으며 바람도 거세게 불 전망이라고 했다. 하지만 나는 뷔게와 그의 동료들이 어떤 상태에 놓여 있는지 알 길이 없었다. 그들이 텐트에 머물고 있더라도 이렇게 낮은 기온에서 체온을 유지하고 정신을 잃지 않기 위해서는 좀 더 많은 식량을 가져갔어야 했다. 뷔게와 그의 동료들을 구조하기 위해 출발하는 MI-8 헬리콥터에서 내 옆자리에 앉은 사람은 뷔게의 오랜 친구이자 그의 참모인 마른 체구의 크리스티앙 드 마를리아브Christian de Marliave였다. 구조 시기가 지체됐는데도 그는 그리 초조해하지 않는 것 같았다. 마를리아브는 이보다 훨씬 더 위험한 상황에서도 당황하지 않을 사람처럼 보였다. 그는 어니스트 섀클턴 Ernest Shackleton이 지나간 험난한 여정을 직접 되짚어 여행해본 사람이었다. 섀클턴은 20세기 초, 좌초된 배에 남아 있는 동료들을 구하기 위해 사우스 조지아 섬의 산맥을 넘어 포경선이 정박해 있는 항구에 도달했던 남극 탐험가이다.

뷔게와 그의 동료들이 추위와 배고픔에 떨고 있다 하더라도 그것은 경험이 부족해서가 아니다. 1990년 소련이 붕괴된 후 뷔게는 타이미르 반도에서 가장 큰 마을인 하탕가에서 북극여행 사업을 시작했다. 극지방 탐험 협회Cercles Polaires Expéditions 또는 줄여서 세르폴렉스Cerpolex라고 불리는 파리 지사支社는 험난한 곳에서 스키를 타고 싶어하는 무모한 여행객들을 상대로 타이미르 반도의 끝인 악티초프스키 곶 같은 북극 지방을 여행할 수 있도록 주선했다. 그리고 원하는 사람에게는 얼어붙은 북극해 위에서 보드카를 마실 수 있는 즐거움도 제공하고 있었다. 1996년 뷔게는 하탕가를 전초 기지 삼아 악티초프스키를 출발하여 북극점에서 끝나는 55일간의 스키 여행을 기획하는 등 모두 20여 가지가 넘는 여행 상품을 개발했다. 그는 언젠가 북극에 대한 자신의 열정을 이렇게 표현했다. "북극은 내 마음의 고향이라네."

이 이국적인 땅은 내 마음도 사로잡아버렸다. 하늘에서 내려다보는 북극의 모습은 얼어붙은 늪지와 얼고 녹는 과정을 반복해 생긴 툰드라 지대 영구 동토층의 균열로 마치 아무렇게나 짜여진 퀼트 조각처럼 보였다. 이런 척박한 땅에서도 저 많은 순록이 살아갈 수 있다니 실로 놀라운 일이 아닐 수 없었다.

커다란 물줄기를 발견한 우리 헬기는 아래로 하강하기 시작했다. 그곳은 타이미르 호로, 녹았다 다시 얼어붙은 얼음 조각들이 호수 표면을 덮고 있는 짙은 얼음 층에 균열을 만들었다. 그 모습은 마치 전체 표면이 얼음으로 덮여 있다는 목성의 위성, 에우로파를 연상시켰다. 그때, 호수 반대편에 얼음 낚시꾼들의 거처가 갈색 얼룩처럼 보였고 나는 공상을 멈춰야 했다.

헬리콥터가 기체를 기울인 채 선회하자 대여섯 명의 사람들이 혹독한 추위와 싸우며 텐트 주위에 몰려 있는 모습이 보였다. 안전한 착륙지점을 찾기 위해 몇 차례 공중을 맴돌던 헬리콥터가 마침내 땅에 닿았다. 헬리콥터가 완전히 착륙하고 우리 네 사람이 밖으로 나오자 구조를 기다리던 사람들 사이에서 환호가 터져 나왔다. 웬만해서는 자신의 감정을 드러내지 않는 마를리아브조차 모두 무사하다는 소식을 듣고 밝게 웃었다. 겉으로 드러내지는 않아도 어지간히 걱정했던 모양이다.

탐험대를 촬영할 디스커버리 채널의 사진기자가 포함된 원정대는 상황이 급박하게 돌아가자 그곳에서 약 40킬로미터 정도 떨어진 사블레라 곶에 있는 무선 송신 기지까지 도보로라도 사람을 보낼 생각이었다고 한다. 사블레라 기지는 홀로 떨어진 전진 기지로 지금까지도 옛소련 국기가 찢어진 채 펄럭이고 있는 곳이다. 식량도 모두 떨어진 상태였으나 모두들 웃으면서 농담할 수 있는 여유를 찾았다. "정말 끔찍한 경험이었다니까요. 구운 콩 한 톨도 안 남았어요." 사진기자인 존 데이비John Davey가 말했다. 꼬박 하루를 추위와 배고픔에 떨며 영하 45도까지 떨어진 상황에서 모진 바람과 싸워야 했던 대원들은 이러다 기지가 완전히 파괴될지도 모른다는 두려움에 떨고 있었다. 그러나 뷔게는 좌절하지 않았다.

뷔게는 우리를 보고 씩 웃으며 말했다. "자, 모두들 나를 따라오시죠." 이제 막 벗겨지기 시작한 머리를 털 달린 파카 모자로 가릴 생각조차 하지 않은 채, 그는 텐트를 지나 타이미르 호 입구에 삼각주를 이루는 얼어붙은 개울 가장자리까지 걸어 내려갔다. 평평한 수면 위에 쌓인 눈은 마치 유령이 쓸어가듯 돌풍에 휘날려 얼어붙은 진흙탕에 반쯤 파묻혀 있던 녹슨 연료통 위에 수북이 쌓였다. 양말을 세 겹으로 신었는데도 내 발가락은 얼어붙어 감각이 없었다. 마를리아브가 지층 투과 전파 탐지기를 실은 썰매를 끌면서 내 뒤를 따라오고 있었다. 우리는 얼음 퇴적물과 전혀 조화를 이루지 못하고 동떨어져 있는, 마치 전신주처럼 보이는 물체를 향해 걸어갔다. 그것은 이정표였다.

뷔게는 그곳에서 걸음을 멈추었다. 우리는 잠시 후 그가 왜 그렇게 흥분했는지 비로소 알 수 있었다. 그곳에는 다섯 개의 밤색 척추뼈가 가시처럼 땅 위로 우뚝 솟아 있었다. 그것은 오래 전에 사라져버린 세계에서 날아온 사자使者였다. 뷔게는 무릎을 꿇고 앉더니 땅 위로 나와 있는 털 뭉치를 가리키며 말했다. "이곳에 도착했을 때는 과연 무엇을 발견할 수 있을까 생각했어요." 9월이 되어 삼각주가 얼기 전, 수위가 갑자기 90센티미터 정도 낮아지는 바람에 매머드 사체가 땅 위에 드러났던 것이다. 뷔게는 바로 전날, 연구팀의 과학자 한 사람이 얼어붙은 흙더미를 쇠 곡괭이로 깎아냈다고 했다. 그러자 얼마 파지 않아 얼어붙은 매머드 옆구리 살이 나타났다는 것이다. "아마 매머드 몸체의 절반 정도가 영구 동토층 밑에 파묻혀 있는 것 같아요." 뷔게가 말했다. 그러자 마를리아브가 매머드를 발굴하기 위해서는 얼마나 파내려가야 하는지 깊이를 측정하기 위해 지층 투과 전파 탐지기를 조립하기 시작했다.

뷔게는 표트르 대제가 서방 세계에 시베리아를 개방했던 18세기 이후에 나타난 수많은 매머드 연구가들의 계보를 잇는 인물 가운데 가장 신예라고 할 수 있다. 그는 냉동 시설을 갖춘 비행기를 고안하여 북부 시베리아 얼음에 묻힌 빙하기 생물을 프랑스로 옮겨와 발굴된 당시 모습 그대로 연구할 수 있는 길을 개척한 사람이다. 그와 동료들은 자신들이 발굴해낸 매머드가 이 신비로운 동물을 둘러싸고 있는 풀리지 않는 호기심을 해결해줄 수 있길 희망하고 있다.

지난 2세기 동안 발견된 화석 조각들을 토대로 과학자들은 한때 지구 위를 활보했던 이 놀라운 생명체의 상상 모형을 만들어냈다. 물론 지구상에 존재했던 동물 중 공룡만큼 경이로운 존재는 없다. 그러나 공룡은 호모 사피엔스가 지구상에 출현하기 전인 6천만 년 전에 멸종한 것으로 추정되기 때문에 인류와 공존한 역사가 없었다. 따라서 인류의 조상들과 함께 생활했던 거대 동물들이라면 인류의 생명을 위협했던 빙하기 시대의 동물들을 떠올리게 된다. 물론 빙하기 동물로 검치劍齒호랑이나 동굴사자를 떠올릴 수도 있지만 이런 육식동물들은 현재 호랑이나 사자와 별로 다르지 않기 때문에 그 모습을 쉽게 상상할 수 있다.

빙하기 생물 중 가장 매력적인 존재는 단연 매머드일 것이다. 매머드는 현존하는 사촌 종 코끼리보다 그리 큰 편은 아니지만 인간과 맞서 싸워야 했던 빙하기 최대의 동물이었기 때문에 그 가치는 공룡에 뒤지지 않는다. 매머드 연구 초기에는 매머드가 인간을 잡아먹었다고 생각한 과학자들도 있었다. 18세기 후반 미국 철학 협회의 조지 터너George Turner는 "대적할 상대가 없는 거대한 몸집과 힘을 가진 매머드는 인류와 다른 동물들에게 분명히 위협적인 존재였을 것이다"라고 말했다. 하지만 조지 터너의 주장은 곧 사실이 아님이 드러났다. 오히려 두뇌를 사용하고 창과 같은 무기를 쓸 수 있었던 인류의 조상들이 매머드를 사냥했다. 그 증거로 남부 우크라이나의 스텝 지역에서 발견된 이글루와 비슷한 원시 인류의 움막을 들 수 있다. 이 움막은 매머드의 뼈와 상아로 만든 것으로 수천 년 전에 매머드를 사냥하기 위한 임시 거처라 생각된다.

매머드가 인간에게 특별한 이유는 비록 영혼은 사라졌지만 육체는 우리 곁에 남아 있다는 데 있다. 매머드는 플라이스토세(홍적세, 지질시대 신생대 제4기를 구성하는 첫 시기로 1만 년 전부터 180만 년 전까지의 시기/옮긴이)의 말과 스텝 지역 들소와 더불어 멸종된 시베리아 거대 동물 가운데 가장 번성했던 동물이었기 때문에 화석 또한 쉽게 발견된다. 그러나 러시아의 툰드라에서 제대로 보존된 매머드 화석을 찾는 일은 그리 쉬운 일이 아니다. 짧게 지나가는 시베리아의 여름마다 대략 30~40여 구에 해당하는 화석이 발굴되고 있지만 대부분 화석으로서의 가치가 떨어지고 그나마도 몸체의 일부만 발견된다. 그러나 보존 상태가 양호한 화석도 몇 구 발굴할 수 있었다. 과학자들은 이 화석을 통해 매머드가 길고 갸름한 머리에 밑으로 기울어진 궁둥이와 뒷다리, 작은 귀와 약 5미터에 달하는 상아를 가진 동물이라는 것을 알 수 있었다. 선사 시대 동물 중 매머드처럼 완벽하게 사라져버린 동물은 없다. 그렇기 때문에 사람들은 매머드를 선사 시대 이전 혹은 최초의 도시가 세워지기 전인 전설과 신화의 시대에 살았던 신비로운 동물로 생각해왔다.

피카소의 연필화를 연상시키는 선사 시대의 그림들은 인류의 조상이 매머드처럼 동시대에 살았던 동물들에게 경외심을 품고 있었다는 사실을 알려준다. 일반인들의 출입이 금지된 프랑스 남부 아르데슈 지방의 동굴에는 털북숭이코뿔소 수컷 두 마리가 암컷 한 마리를 차지하기 위해 싸우고 있는 모습이 그려져 있다. 이 코뿔소들의 낫 모양 뿔은 온몸을 덮고 있는 털만큼이나 과장되게 구부러진 모습으로 표현되어 있다. 동굴 벽화에는 동굴사자들이 들소를 향해 달려드는 모습도 그려져 있다. 또한 매머드 두 마리가 넓고 평평한 이마 밑으로 코를 길게 늘어뜨린 채 평화롭게 함께 서 있는 모습도 있다. 검은색 산화망간과 붉은색 황토를 가루로 빻아 동물의 지방이나 골수와 섞어 그린 이 쇼베 동굴 벽화는 이 동물들이 살아 움직이던 3만 년 전처럼 생동감이 넘친다.

이제 우리는 매머드가 어떻게 생겼으며 인류의 조상들이 이 동물을 어떻게 생각했는지 알게 되었다. 그러나 그보다 더 중요한 문제는 인류와 매머드가 어떤 관계였는지를 조명하는 일이다. 고고학자들이 폴란드의 크라쿠프 부근에서 매머드 설골舌骨 화석을 발견한 적이 있었다. 혀를 지탱하는 설골이 예리하게 잘려진 것으로 보아 인간들이 매머드의 혀를 먹은 것으로 보인다. 그러나 왜 설골만 발견됐을까? 혀가 맛있었기 때문일까? 이 거대한 동물을 쓰러뜨리고 도살한 인류의 조상들은 동물의 나머지 부분을 어떻게 했을까? 우리는 이미 인류가 매머드 상아를 이용해 연장을 만들고, 상아와 점판암粘板岩을 사용해 매머드 조상彫像을 만들었다는 것을 알고 있다. 아마도 이 매머드 상은 부적이나 부족의 토템을 상징하지 않았나 싶다. 아니면 진 M. 오엘Jean M. Auel의 소설 『동굴 곰 족*The Clan of the Cave Bear*』에 나오는 것처럼 우리 조상들은 매머드의 가죽으로 발싸개를 만들고, 위장으로 물통을 만들고, 부드러운 솜털로 아기들의 강보를 만들었는지도 모른다.

과학자들은 지금까지 인류가 매머드 몸체를 어떻게 사용했는지 밝히지 못하고 있다. 하지만 오랫동안 의문으로 남아 있던 문제 중 일부를 밝혀냈다. 그 중 한 가지는 매머드의 조직과 DNA를 분석하여 매머드가 현존하는 아프리카코끼리 및 아시아코끼리의 조상이 아니라 가까운 친척 사이라는 것을 밝힌 것이다. 또한 과학자들은 화석 연구를 통해 지구상에 존재했던 매머드는 총 여섯 종으로 아프리카에서 유럽과 아시아로 퍼져나갔다는 것을 밝혀냈다.

그러나 과학자들은 사람들이 가장 궁금해하는 문제를 풀지 못하고 있다. 바로 빙하기 말에 왜 털북숭이매머드가 사라졌는가 하는 것이다. 그 의문을 풀기 위해 뷔게와 그의 동료들이 북부 시베리아로 출발했다. 이들은 매머드 화석이 이 문제를 풀어줄 수 있을 것이라고 생각하고 얼어붙은 매머드를 찾아다녔다. 만약 그들이 완전한 매머드 화석을 찾아낸다면 매머드 학계에서는 독보적인 존재가 될 것이다.

약 1만 1천 년 전 매머드의 개체수가 원인도 모르게 급격히 감소했다. 한때 시베리아 원주민들은 매머드 화석을 땅 밑에 사는 커다란 쥐로 생각한 적이 있었다. 이들은 그 쥐가 뱀파이어처럼 공기나 햇빛에 노출되면 죽어버린다고 생각했다. 반면, 유럽 학자들은 시베리아에 코끼리처럼 생긴 동물의 사체가 발견된다는 말을 듣고 그것이 창세기에 나오는 홍수 때 북극으로 쓸려 간 아프리카코끼리라고 생각했다.

그러나 1700년대 말부터 매머드의 화석이 점점 더 많이 발견되기 시작했다. 사람들은 비로소 매머드는 코끼리가 아니라 단단한 턱뼈와 길고 뒤틀린 엄니, 털로 뒤덮인 가죽을 가지고 있다는 것을 알게 됐다. 그렇다면 이 동물은 대체 어디에 숨어 있었던 걸까? 당시 사람들은 성서에 나오는 대로 노아가 자신의 방주에 모든 동물들을 빠짐없이 한 쌍씩 실었다고 생각했다. 따라서 멸종된 동물이 있을 거라는 생각은 전혀 할 수 없었다. 토머스 제퍼슨Thomas Jefferson 같은 지성인도 신세계 전역에서 매머드 화석이 발견되자 이 동물이 미시시피 강 서쪽에 있는 황무지에 살고 있을 것이라고 생각했다. 그러나 그가 대통령으로 재직하는 동안 털북숭이매머드는 멸종된 동물이라는 사실이 밝혀졌다.

1840년이 되어 빙하기 때 유럽과 북아메리카가 빙하로 덮여 있었다는 사실이 밝혀졌다. 그러자 생물학자들은 추운 지역에 살던 털북숭이매머드가 간빙기 때 급격히 올라간 기온에 적응하지 못하고 멸종된 것이라고 생각했다. 매머드 멸종에 대해 보다 더 자세히 설명한 과학자들도 있었다. 이들의 주장에 따르면 플라이스토세가 지속된 180만 년 동안 극지방의 대륙빙이 23번에 걸쳐 전진과 후퇴를 반복한 결과 북반구의 넓은 지역은 춥고 건조한 목초지, 즉 매머드가 살기에 적당한 스텝 지역으로 바뀌었다. 그러다 1만 1천5백 년 전, 플라이스토세 말이 되어 기온이 상승하자 기후가 바뀌어 눈과 함께 비가 섞여 내리기 시작했다. 스텝 지역의 풀과 초목은 비에 양분이 씻겨 내려 죽어갔다. 그 자리를 이끼와 사초류(부피 생장을 하지 않고 벼나 보리처럼 길이 생장만 하는 식물. 외떡잎식물의 일종/옮긴이)들이 채워나갔다. 그러나 이끼와 사초류조차 대부분 눈 속에 묻혀 있었기 때문에 동물들은 충분한 먹이를 구할 수 없었다. 따라서 동물들은 굶주릴 수밖에 없었고 고립된 동물들은 굶주리다 못해 한 마리씩 죽어갔다고 주장했다.

그러나 30년 전, 새로운 가설이 대두되었다. 북아메리카의 매머드는 인간의 사냥 때문에 멸종했다는 것이었다. 인류는 식량을 얻기 위해 매머드를 대량 학살했다. 물론 유라시아의 매머드는 북아메리카의 매머드와 달리 사냥 때문에 멸종했다고 단정지을 수 없다. 그러나 이 가설은 기후 변화뿐만 아니라 수렵도 매머드 멸종에 영향을 미칠 수 있다는 가능성을 제시했다는 데 그 의의가 있다.

1977년, 뉴욕에 있는 미국 자연사박물관의 매머드 책임자 로스 맥피Ross MacPhee는 상당히 충격적인 주장을 발표했다. 그는 인류나 인류와 함께 다녔던 개가 감기나 에볼라 바이러스 같은 치명적인 바이러스를 매머드에게 옮겼고 그 결과 매머드가 멸종하게 되었을 거라고 했다. 맥피는 "매머드로서는 어찌해볼 도리가 없었을 겁니다. 전혀 대비할 수 없었던 치명적인 질병이었던 거죠"라고 말했다. 맥피는 이를 증명해줄 바이러스나 바이러스의 DNA가 매머드의 근육이나 뼈 속에 남아 있을 것으로 보고 혹시라도 남아 있을 증거를 찾아 2000년 8월 베르나르 뷔게와 합류하여 타이미르로 날아갔다.

그러나 현대 매머드 연구가들의 목적은 선사 시대에 살았던 무서운 동물을 찾는 데 국한돼 있지 않다. 동사한 매머드 사체는 오늘날 새롭고도 멋진 가능성을 우리에게 제시해준다. 만약 이 전설 속 생물체를 다시 되살릴 수 있다면 어떻게 될까? 일본인 과학자 고토 가즈후미後藤和文는 그것이 가능하다고 생각한다. 1990년, 그는 죽은 황소의 정자를 난자와 수정시키는 획기적인 실험에 성공했다. 수정된 난자는 암소의 자궁에 착상되었고 무사히 송아지가 태어났다.

고토는 정자의 머리 부분에 있는 유전 정보가 완벽하게 보존되어 있다면 현재 멸종 위기에 처한 동물을 구하거나 빙하기 때 멸종한 동물을 되살릴 수 있다고 주장했다. 즉 DNA가 손상되지 않고 남아 있는 정자를 수정시켜 멸종된 동물을 되살릴 수 있다는 것이었다. 그는 들소나 사슴 같은 빙하기 생물들을 되살리는 방법은 아주 간단하다고 말한다. 이런 동물들은 현재 실존하는 후손 종이 있기 때문에 그 후손들을 대리모로 이용해 부활시키면 된다. 그러나 털북숭이 매머드를 되살리는 일은 보다 더 정교함을 요구하는 환상적인 일이 될 것이다. 현재 지구상에는 매머드와 비슷한 동물이 전혀 없다. 그러나 매머드와 사촌인 코끼리가 있기 때문에 복제 실험은 성공할지도 모른다. 1997년 드디어 고토는 연구팀을 구성하여 동사한 매머드를 찾아 시베리아로 출발했다.

불과 얼마 전까지만 해도 매머드를 찾아 떠나는 것이나 매머드를 되살린다는 생각은 영화 〈쥐라기 공원〉에서나 나오는 허무맹랑한 이야기라고 생각했다. 그러나 생식생물학의 눈부신 발전은 그런 일이 그저 실현 불가능한 이야기가 아니라는 확신을 과학자들에게 심어주었다. 과학자들은 정자 머리 부분의 미세한 세포막을 전혀 손상시키지 않고도 난자에 삽입할 수 있는 마이크로 튜브에서부터 난자의 핵을 제거하고 성체의 핵을 이식할 수 있는 복제 기술에 이르기까지 다양한 유전자 조작 기술을 발달시켰다.

고토가 온전하게 보존된 정자를 얻는다면 매머드를 부활시킬 수 있을까? 아마 그렇지 않을 것이다. 정자를 찾으면 고토는 다른 문제에 직면하게 될 것이다. 즉 매머드와 코끼리의 유전자를 반씩 조합한 개체를 만드는가 아니면 매머드의 유전자만을 이용하여 복제하는가 하는 문제이다. 잡종을 원한다면 매머드 정자를 아시아코끼리의 난자에 주입시키면 된다. 물론 가까운 친척인 아프리카코끼리도 상관없다. 그렇게 수정된 난자는 코끼리 암컷의 자궁에 착상시켜야 한다. 이렇게 해서 만들어진 수정란이 모두 완전한 개체로 발생하리란 보장은 없다. 그러나 그 중 하나라도 착상에 성공해 난할卵割이 일어난다면 코끼리의 임신 기간인 6백여 일 후에는 실제 살아 있는 매머드가 태어날지도 모른다.

매머드가 냉동되는 동안 신체 조직에 들어 있던 DNA의 이중나선 구조가 손상되지 않았다면 매머드를 복제하는 일은 매우 환상적인 일이 될 것이다. 매머드 복제는 이론상 불가능한 일이 아니다. 매머드 세포에서 세포핵을 추출하여 자외선으로 DNA를 제거한 아시아코끼리의 난자에 주입시킨 후 수정을 위해 전기로 살짝 충격을 가한다. 그런 다음 수정란을 아시아코끼리 암컷의 자궁에 착상시키면 된다.

이제 과학자들은 멸종된 동물을 다시 부활시키려 하고 있다. "믿기 어려울 겁니다. 하지만 매머드 부활은 결코 환상이 아닙니다." 고토는 확신에 차 말했다.

이 책은 머나먼 시베리아까지 매머드를 찾아 나선 용기 있는 탐험가들에 관한 이야기를 담고 있다. 지난 3세기 동안 과학자들은 매머드 무덤에서 놀라운 화석들을 발견해냈다. 2백 년 전에 매머드 사체를 최초로 발견한 이래 우리는 이 거대한 동물이 어떻게 생겼는지 대략적이나마 알 수 있게 되었다. 백 년 전에는 경이로운 베레조프카 매머드를 발견함으로써 매머드의 형태에 한 걸음 더 접근할 수 있었다. 현재 우리가 매머드라고 생각하는 동물의 모형은 바로 이 베레조프카 매머드를 기초로 만들어낸 것이다.

오늘날 탐험가들은 동사한 매머드를 찾아내기 위해 자신들의 열정을 모두 바치고 있다. 매머드를 찾아 나선 여행은 분명 그만한 가치가 있는 일이다. 공룡 연구가들은 오래 전에 사라져버린 공룡의 먼지 묻은 뼈 조각에 만족할 수밖에 없다. 하지만 매머드 연구가들에게는 썩은 냄새는 풍길지언정 여전히 털이 붙어 있는 피부같이, DNA가 들어 있는 매머드 조직을 찾게 될 가능성이 남아 있다. 피부 밑에는 근육도 있을 것이다. 과학자들은 지방과 뼈대뿐 아니라 장기까지 찾을 수 있다고 생각한다. 그렇게 되면 이 조직들이 가지고 있는 DNA를 분석하여 매머드와 코끼리가 갈라지게 된 비밀을 밝힐 수 있을 것이다. 빙하기 거인의 부활 가능성을 알아보기 위해 아직도 과학자들은 새로운 표본을 발굴하는 데 힘을 쏟고 있다.

그렇다면 빙하기 거인을 부활시킴으로써 우리 인류의 삶이 훨씬 더 풍족해질 수 있을까? 1887년 미국의 고생물학자 윌리엄 베리먼 스콧William Berryman Scott은 "매머드가 멸종한 뒤 인류의 생활은 훨씬 더 풍족해졌다. 이 동물이 멸종했기 때문에 우리는 하늘에 진심으로 감사드릴 수 있는 것이다"라고 말했다. 그의 말처럼 매머드가 잔인한 육식동물이기 때문에 인간에게 재앙을 가져올 수도 있지 않을까? 많은 사람들에게 실제 살아 움직이는 매머드는 공포의 대상일 것이다. 이 괴물의 뼈가 묻혀 있는 시베리아에 살고 있는 돌간족 같은 원주민들은 매머드가 살아난 뒤 일어날지도 모르는 일 때문에 두려워하고 있다. 과학자들 중에도 매머드를 이전에 살았던 환경과 전혀 다른 환경에서 부활시키는 것은 의미가 없으며 비도덕적인 일이라고 주장하는 사람이 있다. 이런 과학자들은 인간 스스로 창조주나 되는 것처럼 으스댈 것이 아니라 그저 매머드가 평화롭게 쉴 수 있도록 내버려두라고 주장한다.

그러나 그들의 주장은 받아들여질 것 같지 않다. 과학자들과 탐험가들은 매머드를 되살리는 일에 총력을 기울이고 있다. 이들의 목표는 완벽하게 보존된 표본을 찾아 이 멸종된 동물을 되살리는 것이다. 이들의 목표가 실현되는 것을 악몽으로 보는 사람들도 있고 찬란한 과학적 드라마의 시작으로 보는 사람들도 있다.

숲 속의 보물

붉은 체크 무늬 면 셔츠에 챙 없는 회색 모자를 눌러 쓴 전형적인 벌채 노동자 복장의 아나톨리 로가체프Anatoly Logachev는 따뜻한 아침 햇살을 받아 어느 정도 풀린 땅을 불도저로 파내고 있었다. 때는 1977년 6월 23일로 이제 막 북부 시베리아의 키질야흐 강 골짜기에 자리잡은 수수만 황금 광산에서 여름 노천 채굴 시즌이 시작된 참이었다. 어두워지기 전, 로가체프는 금 부스러기가 있을 만한 작은 개울을 발견하고 흙을 파낸 다음 얼음을 걷어내기 시작했다. 한참을 파내려가던 로가체프는 불도저 날 끝에 무언가가 닿는 느낌을 받았다. 그것은 두껍고 시꺼먼 뿌리 같아 보였다. 불도저에서 내려 자신이 파낸 것이 무엇인가를 살펴보던 로가체프는 그 물체가 식물의 뿌리가 아닌 동물의 일부분이라는 것을 알아챘다. 그는 동료에게 호스를 가져오라고 소리쳤다. 동료가 호스를 가져오자 그는 단단하게 얼어붙은 땅을 따뜻한 물로 녹이기 시작했다. 몇 분이 지나자 동물의 사체를 둘러싸고 있던 단단한 흙이 씻겨 내려갔다. 로가체프는 자신의 눈을 믿을 수 없었다. "이건 매머드잖아!" 그는 거의 울부짖었다. 그가 발견한 것은 어린 매머드 사체였다.

당시 로가체프 자신은 깨닫지 못하고 있었지만 그가 발견한 것은 그때까지 발견한 매머드 사체 중 보존 상태가 가장 양호한 것이었다.

다른 사람 같았으면 발견한 매머드를 버렸을 것이다. 시베리아의 짧은 여름 한때 금을 캐기 위해 몰려든 광부들에게 매머드 사체는 아무 소용 없는, 그저 작업에 방해만 되는 존재였다. 그러나 로가체프는 달랐다. 그는 이 어린 매머드가 왠지 특별하게 생각됐다. 로가체프는 동료들에게 그 매머드 사체를 훼손하지 말아달라고 말했다. 광산 책임자는 곧바로 키질야흐 강에서 동쪽으로 약 290킬로미터 떨어진 마가단 주의 주도主都에 있는 지질학 연구소에 이 사실을 보고했다. 이 소식이 전해지자 지역 관리들과 주민들이 매머드를 구경하고 사진을 찍기 위해 몰려들었다. 그렇게 이틀이 지나자 더운 날씨 때문에 매머드 사체에서는 악취가 나기 시작했고 파리가 몰려들었다. 광부들은 사체 위에 얼음을 뿌리고 급한 대로 텐트를 그 위에 덮어놓았다.

매머드가 발견된 지 사흘 만에 마가단에서 지질학자 세 명이 도착했다. 이들은 한눈에 이 사체의 가치를 알아보았고 태양으로부터 이 귀중한 표본을 보호할 수 있는 좀 더 적당한 장소로 매머드를 옮겨놓았다. 매머드는 차로 마가단까지 옮겨져 그곳에서 냉동 보관되었다. 7월 3일, 공산당의 승인을 받은 모스크바 고생물학 연구소와 매머드 연구의 핵심적인 역할을 하고 있는 레닌그라드 동물학 연구소의 과학자들로 구성된 조사팀이 마가단에 도착했다(레닌그라드는 옛 소련 시절의 명칭으로 1991년부터 상트페테르부르크라는 옛 이름을 되찾았다). 과학자들은 레닌그라드에서 시차가 8시간인 마가단까지 날아갔다. 그들 중에는 니콜라이 베레시차긴Nikolai K. Vereshchagin이라는 사람이 있었다. 그는 동물학 연구소의 저명한 매머드 연구가였다. 매머드 사체를 본 그는 경이로움에 휩싸여 이 어린 매머드에게 디마Dima라는 별명을 지어주었다. 디마는 발굴 장소에서 얼마 떨어지지 않은 곳에 있는 작은 개울 이름이었다. "나는 매머드를 만져보았습니다. 전율이 느껴지더군요. 나는 석기 시대를 느끼고 있었던 겁니다." 베레시차긴은 당시의 감동을 이렇게 표현했다.

수수만 광산의 발굴 현장에서 조사가 진행되는 동안 베레시차긴은 로가체프를 치하하고 발굴의 공로에 대한 감사의 표시로 소비에트 과학 아카데미가 특별히 제작한 시계를 선사했다(몇 년 후 소련 정부는 런던에서 전시회를 열기 전 이 표본의 가치가 천만 루블에 해당한다고 발표했다). 이를 애석하게 여긴 베레시차긴은 마가단 공산당 서기관에게 로가체프와 그의 동료들에게 작은 포상이라도 내려달라고 요청했다. "나는 이 노동자들을 위해 무언가 하고 싶었습니다. 하지만 내 요청은 거부되었습니다." 그러나 과학자들은 로가체프의 공로를 잊지 않았다. 과학자들은 햇빛 때문에 눈을 가늘게 뜨고 자신의 불도저 앞에서 포즈를 취한 로가체프의 사진을 세피아 색 액자에 담아 상트페테르부르크 동물학 박물관의 명예의 전당에 걸어놓왔다. 그 사진 밑에는 디마의 심장을 담은 용기와 가늘고 긴 페니스를 담은 용기가 놓였다.

베레시차긴에 대한 동료들의 평가는 무척 다양하다. 경외심과 존경심을 느끼는 사람도 있었고 두려움을 느끼거나 비웃는 사람도 있었다. 하지만 그 누구도 베레시차긴을 무시할 수는 없었다. "그는 한마디로 괴물입니다. 하지만 나는 그를 좋아합니다." 오랫동안 베레시차긴 밑에서 그의 연구를 돕던 동물학 연구소의 매머드 연구가인 알렉세이 티호노프Alexei Tikhonov는 이렇게 말한다. 그는 현재 베르나르 뷔게와 함께 일하고 있다. 동물학 연구소의 과학자들은 이 깐깐한 과학자를 피해 다녔다. 티호노프는 "그는 마치 뱀파이어 같습니다. 그는 출근하자마자 이유도 없이 두세 명의 동료들을 공격하곤 하지요. 그는 항상 나를 화나게 하려고 하지만 어림도 없어요. 나는 강심장을 가지고 있거든요"라고 말했다. 연구소는 베레시차긴이 75세가 되자 그를 강제로 퇴임시키려 했으나 베레시차긴이 은퇴한 것은 85세가 되어서였다고 티호노프는 말한다. 그 뒤로도 이 심술궂은 매머드 학계의 장로는 그의 존재를 껄끄러워하는 후학들의 눈치에도 아랑곳없이 연구소 한편에 자신의 연구실을 마련해놓고 계속해서 연구소에 출입하고 있었다. "그의 화석을 만지는 일이라, 그건 어림도 없는 일이죠." 티호노프의 말이다.

내가 베레시차긴을 만난 것은 상트페테르부르크의 전형적인 2월의 어느 날이었다. 그날은 희뿌연 하늘에서 커다란 눈송이가 내리고 있었다. 검은색 옷을 입은 해군 사관생도 몇 명이 이삭 성당 건너편의 자작나무 공원에서 스키를 타고 있었고 성당의 장엄한 황금 지붕

위에는 이제 막 내리기 시작한 눈이 쌓이고 있었다. 질척거리는 보도를 따라 몇 분 동안 걸어가자 도시의 젖줄, 네바 강이 보였다. 그곳엔 겨울궁전이 서 있었는데 궁의 벽기둥은 축구 경기장 두 개를 합한 길이만큼 길게 뻗어 있었다. 나는 네바 강 반대편에 있는 빛바랜 푸른색 건물을 향해 걸어갔다. 러시아 과학 아카데미의 동물학 연구소는 차르의 옛 궁전만큼 화려하지는 않았다. 그러나 그곳에서도 강가의 화려한 전경이 훤히 내려다보였다.

상트페테르부르크 북쪽 라도가 호수 근처에 있는 자신의 별장에 틀어박혀 지내던 베레시차긴은 나를 만나기 위해 연구소로 내려와 있었다. 그는 얼마 전 91번째 생일을 맞았다. 그는 내가 예상했던 것보다 훨씬 더 친절하고 근사한 풍채를 하고 있었다. 베레시차긴은 나에게 연구소에서 전시하지 않고 따로 보관하고 있는 화석을 보여주었다. 그 중에는 동굴사자와 스텝 지역에서 살던 들소의 두개골도 있었다. 이 두 종은 모두 현존하는 후손보다 훨씬 더 큰 몸집을 하고 있었다. 표트르 대제 시절 설립된 상트페테르부르크 동물학 박물관은 전세계적으로 가장 큰 박물관 중 하나였다. 1천5백만 구의 표본을 확보하고 있는 이 박물관은 전시실이 부족해 많은 표본들이 전시되지 못한 채 창고에 처박혀 있는 실정이었다.

베레시차긴의 연구실은 매우 어지러웠다. 서류 더미가 쌓여 있는 그의 책상 위에는 도시락 크기의 매머드 이빨 두 구가 불안한 자세로 놓여 있었다. 서가에는 약 90센티미터 정도 되는 매머드 엄니 세 구가 있었는데 끝이 구부러진 모양이 마치 커다란 새의 발톱을 생각나게 했다. 베레시차긴은 그날 연구 일정이 없었는데도 실험복을 입고 있었고 머리는 단정하게 두 갈래로 빗어 넘기고 있었다. 실험복 앞깃 사이로 작은 황금빛 매머드가 찍힌 짙은 감색 빛깔의 넥타이가 보였다. 바로 전날 개한테 물린 상처 때문에 왼쪽 손목에 감은 붕대에서는 피가 배어나고 있었지만 이 푸른 눈의 90대 사나이는 매우 건강해 보였다. 그는 질문 받는 것을 잘 참아내지 못하는 사람으로 자신이 중요하고 재미있다고 여기는 것을 이야기하기를 좋아했다. 어느덧 그의 생각은 디마에게 돌아가 있었다.

마가단에서 디마에 대한 연구가 시작되었다. 그러자 다양한 사진이 언론 매체를 통해 시시각각 전세계에 보도되었다고 베레시차긴은 회고했다. 전세계 독자들은 실험대 위에 누워 있는 강아지 크기만 한 매머드에게 매혹되었다. 손처럼 물체를 집을 수 있는 매머드의 코는 뒤로 젖혀져 몸통에 달라붙어 있었다.

과학자들은 실망스럽게도 디마의 몸이 발굴된 후 밖에서 햇빛을 받는 동안 말라 비틀어졌으며 썩어가기 시작한다는 사실을 발견했다. 그럼에도 불구하고 소비에트 과학 아카데미 회원 중 노보시비르스크에 근거를 둔 시베리아 지부는 여름 내내 디마를 발굴된 장소에서 옮겨가면 안 된다는 주장을 하고 있었다. 그러나 베레시차긴과 마가단 지질학 연구소 소장은 마가단에서 모든 조사가 완결되자 8월 초 디마를 레닌그라드로 옮겨왔다. "그건 큰 실수였소." 베레시차긴은 그 순간을 이렇게 회상했다. 동물학 연구소의 박제사는 무슨 이유 때문인지는 몰라도 파라핀 처리를 하기 전에 벤젠을 부어버려 디마를 박제로 만드는 데 실패했다. 그러자 그나마 얼마 남지 않았던 디마의 털이 모두 빠져버렸다. 디마의 털은 광산에서 발굴하는 동안 대부분 뽑힌 후였다. 또한 밝은 갈색을 띠고 있던 몸체도 아주 시꺼멓게 변해버렸다.

그러나 디마를 통해서 과학자들은 많은 사실을 알 수 있었다. 발굴 현장을 조사하던 과학자들은 디마가 약 1만 년 전에 땅에 묻혔을 것으로 추정했으나 방사성 탄소 연대측정법으로 사망 연도를 추정해본 결과 디마는 약 3만 년 전에 죽은 것으로 판명됐다. 오랜 세월 동안 땅에 묻혀 있다가 발굴과 해동 과정을 거쳤는데도 이 90킬로그램 가량 나가는 동물의 사체는 이제 막 죽은 것처럼 보였다. 베레시차긴과 그의 동료들은 디마의 창자에서 다량의 핏덩어리를 찾아냈고 위장에서는 어미의 젖도 발견해냈다. 이 두 가지를 근거로 과학자들은 디마가 죽기 전 일주일 가량을 홀로 보내야 했으며 나이는 생후 6개월에서 8개월 가량, 사망 시기는 늦여름이나 초가을이라는 것을 알게 됐다.

그렇다면 디마는 무엇 때문에 스텝 지역을 홀로 떠돌아다녀야 했을까? 어미 매머드는 건강한 새끼를 결코 버리지 않았을 것이다. 또한 새끼를 잃어버리는 일도 없었을 것이다. 매머드의 행동이 코끼리와 비슷하다면 어미나 다른 암컷들이 새끼가 무리에서 벗어나지 않도록 돌봐주었을 것이다. 어미가 포식자의 습격을 받았다는 가정도 성립되지 않는다. 완전히 다 자란 건강한 매머드를 잡을 수 있는 포식자는 인간밖에 없었다. 그러나 인류가 시베리아 최북단에 위치한 발굴 장소까지 진출한 것은 디마가 죽고 2만 년이 지난 후의 일이다. 동굴사자가 공격하는 대상도 어린 매머드거나 병들어 무리에서 이탈한 늙은 매머드로 건강한 어미는 감히 공격할 엄두도 내지 못한다.

가장 신빙성 있는 가설은 디마의 어미가 자연재해로 죽었다는 것이다. 아마도 디마의 어미는 움푹 파인 스텝 지역의 호수에 빠진 채 헤어나오지 못했을 것이다. 그래서 디마가 혼자 남게 됐을 것이다. 디마의 몸은 지푸라기 색을 띤 솜털로 덮여 있었고 머리에는 두꺼운 술 모양의 적갈색 털이 자라나 있었다. 연안 지방을 떠돌아다녔을 이 90센티미터 가량 되는 어린 매머드의 코는 먼지와 풀로 가득 차 있었고 두꺼운 갈색 털과 성체에서 볼 수 있는 거친 조모(粗毛, 몸에 난 굵고 빳빳한 긴 털. 솜털을 보호함/옮긴이)가 막 자라날 참이었다. 그러나 아직까지는 어미의 젖이 필요한 새끼였기 때문에 홀로 된 디마는 굶주릴 수밖에 없었을 것이다. 일주일 가량을 굶주리며 혼자 떠돌던 디마는 우연히 진흙탕에 빠지게 됐을 것이다. 이 불쌍한 매머드는 빠져나오려고 애를 썼을 것이나 결국 빠져나오지 못하고 진흙탕에 빠져 질식해 죽을 수밖에 없었을 것이다.

디마가 죽은 후 며칠 안 돼 추위가 몰아닥쳤고 그 결과 디마의 사체는 진흙과 함께 얼어붙었다. 그해 늦가을에 내린 첫눈이 사체가 부패되는 것을 막아주었을 것이다. 다음해 여름이 되어 땅이 녹기 시작하자 봄에 홍수에 실려 온 미사微砂가 매머드가 빠진 구렁을 메웠고 결국 4백 세기가 지나도록 디마의 사체는 온전하게 보존될 수 있었다.

디마가 최초로 발견된 매머드는 아니었다. 매머드 연구가들은 세상을 깜짝 놀라게 한 세 구의 사체를 이미 찾은 바 있었고 그로 인해 매머드에 대한 귀중한 정보를 얻을 수 있었다. 그전까지만 해도 과학자들이 매머드에 대해 아는 것이라고는 신화를 통해 전해 내려오는 단편적인 정보가 고작이었다.

중세 시대에는 화석이 생명체와 전혀 상관없는 무생물이라는 학설이 대세를 이루고 있었다. 중세인들은 화석을 *lusus naturae*('자연의 변종'이라는 뜻/옮긴이), 즉 기형적인 무생물로 보았고 로마 시대에 주조되어 땅 속에 묻혔거나 그 주조물에 의해 눌린 흔적으로 보았다. 이런 생각은 1700년대 초까지 계속됐다.

매머드의 뼈와 드물게 발견되긴 했지만 공룡의 뼈를 괴물이나 신화에 나오는 거인의 뼈라고 생각하는 사람도 있었다. 그들은 이 뼈들을 바다에 사는 괴물 고래의 뼈라고 생각했다. 그 고래는 그리스 신화에 나오는 바다 괴물인데 페르세우스가 훗날 자신의 아내가 되는 안드로메다를 구하기 위해 처치한 것으로 나온다. 안드로메다는 이 바다 괴물의 분노를 잠재우기 위해 제물로 바쳐졌다고 한다. 프랑스에서 발굴된 화석은 사냥꾼 오리온과 6미터 장신인 킴브리족의 왕, 테우토보쿠스와 관련된 괴물로 보았는데 훗날 이 뼈들은 매머드의 것으로 판명됐다.

그러다 매머드 두개골에 대한 불가사의하지만 신빙성 있는 설명이 대두되었다. 매머드의 두개골에는 코가 붙는 위치에 커다란 구멍이 뚫려 있다. 이 커다란 구멍은 흡사 안와(眼窩, 눈구멍)처럼 보였기 때문에 사람들은 이 두개골의 임자가 제우스가 벼락을 내려 심판한 외눈박이 괴물, 키클로푸스라고 생각했다. 또한 매머드의 뼈는 유니콘의 뼈로 오인되기도 했고 성인의 유해로 숭상되기도 했다. 1500년대 발렌시아 성당은 성 크리스토퍼의 치아를 들고 온 시내를 돌아다니며 경배하기도 했는데 사실 이 이빨은 매머드의 어금니였다. 매머드의 대퇴골이 성인의 팔뼈로 숭배된 경우도 있었다.

매머드 연구가들은 서부 유럽에 매머드의 존재를 처음으로 알린 사람을 암스테르담 시장, 니콜라스 비첸Nicolaas Witsen으로 보고 있다. 그는 1665년 모스크바를 방문하던 중 매모우트mammout에 대해 알게 되었다(매모우트라는 명칭은 타타르어 mamont에서 유래한 것으로 생각된다). 그는 1695년에 발간된 저서 『타타르 북동지誌 *Noord en Oost Tartarye*』에서 매머드에 대해 다음과 같이 적고 있다. "매머드라는 생물을 발견하면 재앙이 찾아온다." 이 특별한 동물의 사체를 접한 네덜란드인은 이 동물이 아주 진한 갈색을 띠고 있으며 악취가 코를 찌른다고 했다. 그가 언급한 것처럼 이 코끼리 이빨 비슷한 화석은 시베리아 강가에서 발견됐다. 비첸은 이 거대하고 희귀한 매모우트가 구약성서 욥기에 나오는 커다랗고 구부러진 뿔을 가진 괴물, 베헤못behemot 또는 behemoth이라고 생각했다.

비첸의 책이 출간되기 몇 해 전, 러시아의 현명한 젊은 차르 표트르 대제는 전설 속에 나오는 얼음 쥐에 대한 자세한 정보를 얻기 위해 중국으로 사절을 파견했다. 당시 사절로 파견되었던 에버하르트 이스브란트 이데스Eberhard Ysbrant Ides는 시베리아를 가로지르는 동안 자신의 일기에 여행하면서 만난 원주민들의 문화와 생활 모습을 자세히 기록해놓았다. 그가 만난 원주민들은 대부분 이 쥐에 대한 이야기를 알고 있었다. 그는 퉁구스족과 야쿠트족, 오스티야크족 원주민들이 땅 속에서 발견되는 뼈와 상아가 추운 날씨 때문에 거의 대부분을 땅 속에서 생활하는 동물의 것이라고 말했다고 적고 있다. 원주민들은 자신들이 생활하는 땅 바로 밑에 이 쥐를 닮은 동물이 살고 있다고 생각했다. 그들은 이 불행한 동물이 살아 있는 상태로 발견되지 않는 이유는 이들이 한 번도 맡아본 적이 없는 신선한 공기를 한 모금이라도 맡는 날에는 곧바로 죽기 때문이라고 설명했다. 그러나 시베리아에 살고 있던 사모예드족은 매머드를 '지상의 지배자'라고 생각하고 있었다. 그들은 매머드가 낮에는 산 속에 살다가 밤이 되면 몰래 마을로 들어와 묘지에 안장된 시체를 조금씩 뜯어먹는다고 생각했다.

그즈음 유럽에서는 매머드 화석을 초자연적인 존재와 관련짓는 풍조가 서서히 사라지고 있었다. 1696년 독일의 한 채석장에서 거대한 뼈가 발견됐다. 사람들은 이 뼈가 유니콘의 뼈라고 생각했다. 그러나 이 뼈를 조사하던 신학 의과 대학의 연구원들은 이것이 유니콘의 뼈가 아니라고 발표했다. 관계 당국은 발굴된 뼈가 정확히 어떤 동물의 뼈인지 알아보기 위해 빌헬름 에른스트 텐젤Wilhelm Ernst Tentzel에게 자문을 구했다. 그는 여러모로 조사한 끝에 그 뼈는 선사시대에 살았던 코끼리 조상의 뼈라고 발표했다. 당시 그의 발표는 사회적으로 아주 큰 반향을 불러일으켰다.

텐젤의 결론은 곧 유럽에서 정설로 인정받게 되었다. 표트르 대제 같은 지성인들은 유럽과 시베리아에서 발견된 뼈는 알렉산드로스 대왕의 군대에서 이탈한 코끼리의 뼈거나 다른 군대에서 도망친 코끼리의 뼈라고 생각했다. 그럴듯한 생각이었으나 이탈한 코끼리의 뼈라고 하기엔 시베리아에서 발견되는 뼈의 수가 너무 많았다. 또한 상아의 가치를 생각하면 이 코끼리의 엄니가 뼈와 함께 묻혀 그대로 썩게 내버려뒀는지도 커다란 의문이 아닐 수 없었다. 따라서 어떤 사람들은 이 동물은 코끼리가 아니라 성서 욥기에 나오는 베헤못이라고 생각했다. 이렇게 생각하는 사람들은 이 땅 속에 사는 쥐가 햇빛을 보면 죽는다는 사실을 그 근거로 들었다. 욥기 40장 23절에 보면 베헤못을 퇴치하는 방법에 대해 "누가 저 베헤못을 눈으로 흘리며"라는 구절이 나온다.

그러나 베헤못이라는 그럴듯한 이야기는 학자들의 동의를 얻지 못했다. 19세기 고생물학자 윌리엄 베리먼 스콧은 "이 동물은 노아의 홍수 때 방주에 탈 수 없었던 코끼리의 사체라는 생각이 보다 큰 설득력을 얻고 있었다"라고 말했다.

노아의 홍수 때 물에 빠져죽은 코끼리가 북쪽으로 쓸려갔고 그 뒤 지상에서 물이 빠져나가자 사체가 시베리아 얼음 땅에 묻히게 됐다는 것이 스콧의 주장이었다. "노아의 홍수가 끝나자 따뜻했던 기온이 급격히 낮아지기 시작했다." 추위 때문에 사체는 얼어붙었고 부패되지 않은 채 살아 있던 모습 그대로 보존될 수 있었다는 것이 이데스의 설명이었다. 그러나 정작 시베리아 원주민들은 이 사체가 코끼리라는 생각은 전혀 해본 적이 없었다. 따라서 신앙심으로 가득 찬 코사크 상인들과 러시아 정교회 선교사들이 시베리아를 개척할 무렵 노아의 홍수에 대한 새로운 견해가 대두되었다. 노아는 홍수가 일어나려 하자 마지막으로 두 마리 야수를 방주에 태우기 위해 애쓰고 있었다. 그러나 이 야수들은 너무 사나워서 아무리 달래고 얼러보아도 방주에 태울 수 없었다. 공포에 질려 야수를 달래던 노아는 결국 포기하고 방주를 출발시켰다는 것이 시베리아에 온 선교사들의 설명이었다. 또 다른 이야기는 노아에게 보다 더 쉬운 면죄부를 주는 것으로 이 이야기에서는 홍수 때 노아가 이 두 야수를 달래서 간신히 방주에 태우는 데 성공했다고 한다. 그러나 이 거대한 야수는 방주에서 내리자마자 그 무게를 견디지 못하고 물에 잠긴 땅 속으로 가라앉아버렸다는 것이다. 하지만 이런 가설은 유럽까지 전달되지 않았기 때문에 유럽 사람들은 여전히 시베리아와 유럽에 묻혀 있는 동물이 코끼리라고 생각했다.

18세기 끝 무렵, 한 비교해부학자가 이 같은 생각에 일침을 가했다. 현존하는 코끼리의 뼈를 포함한 다양한 생물의 뼈와 발굴된 뼈를 수천 번에 걸쳐 비교해보던 프랑스의 조르주 퀴비에Georges Cuvier 남작은 1796년, 이 동물의 화석이 단일종이 아닌 23개 이상의 각기 다른 종의 화석을 포함하고 있다는 사실을 발표했다. 자신이 알아낸 사실을 근거로 퀴비에는 매머드와 털북숭이코뿔소는 아프리카에서 살고 있는 사촌 종과 전혀 다른 종일 뿐만 아니라 극지방에 알맞게 진화한 생물 종이라고 주장했다. 따라서 이 화석이 알렉산드로스 대왕의 코끼리일 수는 없다고 했다. 스콧은 이 고생물학의 창시자에 대해 다음과 같이 말했다. "퀴비에의 주장은 지구상에서 한 생물이 완전히 사라질 수도 있다는 것과 자연계에서 생명은 연속되는 것이 아니라 여러 가지 잃어버린 고리missing link가 있을 수 있다는 것을 알려주었다."

그러나 퀴비에가 관찰할 수 있었던 것은 매머드의 뼈뿐이었다. 살점을 가지고 좀 더 자세히 연구할 수 있었던 사람은 스코틀랜드의 식물학자인 마이클 애덤스Michael Adams였다. 1806년 애덤스는 최초로 비교적 완벽하게 보존된 뼈와 가죽, 살점을 지닌 매머드 사체를 발견하여 시베리아에서 상트페테르부르크까지 운반해왔다. 만약 7년만 먼저 발견했다면 애덤스는 완벽하게 보존된 매머드 사체를 발견할 수 있었을 것이다.

1799년 8월 말, 오시프 슈마코프Ossip Shumakhov라는 매머드 사냥꾼이 낚시도 하고 매머드 상아도 찾기 위해 바이코프 곶 연안 지역을 따라 여행하고 있었다. 바이코프 곶은 레나 강이 북중부 시베리아에 위치한 랍테프 해로 흘러 들어가면서 삼각주를 만드는 곳이었다. 슈마코프는 자신이 온전하게 보존된 상아를 가진 매머드 엄니를 발견하면 그것을 팔아 부족한 재정을 메울 수 있을 것으로 보았다.

북극의 여름은 슈마코프뿐만 아니라 다른 퉁구스족 사람들에게도 플라이스토세 지층 속에 파묻혀 있는 매머드 상아를 찾기엔 너무 짧은 시간이었다. 바이코프 곶 연안은 9월만 되면 기온이 급격히 떨어지고 그때부터 봄이 되기 전까지 엄청난 양의 눈이 내렸다. 예나 지금이나 매머드 엄니를 찾아 헤매는 일은 위험한 일이다. 겨울이

가고 툰드라 연안 지대가 녹기 시작하면 빙하기 생물들을 감싸고 있던 지층이 녹아내린다. 바로 그때, 빙하기 동물의 화석은 바람에 날려 온 황토와 코사크 식민지 사람들이 노아의 이름을 따 노에프치나 noevchina라고 부르는 유목流木 등에 섞여 얼음 바다로 흘러들어가기 시작한다(코사크 사람들은 툰드라 지대에 묻힌 고대 숲 속의 동물들을 아다모프치나adamovchina라고 부르는데 이는 이 동물들이 아담의 시대에 살았다고 믿고 있기 때문이다. 이 동물들의 잔해는 어디서나 찾아볼 수 있어 어떤 탐험가는 이 극지방에 위치한 절벽을 가리켜 '나무가 우거진 언덕'이라고 불렀다). 랍테프 바다로 흘러들어간 노에프치나는 얼음 조각과 부딪혀 부서지거나 해안가에 부딪혀 잘게 부서져 내렸다. 여름만 되면 북부 시베리아 운하 부근에는 유사流砂와 같은 슬러리(진흙 시멘트 따위에 물을 섞어 만든 현탁액懸濁液/옮긴이)가 만들어졌기 때문에 운 나쁜 사람들이나 동물들이 그곳에 빠져 꼼짝없이 죽어갔다.

랍테프 해의 복잡하고 더러운 해안가를 따라 걸어가던 슈마코프는 우연히 얼어붙은 땅덩어리를 발견했다. 그 땅은 해안에서 불쑥 튀어나온 형태를 하고 있었지만 그것이 무엇인지 도저히 알 수 없었다. 다음해 여름에도 슈마코프는 그와 비슷하게 생긴 땅덩어리 두 개를 발견했지만 여전히 그것이 무엇인지 알 수 없었다. 그러다 1801년 땅덩어리 중 한 곳의 모퉁이가 흘러내렸고 그때서야 그 땅덩어리가 엄니를 가진 동물의 무덤이라는 것을 알 수 있었다. 퉁구스 족장은 그에게 이런 땅덩어리가 마을에 여러 개 있다고 말했다. 슈마코프는 흥분을 감출 수 없었다. 그러자 족장은 몇 해 전 삼각주에 파묻혀 있던 괴물의 사체를 파낸 사람에 대해 말해주었다. 그 사람은 이 괴물을 파낸 후 얼마 지나지 않아 세상을 떠났고 곧 이어 그의 식구들도 모두 죽었다고 했다.

놀랍게도 슈마코프도 자신의 집으로 돌아온 후 심각하게 앓아누웠다. 그러나 그의 병은 회복되었고 슈마코프는 자신이 고대인들의 시험에 통과했다고 생각했다. 그는 엄니와 매머드의 다른 부분을 빨리 옮겨오고 싶어했다. 그는 북극에 사는 지인들에게 자신이 발견한 매머드를 다른 사람이 가져가지 못하도록 감시해달라고 부탁했다. 다음해 여름은 이상하게도 추운 날씨가 계속되었기 때문에 매머드 사체를 감싸고 있는 땅이 녹아내리지 않았다. 1803년이 되어서야 땅이 녹기 시작했고 슈마코프는 매머드 사체를 완전히 파낼 수 있었다. 그해 겨울, 슈마코프는 매머드 사체에서 엄니를 잘라내 인근의 쿠마-수르카 마을에서 50루블에 해당하는 물건과 교환해버렸다.

시베리아의 방대한 얼음 무덤에는 이 거대한 빙하기 동물의 뼈와 엄니가 풍부하게 묻혀 있지만 전체 몸통이 그대로 보존된 경우는 매우 드물며 대부분은 심각하게 훼손된 상태이다. 따라서 19세기 이전까지 사람들은 엄니의 주인공이 어떻게 생긴 동물인지 알지 못했다. 훗날 이 엄니들은 야쿠츠크의 한 상인에게 팔렸다. 전해지는 이야기에 따르면 이 상인은 뾰족한 귀, 작은 눈, 말처럼 생긴 발굽, 뻣뻣한 털로 덮여 있는 등가죽, 닻의 열장이음처럼 각각 다른 방향으로 갈라져 아래를 향하고 있는 커다란 두 개의 엄니를 가진 이 환상적인 야수의 잔해를 부지런히 사 모았다고 한다.

상트페테르부르크에 있는 왕립과학협회 회원이었던 마이클 애덤스는 1806년 러시아 대사로 베이징에 와 있던 골로빈Golovin 백작과 함께 중국을 여행하게 됐다. 그는 이 여행에서 슈마코프가 발견한 괴동물에 관한 이야기를 듣게 된다. 야쿠츠크에 휴가차 머물던 애덤스는 우연히 슈마코프의 엄니를 사 간 상인을 만났다. 그 상인은 애덤스에게 기이한 그림 한 점을 보여주었다. 애덤스는 정확히 어떤 형태를 하고 있는지는 알 수 없지만 완벽하게 보존된 살점과 피부, 털을 가진 그 동물에게 강한 호기심을 느꼈다. 그는 자신이 레나 강 입구로 가서 이 동물의 완벽한 사체를 발견해낸다면 과학사에 커다란 발자취를 남기게 되리라는 사실을 깨달았다. 애덤스는 그 즉시 상트페테르부르크에 있는 자신의 동료에게 사체의 그림에 설명서를 첨부해 보낸 뒤 백작에게는 한동안 야쿠츠크에 머물러달라고 요청하고 자신은 쿠마-수르카를 향해 떠났다.

한 달 후 애덤스가 랍테프 해 연안에 도착했을 때는 이미 사체가 상당히 훼손된 뒤였다. 그 부근 원주민들이 사체에서 살을 발라 개 먹이로 사용했기 때문이었다. 그뿐 아니라 곰과 늑대, 여우와 같은 육식동물도 매머드에게 달려들어 살점을 떼어 먹었기 때문에 지상에 드러난 부분은 앙상한 뼈만 남아 있었다. 그러나 사체의 대부분이 땅 속에 묻힌 상태였기 때문에 나머지 부분은 그대로 보존될 수 있었다. 애덤스는 원주민들을 고용하여 남아 있는 사체, 즉 적갈색과 검은색 털로 덮인 어두운 회색 가죽과 목을 두르고 있는 갈기 등을 파내게 했다. 사체의 두개골 안에는 비쩍 말라붙은 뇌가 들어 있었으며 구렁을 파내자 사체에서 떨어져 나온 털이 13킬로그램 정도 나왔다. "내 손 안에 그 동안의 피로와 위험했던 여행의 고통을 말

끔히 씻어주는 보물이 들어왔다." 그는 당시 자신의 감정을 이렇게 쓰고 있다. 그는 말이 끄는 썰매에 사체의 가죽과 뼈, 털 등 자신이 파낸 모든 것을 싣고 야쿠츠크로 돌아왔다. 엄니는 이미 절단되어 팔린 후였다. 따라서 애덤스는 다른 엄니를 구한 뒤 거기에 붙어 있는 인대靭帶 등 여러 가지 불순물을 제거했다. 그의 매머드는 썰매와 기차 편으로 상트페테르부르크까지 운반됐다.

매머드의 털이 발견되자 과학자들은 이 동물이 혹된 북극 지방의 기후에 적응한 동물이라고 단언했다. 그러나 최초로 세상에 모습을 드러낸, 발견자의 이름을 따서 명명한 애덤스 매머드에 대해 잘못 내린 판단도 있었다. 뼈의 구조를 살펴보던 애덤스는 두 개의 엄니를 원래 형태와 반대 방향으로 맞춰놓고 이 엄니의 용도가 스스로를 방어하고 눈을 치우는 데 쓰는 커다란 낫의 기능을 했다고 발표했다. 실제 두 엄니가 있었던 위치를 알 수 없었기 때문에 나온 잘못된 결론이었다.

이렇게 유럽에서 이 거대한 동물에 열광하며 신화에 나오는 거인들의 이름을 갖다 붙이고 있을 때 이와 비슷한 관심이 북아메리카에서도 자라고 있었다. 1800년대에는 북아메리카에서 매머드가 발견됐다는 소문이 끊이지 않았다. 그 중 가장 많이 거론된 곳은 단연 알래스카였다. 그러다 19세기 말엽, 매머드를 확실히 봤다는 소문이 나돌았고 이 거인의 멸종을 믿지 않았던 과학자들에게 희망을 던져

주었다. 그러나 이 소문도 거짓으로 드러났다. 이 소문은 미국 어류 협회 소속 박물학자인 찰스 H. 타운젠드Charles H. Townsend와 무명의 알래스카 이뉴잇족의 이야기가 와전된 것이었다.

타운젠드가 타고 있던 코윈 호가 베링 해 북부에 위치한 알래스카 코트케뷰 해협의 프린스 오브 웨일즈 곶에 잠시 정박했을 때였다. 이뉴잇족 몇 명이 매머드 뼈와 상아를 가지고 배에 올라왔다. 살아 있는 매머드를 한 번도 본 적이 없던 이뉴잇 사람들은 타운젠드에게 이 동물이 어떻게 생겼는지 알려달라고 부탁했다. 그러자 타운젠드는 이 사람들에게 상트페테르부르크에서 전시되고 있는 애덤스 매머드의 골격을 찍은 목판화를 보여주었다. 또한 그는 매머드 골격에 피부와 털이 붙으면 어떻게 보이는지, 자신이 직접 그림으로 그려 설명해주었다. 이뉴잇 사람들은 그의 그림을 뭍으로 가져와 여러 장 베낀 후 유목민인 자신의 동족에게 나눠주었다. 시간이 흘러 이뉴잇족 중에는 타운젠드의 그림을 완벽하게 재현할 수 있는 사람들이 늘어갔고 그들의 그림을 본 본토 미국인들은 이 그림이 실제 매머드를 보고 그린 그림이라고 생각하게 되었다. 따라서 사람들은 알래스카에 매머드가 실제로 살아 있다고 믿게 된 것이다.

1990년 고생물학자인 프레드릭 A. 루카스Frederic A. Lucas는 〈맥클루어*McClure's*〉지에 한 편의 논문을 발표했다. 그 논문에서 루카스는 지난 몇 세기 동안 알래스카의 툰드라 지대에서 살아 있는 매머드를 볼 수 있었다는 것은 불가능한 일이며 실제 지구상에 살아 있는 매머드는 한 마리도 없을 거라고 주장했다. 그의 논문은 다음과 같이 끝맺고 있다.

100세기 전에 살았던 매머드를 찾아 세상에 알림으로써 불후의 명성을 쌓고자 하는 사람은 매머드를 찾기 전에 다음과 같은 사실을 알아야 한다. 매머드를 찾는 사람에게 돌아가는 거라고는 국제 요트 경기 참가비보다 훨씬 적은 보상일 것이다. 얼어붙은 매머드를 찾는 첫 여정에 불을 당길 사람은 과연 누가 될 것인가?

그에 대한 대답은 몇 달 후, 과학자들이 가장 눈부신 매머드를 찾기 위해 탐험대를 발주하면서 얻을 수 있었다.

20세기에 접어들면서 상트페테르부르크는 전성기를 맞아 국제적인 도시로 변모하고 있었다. 그 당시 상트페테르부르크에서는 파베제와 그의 기술공들이 니콜라이 2세와 여러 유럽의 부유한 귀족들을 위해 보석이나 그 밖의 사치품을 세공하고 있었고 프리마 발레리나, 안나 파블로바가 마린스키 극장에서 관중들의 마음을 사로잡고 있었다. 그즈음 〈잠자는 숲 속의 미녀〉와 같이 전세계 음악인들을 사로잡은 교향곡과 오페라를 작곡한 차이코프스키가 사망했다. 그의 사인에 대해서는 콜레라 때문이라고 하는 사람도 있었고 질녀와의 불륜이 발각되자 독약을 마시고 자살했다고 주장하는 사람도 있었다. 바로 그 유명한 수사, 라스푸틴이 상류 사회에 발을 들여 차르(니콜라이 2세)의 전적인 신뢰를 얻기 10년 전의 일이었다.

1901년 4월, 야쿠츠크에서 상트페테르부르크의 왕립과학협회 본

부로 전보 한 장이 날아들었다. 그 전보는 야쿠츠크 지방 관리가 보내온 것으로 북극권 바로 위에 위치한 베레조프카 강가의 한 절벽에서 완벽하게 보존된 매머드가 발견됐다는 내용이었다.

이 사체의 잠재된 가치를 인정한 니콜라이 2세의 재무대신은 곧 1만 6천 루블을 연구비로 지원해주었다. 이 금액은 상트페테르부르크에서 작은 아파트를 구할 수 있는 금액이었다. 또한 콘스탄틴 대공이 수천 루블에 달하는 자신의 급료를 전액 기증했기 때문에 과학자들은 마음 놓고 베레조프카 강으로 출발할 수 있었다. 이 연구팀을 이끈 사람은 오토 헤르츠Otto Herz로 그는 왕립과학협회의 동물학자였다. 연구팀은 오토 헤르츠와 박제사인 오이겐 피첸마이어Eugen Pfizenmayer, 젊은 지질학 대학원생 드미트리 세바스티아노프Dmitrii Sevastianov로 구성되었다. 5월 3일 베레조프카 강으로 떠나는 그들에게는 화려한 시베리아 익스프레스 기차의 특등석이 제공되었다. 그 기차에는 피아노와 객차 응접실, 독서실이 갖춰져 있었으며 러시아 정교회에서 제공한 차도 한 대 탑재돼 있었다. 일주일 후 세 사람은 동서 기찻길의 주요 종착역인 바이칼 호 인근의 중앙 시베리아 도시, 이르쿠츠크 시에 도착했다. 이르쿠츠크부터는 마차를 타고 여행한 끝에 며칠 후 레나 강에 도달할 수 있었다. 그곳에서 다시 보트를 타고 우스티쿠트의 마을까지 간 후 증기 기관선으로 갈아탄 세 사람은 마침내 6월 1일 야쿠츠크에 도착했다.

3주간의 준비 기간이 끝나고 세 사람은 알단 강에 있는 탄다로 출발했다. 마지막 3천 킬로미터 가량은 말을 타고 이동해야 하는 진흙탕 길이었다. 세 사람은 모기와 작은 곤충들에게 끊임없이 시달려야 했기 때문에 나중에는 물린 감각도 느끼지 못했다. 이 험난한 여행은 거의 세 달이 지난 후에야 끝날 수 있었다. 그 험난한 여행을 회상하며 피첸마이어는 자신의 책 『시베리아인과 매머드*Siberian Man and Mammoth*』(1939)에서 다음과 같이 적고 있다. "그 끝을 알 수 없는 진탕에서는 인간뿐 아니라 동물들도 살지 못했다. 이곳에는 생명의 씨가 말라 있다. 퉁구스족과 야쿠트족은 이런 끔찍한 늪지 깊은 곳에는 지옥의 왕 셰이탄scheitan이 살고 있기 때문에 생명을 가진 존재는 살 수 없다고 말한다."

8월 31일, 완전히 기진맥진해진 세 사람은 콜리마 강가의 스레드네콜림스크라는 마을에 도착했다. 그곳에서 세 사람은 이제 막 베레조프카 강에서 돌아온 코사크인 이반 야블로프스키Ivan Yavlovski를 만났다. 말을 잘 다루기로 유명한 코사크인들은 남서부 러시아와 우크라이나 스텝 출신으로 시베리아의 넓은 지역에 흩어져 살고 있는 민족이다. 그들은 16세기 몽고와 전쟁을 벌인 후 시베리아에 정착하게 되었다. 이 시베리아 개척자들의 후손인 야블로프스키가 세 사람의 안내를 맡았다.

야블로프스키가 전해준 이야기는 아주 끔찍했다. 매머드가 묻혀 있는 지역에 폭우가 쏟아져 매머드를 받치고 있던 흙더미의 한쪽 경사면이 쓸려 나갔고 엉덩이 부분은 아예 훼손돼버렸다고 했다. 또 시체를 먹어대는 육식동물이나 늑대가 매머드의 머리 부분을 대부분 먹어치웠다고 했다. 야블로프스키는 연구팀이 도착할 때까지 사체를 보호할 목적으로 뼈를 모아서 모래로 덮어두고 왔다고 말했다. 이런 소식은 사상 최대의 매머드 사체를 연구할 수 있다는 바람만으로 넉 달이나 되는 모진 여정을 감당해야 했던 과학자들에게 실로 실망스러운 소식이 아닐 수 없었다. 그러나 헤르츠는 낙담하지 않았다. 야블로프스키의 이야기를 듣고 낙담한 사람은 세바스티아노프밖에 없었다. 그는 실망한 나머지 여행을 중단하기로 결정했다. 결국 헤르츠와 피첸마이어 두 사람만 매머드가 묻힌 곳을 향해 출발했다.

야블로프스키를 포함한 세 사람이 매머드가 묻혀 있는 땅의 인근 정착지인 미소바야까지 말을 타고 320킬로미터가 넘는 여행을 준비하는 동안 야블로프스키는 매머드를 발견하게 된 경위를 알려주었다. 그것은 1900년 8월 중순의 일이었다. 세멘 타라비킨Semen Tarabykin이라는 사냥꾼이 엘크(말코손바닥사슴, 현존하는 사슴 중 가장 큰 종/옮긴이)를 추적하다가 절벽 위로 튀어나온 매머드 엄니를 발견했다. 엄니를 발견한 즉시 타라비킨은 엘크 추적을 멈추고 그 대신 도망갈 염려가 없는, 그러나 엘크만큼 값어치가 나가는 상품을 조사하기 시작했다. 그는 그곳에서 조금 떨어진 강가에서 좀 더 작은 엄니도 발견할 수 있었다. 이 엄니는 절벽에 묻힌 매머드에게서 떨어져 나온 머리에 온전하게 붙어 있었다.

타라비킨은 오호츠크 해 연안의 원주민인 라무트족으로 다른 라무트족처럼 매머드를 숭배하고 있었으며 매머드를 파내는 것은 재앙을 불러온다고 믿고 있었다. 그런데도 타라비킨은 다음날 친구 두 명과 함께 매머드가 묻힌 지역으로 찾아가 절벽에서 발견한 76킬로그램이 넘는 엄니와 두개골에 붙어 있던 큰 엄니의 절반쯤 무게가 나가는 엄니를 잘라냈다. 몇 주 후 타라비킨은 이 엄니들을 이웃 마을로 가져가 야블로프스키에게 팔았다. 엄니를 발견한 경위를 듣고 흥미를 느낀 야블로프스키는 타라비킨을 앞세워 그해 11월에 매머드가 발견된 장소로 찾아가보았다. 그곳에서 매머드를 살펴보던 야블로프스키는 매머드의 머리와 넓적다리, 그리고 위에서 피부 조직을 조금 떼어냈다. 위에는 매머드가 마지막으로 먹은 음식이 그대로 남아 있었다. 그는 위장에 남아 있는 음식물을 스레드네콜림스크로 가져왔다. 그리고 조사에 착수할 수 있는 허가를 받기 위해 그 지역 경찰국장에게 제출했다. 다음달, 야블로프스키와 함께 매머드가 묻힌 장소로 찾아간 국장은 놀라움을 감추지 못했고 곧바로 상부에 이 사실을 보고했다. 다음해 봄, 국장의 보고가 상트페테르부르크의 과학자들에게 전해졌다.

야블로프스키의 안내를 받은 헤르츠와 피첸마이어는 야영지를 세울 베레조프카 강까지 가기 위해 눅눅한 타이가 지역을 말을 타고 이동했다. 야영지가 만들어지자 세 사람은 곧바로 매머드가 있는 곳으로 갔다. 피첸마이어는 그때를 이렇게 적고 있다.

> 매머드가 보이기 전인데도 우리는 역겨운 냄새를 맡을 수 있었다. 그것은 죽은 동물의 내장이 썩을 때 풍기는 그런 악취였다. 굴곡 진 절벽을 돌아가자 높이 솟아오른 두개골이 눈에 들어왔다. 홍적층의 거대한 괴물이 우리 앞에 몸체를 드러내고 있었다. 매머드의 몸체와 네 다리 중 일부는 매머드 사체를 덮고 있는 얼어붙은 땅 속에 여전히 파묻혀 있었다. 이 얼음 덩어리는 땅과 거의 수직으로 솟아 있었다. 이 장엄한 선사 시대 동물 앞에서 우리 세 사람은 할 말을 잃고 그저

서 있을 수밖에 없었다.

매머드를 얼어붙은 땅에서 꺼내는 일은 상당히 어려운 작업이었다. 매머드 사체는 무너져 내린 경사면 위에 흘러내리는 고운 모래 더미 속에 묻혀 있었다. 그곳에서 30미터 정도 아래는 강이 흐르고 있었다. 플라이스토세 때 쌓인 후 단단하게 얼어붙은 검은색 모래 더미가 무너져 내리지 않도록 조심하면서 과학자들은 얼어붙은 땅을 깨기 시작했다. 조금만 잘못해도 사체는 강물로 굴러 떨어질 수 있었다. 마침내 매머드가 있는 곳까지 도달했다. 피첸마이어는 재빨리 현장을 촬영한 후 삽으로 매머드 주변에 쌓여 있는 모래와 뼈들을 파내기 시작했다. 확실히 육식동물들은 매머드의 머리를 완전히 먹어치워버렸다. 그러나 매머드의 사인을 제공하는 단서는 그대로 남아 있었다. 과학자들은 매머드의 넓고 평평한 이빨 사이에서 나뭇잎과 풀, 미나리아재비 같은 식물의 잔해를 찾을 수 있었다. 이 식물들은 위장에서도 발견됐다. 좀 더 파내려가던 과학자들은 적갈색 강모剛毛와 부드러운 솜털로 뒤덮인 왼쪽 앞다리를 발견할 수 있었다. 피첸마이어는 매머드의 털이 여름철 낙타의 털을 연상시킨다고 말했다. 그는 앞다리가 구부러진 것을 보고 매머드가 죽은 원인을 추정할 수 있었다. 피첸마이어는 "앞다리가 구부러진 이유는 구덩이나 암석의 갈라진 틈에 떨어진 후 빠져나오려고 발버둥쳤기 때문이다. 그러나 떨어질 때 심각한 부상을 입었기 때문에 빠져나오지 못하고 죽은 것 같다"고 말했다. 매머드의 오른쪽 앞다리는 마치 미끄러운 곳에서 버티고 있는 것 같은 모양인데 그것은 왼발이 움직이는 동안 몸을 지탱해야 했기 때문인 것 같았다.

좀 더 파내려가자 이번에는 근육이 붙어 있는 왼쪽 뒷다리가 나왔다. 장갑도 끼지 않고 맨손으로 작업했기 때문에 과학자들의 손에는 악취가 배기 시작했다. 사체가 풍기는 썩은 냄새 때문에 작업하는 중간에 몇 분 간격으로 현장에서 도망쳐 신선한 공기를 마셔야 했다. "아무리 씻어도 손에서 악취가 가시지 않았다." 헤르츠의 말이다(바로 이 악취 때문에 시베리아 사람들은 매머드 고기를 여우 사냥의 미끼로 사용한다). 헤르츠는 이 매머드 사체가 과학적으로 매우 중요한 표본이라는 것을 알고 있었기 때문에 야블로프스키에게 정부 보조금 중 천 루블을 떼어주었다. 그러나 야블로프스키는 자신이 받은 포상금을 그날 밤 노름으로 날려버렸다. 그에 대해 피첸마이어는 "과연 야블로프스키가 운이 없었던 건지 아니면 이것도 매머드의 저주였는지 아무도 알 수 없는 일이다"라고 적고 있다.

매머드를 상트페테르부르크로 옮겨오기 위해 과학자들은 매머드를 해체하는 데 몇 주를 보내야 했다. 헤르츠는 라무트 원주민들을 고용하여 오두막을 짓고 그곳에 난로를 설치했다(현재 상트페테르부르크 박물관에는 털외투를 입고 매머드가 그려진 깃발을 단 4.5미터 가량 되는 막대기를 꽉 쥔 채 오두막 앞에 서 있는 헤르츠와 피첸마이어의 사진이 걸려 있다. 화보 참조). 이 라무트 원주민들은 매머드를 비바람과 눈보라에서 보호하기 위해 나무로 만든 엄호물을 매머드 사체 위에 덮어놓았다. 또한 매머드 주위에 불을 피워 혹독한 시베리아의 가을밤에 매머드가 얼지 않도록 조치를 취했다.

몇 주에 걸쳐 매머드를 조각조각 잘라낸 과학자들은 백반으로 각

부위를 깨끗이 씻은 뒤, 썩지 않도록 소금을 뿌렸다. 모든 과정이 끝난 후 사체는 과학자들이 기거하는 오두막으로 옮겨졌다. 헤르츠는 "아무리 헌신적인 어머니라도 내가 이 매머드를 옮겨온 것만큼 조심스럽게 자식을 옮길 수는 없을 것이다"라고 말했다. 그때까지도 녹지 않았던 매머드는 무척 먹음직스러워 보였다. 헤르츠가 매머드의 어깨살에 대해 묘사한 부분은 상트페테르부르크의 안락한 생활에서 벗어나 타이가의 혹독한 날씨에 한 달 이상 시달린 사람만이 표현할 수 있는 것이었다. 헤르츠는 이 검붉은 어깨살이 신선한 쇠고기처럼 보인다고 적고 있다. "우리들은 이 고기가 어떤 맛이 나는지 궁금했지만 감히 먹어볼 엄두는 나지 않았다." 당시 과학자들은 말고기를 먹고 있었다. 직접 먹어볼 용기가 없었던 과학자들은 매머드 고기를 조금 떼어 개한테 주었다. 개는 그 고기를 게걸스럽게 먹어치웠다.

10월 초가 되자 매머드에서 풍기던 악취가 조금씩 사라지기 시작했다고 피첸마이어는 적고 있다. 그러나 어쩌면 자신들의 코가 악취에 익숙해진 것인지도 모른다고 헤르츠는 말한다. 10월 7일, 드디어 과학자들은 매머드가 묻힌 동토층을 완전히 파낼 수 있었고 필경 큰 돈을 받을 수 있는 부위, 즉 DNA가 들어 있을 법한 으스러졌지만 완전히 발기되어 있는 페니스를 찾아낼 수 있었다. 페니스는 길이가 약 90센티미터 정도로 완전히 납작해져 있었기 때문에 지름은 약 20센티미터였다. 발굴이 백 년만 늦었더라도 정소를 둘러싸고 있는 복부 피부 조직과 정소가 완전히 얼어붙어 복제 실험에 쓰일 DNA를 구하는 것은 불가능했을 것이다. 10월 10일 헤르츠는 구덩이에서 정소를 둘러싸고 있는 2백 킬로그램 정도의 복부를 들어낼 수 있었다. 매머드의 복부에는 두껍고 긴 털로 덮인 꼬리가 달려 있었다. 이로써 모든 발굴 작업은 끝이 났다.

시베리아에서 기르는 말은 시베리아의 혹독한 기후에 적응한 작고 땅딸막한 야쿠티야 산 말이었다. 헤르츠는 이 야쿠티야 산 말이 끄는 열 대의 썰매를 이용해 11일에서 14일까지 매머드 사체를 나르는 작업을 수행했다. 15일, 매머드를 모두 옮겨 실은 헤르츠는 상트페테르부르크를 향해 출발했다. "이 귀중한 매머드 사체를 6천 킬로미터가 넘는 먼 곳까지 무사하게 운반하는 것은 무척 어려운 일이었다. 이것은 콜림스크에서 베르크호얀스크까지 두 개의 산등성이를 넘어 야쿠츠크까지 가야 하는 험난한 여정이었다. 또한 야쿠츠크에서 이르쿠츠크까지 간 우리는 기차를 갈아타기 위해 또 한 번 고생해야 했다. 때는 벌써 겨울로 접어들고 있었기 때문에 북극의 혹독한 추위도 견디기 힘들었다." 피첸마이어의 말이다. 일행이 베르크호얀스크 산맥을 넘는 동안 기온은 영하 55도까지 내려갔다. 그들이 야쿠츠크에 도착한 때는 크리스마스이브였다. 그곳에서 음식과 샴페인으로 배를 채운 일행은 러시아의 삼두마차인 트로이카를 타고 이르쿠츠크로 향했다. 매머드 사체는 냉동 시설이 갖춰진 기차를 타고 상트페테르부르크까지 운반되었다. 일행이 긴 여정을 마치고 상트페테르부르크에 도착한 것은 1902년 2월 18일이었다. 291일간의 대장정이 끝나는 순간이었다.

매머드 사체는 동물학 박물관에 안치되었고 8일 후 니콜라이 2세와 그의 황후 알렉산드라가 매머드를 보기 위해 박물관을 찾아왔다.

그때를 피첸마이어는 다음과 같이 회상했다.

> 매머드는 예의 그 지독한 악취를 풍기고 있었다. 더구나 전시실은 난방 시설이 가동중이었기 때문에 냄새는 더욱 지독했다. 박물관장이 황제에게 매머드에 대해 설명했고 황제는 진지하게 경청했다. 하지만 황후는 그 냄새가 견딜 수 없었는지 손수건으로 코를 가리고 있다가 마침내 이렇게 말했다. "악취가 나지 않는 곳에서 뭔가 다른 흥미로운 물건을 보여줄 수는 없겠소?" 라고 말이다.

그로부터 2년 후, 머리와 몸체의 복원 작업이 모두 끝난 베레조프카 매머드는 복원된 골격 구조와 함께 동물학 박물관 한쪽에 전시되었다. 1903년 11월 28일 〈사이언티픽 어메리컨*Scientific American*〉지는 이 매머드의 전시 사진을 싣고 "지금까지 수많은 매머드 화석과 몸체가 발견됐지만 인간이 발견한 것 중 이만큼 완전하게 보존된 것은 없었다" 라고 했다. 4만 4천 년 동안 묻혀 있던 화석을 통해 과학자들은 매머드가 발가락이 4개이며—지금의 코끼리는 5개이다—추위로부터 항문을 보호하기 위해 궁둥이가 두툼한 피부로 덮여 있었다는 것을 알 수 있었다. 또한 나선형의 엄니는 바깥쪽을 보고 있는 것이 아니라 안쪽을 향해 서로 끝을 맞대고 모아져 있다는 것도 알아낼 수 있었다. 헤르츠는 이 매머드가 암석의 갈라진 틈에 떨어져 죽게 된 것이라는 결론을 내렸다. 그러나 이 의견에 훗날 지질학자 톨마초프I. P. Tolmachoff가 이의를 제기하고 나선다. 톨마초프는 이 매머드가 풀을 뜯어 먹던 중 질퍽질퍽한 늪지에 빠져 질식한 것이라고 주장했다. 그는 질식했다는 증거로 발기된 페니스를 들면서 "다른 원인은 생각할 수 없다"고 말했다.

베레조프카 매머드가 과학계에 둘도 없는 선물이었다면 라무트족에게는 고대 얼어붙은 동물의 사체를 훼손하는 것은 이집트의 피라미드를 훼손하는 것처럼 재앙을 가져오는 일이라는 믿음을 한층 강하게 하는 계기가 됐을 뿐이었다. 상트페테르부르크로 돌아온 피첸마이어는 그후 7년이 지나 야블로프스키가 실성한 뒤 죽었다는 것을 알았다. 또한 발굴 현장을 조사했던 경찰국장도 니콜라이 2세가 발굴에 기여한 공로로 훈장을 내리기 이틀 전 돌연히 세상을 떠났다. 헤르츠가 발굴이 끝난 뒤 2년 만에 죽은 것도 라무트족에게는 당연한 일이었다. 그들은 오히려 피첸마이어가 건강하다는 사실을 의아해했다.

지구상에서 매머드 유령이 활보할 만한 곳을 꼽으라면 당연히 베렐레흐 매머드 묘지를 들 수 있을 것이다. 20년 동안 베레시차긴은 야쿠티야 북동부에 위치한 베렐레흐 강에 다량의 매머드 뼈가 묻혀 있다는 현장 연구가들의 말을 무수히 들어왔다. "그 신비스러운 곳에 꼭 한 번은 찾아가야 한다는 생각을 늘 갖고 살았습니다." 항상 베렐레흐에 가보고 싶다는 소망을 품고 있던 베레시차긴은 마침내 1970년 여름, 연구팀을 조성할 자금을 마련할 수 있었다.

야쿠츠크 지질학 연구소의 과학자들로부터 초대를 받은 베레시차긴은 인디기르카 강 연안의 작은 마을, 초쿠르다흐로 날아갔다. 그곳에서 지질학자들이 연구 기지를 세워둔 곳까지 헬리콥터로 이동했다. 연구 기지는 낙엽송이 울창한 초원에 세워져 있었다. 1만 1천5백 년 전, 빙하기가 끝나자 북극 해안선을 따라 북쪽으로 약 483킬로미터에 이르는 곳까지 건조하고 풀이 무성하던 스텝 지역이었던 이곳은 오늘날 광대한 호수 지역으로 바뀌었다. 강수량이 증가하고 영구 동토층을 뒤덮고 있던 얼음이 녹으면서 호수는 점점 더 커져갔다. 뿐만 아니라 지난 수백 세기 동안 진행된 활발한 침식 작용으로 인해 플라이스토세 대평원을 자랑하던 땅은 6~9미터 정도 깎여 나가 예도마yedoma라고 부르는 작은 언덕을 여러 개 만들어놓았다. 빙하기 동물들은 바로 이 예도마라는 작은 언덕에 묻혀 있었다. 강물이 예도마를 휘감아 흐르고 있었고 그로 인해 매년 여름이면 강물에 침식된 부분에 동물의 뼈가 드러났다.

베레시차긴은 그전까지 예도마를 본 적이 한 번도 없었다. 이 검고 비옥한 퇴적물 밖으로 고대 매머드와 말 그리고 순록의 뼈가 삐죽 그 모습을 내밀고 있었다. 베레시차긴은 베렐레흐에서 받게 될 감동을 전혀 예상하지 못했었다. 연구팀은 강과 18미터 높이로 솟아 있는 예도마 절벽 사이의 좁고 질퍽한 길을 따라 약 5백 미터 정도 걸어갔다. 강의 굴곡을 따라 걷고 있는 동안 베레시차긴은 놀라움을 감출 수 없었다. "세상에, 이곳은 온통 뼈로 덮여 있군요." 예도마에서 튀어나와 있는 뼈는 녹갈색을 띤 것도 있었지만 대부분은 숯처럼 어두운 색을 띠고 있었다. 뼈는 예도마의 절벽에도 강변에도 강물 안에도 얼마든지 있었다. "우리는 그 장관에 놀라서 아무 말도

할 수 없었어요." 베레시차긴은 그때를 이렇게 회상했다. 여기저기 두껍고 기다란 순록과 말의 뼈가 보였다. 물론 매머드의 뼈도 셀 수 없이 많았다.

과학자 가운데 일부는 뼈의 수를 세고 분류하는 역할을 맡았다. 또 일부는 강물을 가스 펌프로 끓여 뜨거운 물을 만든 뒤 예도마를 완전히 녹이는 역할을 맡았다. 가스 펌프에서 분사된 물은 강둑을 따라 흐르면서 화분의 토사처럼 비옥하고 어두운 퇴적물을 쓸어내렸다. 예도마를 덮고 있던 퇴적물이 흘러내리자 황금빛 털과 함께 좀 더 많은 매머드 뼈가 모습을 드러냈다. 물을 사용하면 골격 구조가 망가지기 때문에 매머드가 죽은 원인을 알 수 없게 된다. 하지만 이런 혹독한 기후에서는 온대 지방에서 사용하는 발굴 기술을 적용할 수 없었다. 베레시차긴은 "아무리 강한 채굴기를 사용해도 마치 바위처럼 단단하게 얼어붙은 흙을 뚫지 못합니다"라고 말했다.

그해 여름과 다음해 여름, 연구팀은 거의 9천 구의 뼈 조각을 분류해냈다. 이 뼈의 무게는 모두 합쳐 10톤에 달했다. 또한 그들은 말과 순록, 들소의 뼈도 함께 찾아냈고 동굴사자의 아래턱뼈 한 구도 찾아냈다. 하지만 전체 뼈의 90퍼센트는 매머드의 것이었는데, 모두 156개체에 달했다. 보통 어린 수컷이 많았으며 성체도 보통의 매머드보다 크기가 작았다. 플라이스토세 말기에 이 인디기르카 범람원은 침식 때문에 마치 섬처럼 변해버렸다. 그로 인해 매머드 서식처에는 성장에 필요한 먹이가 부족해진 걸로 생각된다.

그렇다면 어떻게 해서 이 모든 매머드가 한꺼번에 죽게 되었을까? 발굴 첫해 여름, 과학자들은 이 매머드 무덤에서 얼마 떨어지지 않은 강 하류 부근에서 구석기 시대 인류의 유적을 찾아냈다. 그곳에는 석기와 검은색 나무 자루, 그리고 분명 창끝에 달았음직한 뾰족한 점판암 파편이 있었다. 1971년 강둑을 따라 거닐던 베레시차긴은 뭔가 묵직한 것에 걸려 넘어질 뻔했다. 그것은 마치 매머드 늑골처럼 보였다. 땅을 파보니 늑골이 아니라 매머드 엄니를 깎아 뾰족하게 만든 작은 막대기였다. 베레시차긴은 그 상아 막대기가 구석기인들의 작품이라고 생각했다. 장대에 꽂아 매머드의 질긴 가죽을 뚫는 데 사용한 창이라는 것이 그의 생각이었다. 야쿠츠크 출신 고고학자 유리 모차노프Yuri Mochanov는 훗날 그곳에서 더 많은 점판암 파편과 투명한 비취로 만든 목걸이 장식이 발견됐다고 했다. 이곳이 바로 북극권에서 유일하게 발견된 구석기 유적이다.

"사람들은 오랫동안 구석기인들이 매머드를 앞질러갔다고 생각했습니다." 연구팀의 일원이었던 젊은 동물학자 제나디 바리시니코프Gennady Baryshnikov가 말했다. 과학자들은 구석기인들이 매머드가 오는 것을 숨어서 기다리다가 절벽이나 얇은 얼음이 깔린 호수로 밀어 넣었을 것이라고 생각했다. 그러나 바리시니코프의 생각은 달랐다. 구석기인들의 야영지에서 발견된 것은 산토끼나 뇌조雷鳥 같은 작은 동물의 뼈였다. "보통 사람들은 토끼같이 작은 동물을 잡아먹었습니다. 매머드같이 큰 짐승은 사냥의 대상이 아니었죠." 거대한 매머드를 사냥하는 것은 매우 위험한 일이라고 바리시니코프는 주장한다. 매머드를 사냥하려면 가까이 다가가 여러 차례 창으로 찔러야 한다. 그것은 한순간만 방심해도 거대한 짐승에게 짓밟혀 죽을 수 있다는 것을 의미했다.

베레시차긴과 바리시니코프는 베렐레흐 매머드의 사인을 다르게 추정했다. 예도마 매머드 뼈 주변에는 시베리아 잉어와 같은 물고기 비늘이나 하천의 바닥에 있는 이끼, 버드나무의 썩은 잔해가 함께 나온다. 이를 근거로 두 사람은 발견된 매머드들이 한꺼번에 죽은 것이 아니라 플라이스토세 말기에 봄이 되어 얼음이 얇아진 것을 모르고 경험 없고 미숙한 어린 매머드들이 베렐레흐 강을 건너려다가 얼음이 깨져 빠져죽은 것이라고 주장했다. 이렇게 빠져죽은 매머드 사체는 강물에 실려 지금처럼 우각호가 형성되기 전의 하류에 쌓이게 됐다는 것이 두 사람의 주장이었다. 그게 아니라면 봄철 녹아내리는 빙원氷原에 쓸렸거나 여름철 홍수에 희생된 것일 수도 있었다. 분명 썩어가는 사체는 여름이 되면 포식자를 끌어들였을 것이며 인간들도 상아를 얻기 위해 이곳으로 왔을 것이다.

베렐레흐 매머드가 발견된 지 7년 뒤 학계에서는 또 하나의 값진 발견이 있었다. 바로 디마를 발견한 것이다. 디마를 연구하는 것은 베레시차긴에게 가장 값진 일이었다. 미국에서 온 두 연구팀이 베레시차긴에게 디마의 표본을 요청했다. 그들은 애덤스 매머드나 베레조프카 매머드를 발굴할 때는 상상도 할 수 없었던 획기적인 과학기술을 이용해 실험용으로 쓰일 디마의 조직을 떼어냈다. 이 과학기술을 이용하여 과학자들은 빙하기 생물의 단백질도 재생할 수 있었다.

미국에서 파견된 연구팀 중 한 팀의 책임자였던 앨런 윌슨Allan C.

Wilson은 캘리포니아 대학 버클리 캠퍼스의 연구원이었다. 뉴질랜드 태생인 윌슨은 수세기 전 뉴질랜드 원주민의 사냥으로 멸종한 커다란 새, 모아moa에 대해 큰 흥미를 느끼고 있었다. 그의 연구팀은 현대 코끼리의 단백질과 매머드의 단백질을 비교하여 두 종이 공동 조상에서 갈라져 나왔다는 사실을 증명하고 싶었다. 윌슨은 전에도 이 사실을 증명하기 위해 두 차례에 걸쳐 실험을 했으나 매머드 표본이 너무 심하게 훼손돼 있었기 때문에 매번 실패하고 말았다.

그러나 디마의 단백질도 상당히 많이 훼손되어 있었다. 조직에서 단백질을 떼어내는 것은 불가능해 보였다. 제대로 보존된 단백질은 물에 쉽게 용해되는데 디마의 단백질은 물에 녹지 않았다. 따라서 윌슨은 다른 방법을 택해야 했다. 그는 디마의 근육에서 단백질을 추출하여 토끼의 혈액에 주입했다. 체내에 외부 단백질이 들어오자 토끼는 항체를 만들기 시작했다. 연구팀은 이 항체를 추출해 이 항체와 반응하는 알부민을 찾아냈다. 알부민은 포유동물의 장액에 들어 있는 혈청 단백질로 포유류마다 고유한 구조를 갖고 있다. 토끼에서 추출한 항체는 매머드와 코끼리의 알부민을 공격했고 이를 근거로 두 종이 아주 가까운 사촌간임을 밝혀낼 수 있었다. 윌슨의 연구팀은 훗날 이 기술을 사용해 매머드 표본에서 뼈나 연골 등 결합조직을 이루는 콜라겐 섬유를 추출하는 데 성공했다.

레닌그라드로 돌아온 베레시차긴과 그의 동료들은 한 가지 실험을 계획하고 있었다. 이 실험이 성공한다면 그들은 미국인이 이룩한 업적을 앞지를 수 있었다. 그렇게 되면 소련 전역에 있는 과학 연구소의 지붕 어디에나 크게 걸려 있는 문구—소련 과학계에 영광을Slava

Sovetskoy Nauke!—를 실현할 수 있으리라. 그 어떤 것도 어린 매머드 디마를 부활시키는 것보다 더 영광스러울 수는 없을 것이다.

베레시차긴이 디마 복제 프로젝트의 총책임자로 임명한 사람은 레닌그라드 세포학 연구소의 빅토르 미켈슨Vikor Mikhelson이었다. 그는 소련에서 가장 저명한 세포생물학자 가운데 한 사람이었다. 복제 프로젝트의 책임자가 된 미켈슨은 디마의 세포에서 복제 가능한 세포를 찾으려고 했다. 그가 택한 방법은 개구리 성체 세포핵을 이용해 복제 개구리를 만드는 것이었다. 양서류의 복제가 성공하고 그후 20년이 지나는 동안 과학은 포유류까지 복제할 수 있을 정도로 발전했다. 포유류 복제는 거의 성공 단계에 와 있었다. 미켈슨 연구팀의 실험에 가장 적합한 난자를 꼽으라면 단연 살아 있는 코끼리의 난자였다. 미켈슨은 미세 튜브를 이용해 코끼리 난자에서 세포핵을 제거했다. 난자의 가장 안쪽에 위치한 핵에는 DNA가 들어 있다. DNA는 유전 물질을 포함한 세포핵 내의 단백질을 말한다. 따라서 세포에서 핵을 제거한다는 것은 인간의 뇌를 제거하는 것과 같은 의미이다.

미켈슨은 코끼리 난자의 세포핵을 제거한 후 디마의 핵을 이식하려 했다. 그런 다음 세포에 전기충격을 가해 난할을 진행시킬 예정이었다. 수정이 성공하여 난할이 진행되면 이 배아 세포를 코끼리 자궁에 이식한다. 그러면 스무 달 후, 즉 코끼리의 임신 기간이 끝나면 대리모가 매머드를 낳는다. 이것이 과학자들의 희망이었다. 그들의 희망이 성공한다면 과학사에 새로운 역사를 세울 수 있을 것이다. 복제로 클론을 만드는 일은 공상과학소설에나 나오는 이야기가 아니다. 사실 일란성 쌍생아도 서로가 서로의 클론이다. 개구리 같은 것은 쉽게 복제할 수 있다. 그러나 1980년대까지 포유류 복제는 성공한 적이 없었다. 더구나 멸종한 생물 종의 성공은 더욱 없었다.

미켈슨은 디마의 조직에서 가장 보존이 잘 된 부분을 찾으려고 노력했다. 그는 디마의 근육과 피부 밑의 지방 조직, 혈관, 혈액에 이르기까지 DNA를 함유하고 있을 가능성이 있는 모든 세포를 떼어냈다. 그리고 살아 있는 세포를 배양하듯 배양액에 넣고 증식시키기 위해 노력했다. 그러나 몇 달이 지나도 실험에 필요한 세포는 단 한 점도 얻을 수 없었다.

그러나 그의 시도가 모두 헛된 것은 아니었다. 비록 디마를 되살리는 것은 실패했지만 미켈슨과 동료들은 그때까지 추출한 DNA로 매머드의 가계도를 작성할 수 있었다. 1990년대 중반 미켈슨은 일본 나고야 대학의 오자와 토모오小澤智生 교수와 함께 테티테리아 Tethytheria에서 발견한 일곱 종의 DNA를 비교 분석해보았다. 이 테티테리아의 DNA는 2억 5천만 년 전 테티스 해 부근에 살던 동물의 후손 종이었다. 테티스 해는 오래 전에 사라지고 현재 그 자리에는 지중해가 남아 있다. 테티테리아 표본의 단백질 분석 결과는 매머드가 현존하는 두 종의 장비목長鼻目 생물인 아프리카코끼리와 아시아코끼리 두 종 모두와 가까운 친척이라는 것을 알려주었다. 매머드와 비교하면 아프리카코끼리와 아시아코끼리가 오히려 더 먼 친척임을 알 수 있었다.

미켈슨은 매머드와 코끼리의 유전 물질의 유사성을 증명하기 위해 폴리머라아제 연쇄반응PCR, polymerase chain reaction이라는 분자생물학 기술을 적용했다. 미켈슨은 이 기술을 사용하여 디마의 미토콘드리아에 있는 DNA를 추출해낼 수 있었다. 폴리머라아제는 핵산을 복제하는 효소로 PCR 기술을 사용하면 아무리 소량의 DNA라도 증폭시켜 유전자 암호를 읽어낼 수 있기 때문에 완벽하게 DNA를 복제할 수 있었다. 미켈슨은 디마의 오른쪽 뒷다리의 넓적다리 안쪽 근육에서 적당한 표본을 찾아내 PCR을 실시했다. 그는 매머드의 넓적다리에서 추출한, 철분을 함유한 사이토크롬cytochrome b라는 단백질을 이용하여 4만 년 동안 잠들어 있던 1,005개의 매머드 유전자 염기서열을 밝힐 수 있었다. 이 유전자들은 흔히 종간 혈연관계를 밝히는 데 사용되는 단백질로 세포분열 때 쉽게 변이를 일으키는 유전자였다.

오자와는 다른 여섯 개 테티테리아 종의 사이토크롬 b 유전자를 추출해내 이들 표본을 코끼리를 비롯한 매너티, 듀공 그리고 지금은 멸종된 스텔러바다소 등과 비교해보았다. 이들 세 종류의 바다소류는 매머드와 전혀 닮은 곳이 없는 것 같아 보인다. 그러나 자세히 살펴보면 네 종 사이의 유사점을 찾을 수 있다. 이 네 종은 비슷한 심장 구조를 갖고 있으며 앞다리 사이에 젖샘이 발달해 있다. 보통 포유류의 경우 젖샘은 앞다리보다 약간 아래쪽에 있다. 또한 테티테리아의 여섯 종은 열대 아프리카에서 서식하고 있는 설치류와 비슷한 바위너구리와도 유사한 특징이 있다는 것이 밝혀졌다. 매머드는 바위너구리의 귀와 다리뼈가 닮았다.

과학자들은 사이토크롬 b의 염기서열을 근거로 분자 계통수를 완성했다. 그 결과 바위너구리가 먼저 분리되어 나왔으며 곧 이어 바다소류가 분리됐다는 것을 알 수 있었다. 장비목에 속하는 코끼리 두 종과 매머드를 비교해보면 세 종 중 아프리카코끼리가 가장 처음인 약 5백만 년 전에 분리되어 나왔다는 것을 알 수 있었다. 이것은 가장 오래된 아프리카코끼리 화석이 발견된 연도와 일치한다. 그후 약 4백만 년이 흐른 뒤 매머드와 아시아코끼리가 분리되었다. 그러나 이 두 종은 유전적으로 그다지 큰 차이는 없다. "우리는 아시아코끼리와 매머드가 비슷한 유전자 구조를 갖고 있다는 것을 알아냈습니다." 미켈슨의 말이다. 매머드의 가장 가까운 사촌으로 아프리카코끼리를 꼽는 사람도 있지만 미켈슨의 주장을 증명하는 실험 결과가 계속 나오고 있다.

이런 성공에도 불구하고 미켈슨은 1980년대에 자신이 그토록 의욕적으로 추진하던 매머드 부활 프로젝트에 대해서는 회의적인 반응을 보이고 있다. 그는 이제 "매머드 부활이라니, 실현 불가능한 일입니다"라고 말한다. 20여 년을 매머드 부활에 매달린 그가 이제 매머드 부활을 부정하고 있다. 그는 아무리 외부 환경을 매머드에게 맞게 조정하고 동결 상태를 유지하더라도 매머드를 되살리는 것은 불가능하다고 말한다. 1997년 과학사에 획기적인 한 획을 그은 포유류의 복제, 즉 다 자란 양의 세포에서 핵을 추출하여 탄생시킨 복제 양 돌리의 출현에도 불구하고 그의 의견은 바뀌지 않았다. 죽은 세포로는 복제가 불가능하다는 것이 그의 주장이었다.

그러나 다른 과학자들은 그의 의견에 동의하지 않는다. 시베리아의 저 멀리, 동해 건너 일본에서 그의 뒤를 이어 매머드 복제에 매달리고 있는 생식생물학자가 있다. 그의 이름은 고토 가즈후미다.

첫번째 계획, 고베 스테이크

일본 남부 규슈에 위치한 가고시마 현의 롤링 힐rolling hills과 이웃 현은 쇠고기의 주요 산지이다. 규슈의 축산업이 조성된 것은 1980년대로 일본 사람들이 쇠고기 스테이크를 비롯한 서양 음식에 열광하기 시작하면서부터였다. 이런 열풍을 주도한 사람이 바로 고토 가즈후미였다.

1960년대 규슈 지방에서 성장기를 보낸 고토는 난자와 정자가 만나 수정란을 만들고 아홉 달 후 아기가 태어날 때까지 일어나는 과정을 궁금하게 여겼다. 그러나 당시 일본에서는 성에 대해 이야기하는 것을 금기시했기 때문에 고토의 호기심은 좀 더 세월이 지나 고등학교에 간 후에야 충족될 수 있었다.

생식에 대한 탐구열은 고토가 어른이 된 후에도 여전히 식지 않았다. 미국의 아칸소 대학에서 동물학 석, 박사 학위를 취득한 고토는 1983년 가고시마 대학의 조교수로 임명되었다. 그의 첫 연구는 수탉의 정자수를 늘리는 방법을 개발하는 것이었으나 곧 정부 보조금을 더 많이 얻기 위해서는 대학에서 기르고 있던 6백 마리의 소를 연구하는 것이 좋겠다는 결론을 내렸다. 그의 계획은 인공수정을 통해 버터 칼로도 자를 수 있는 부드럽고 맛좋은 쇠고기를 대량 생산하는 것이었다. 더부룩한 머리에 항상 웃음을 잃지 않는 마른 체구의 사나이는 이렇게 말했다. "우리는 미국산 쇠고기를 앞질러야 했지요."

그의 임무는 가장 맛있는 쇠고기를 생산하는 것이었다. 교배 실험에 쓰일 지방 함량이 풍부한 황소의 정자를 얻는 것은 어렵지 않았다. 그는 우선 인공 암소 질膣을 만들어 따뜻한 물로 덥힌 후, 동물이 이성을 유혹하기 위해 방출하는 천연 화합물 페로몬을 발라두었다. "암소의 냄새를 맡은 황소는 금세 흥분하기 시작했습니다." 고토의 말이다. "송아지 때부터 사육한 황소라면 훨씬 더 수월하게 정자를 얻을 수 있습니다." 그러나 실험은 그리 쉽게 진행되지 않았다. 처음에 고토는 이 우량 정자를 암컷 한 마리의 자궁에 삽입한 다음 아홉 달 뒤에 태어날 송아지를 기다렸다. 하지만 "이 방법은 시간이 너무 오래 걸리는데다 1년에 한 마리밖에 얻을 수 없다는 단점이 있었습니다"라고 고토는 말했다.

좀 더 많은 송아지를 얻기 위해 고토는 암소의 자궁에 정자를 주입하는 방법 대신 시험관 수정으로 방향을 전환했다. 시험관 수정이란 시험관에서 정자와 난자를 결합시킨 후 수정된 수정란을 대리모의 몸을 통해 키우는 방법이다. 그는 도살장을 찾아가 육질이 좋은 암소의 난자를 추출해왔다. "고기의 육질을 살펴보고 질 좋은 난자를 얻을 수 있었습니다." 그는 우수한 암소의 난소에서 수십 개의 미성숙 난자를 추출해낸 후 인공 생화학 배양기에서 성숙시켰다. 난자가 다 자라자 미리 보관해두었던 우량 황소와 수정시킨 후 한꺼번에 여러 마리의 대리모 자궁에 착상시켰다. 이때 대리모의 유전자는 송아지에게 아무런 영향도 미치지 않는다. 고토의 실험은 일본 내에서 미성숙 난자를 이용해 수정에 성공한 최초의 실험이었다.

자신의 실험이 성공해 가고시마 현 내 농부들의 소득을 증대시킨 것만으로는 고토의 학구열을 막을 수 없었다. 그는 과학계에 한 획을 긋고 싶었고 그 목표를 위해 실험실에서 밤을 새는 것도 마다하지 않았다. 1986년 평소와 마찬가지로 연구에 몰두하던 고토는 현미경으로 정자가 난자를 향해 헤엄치는 모습을 관찰하고 있었다. 그러던 중 한 가지 이상한 점을 발견했다. "일단 난자의 세포막에 도달한 정자는 더 이상 움직이지 않았습니다." 난자의 세포막을 뚫고 들어가는 순간 정자의 꼬리는 머리에서 분리된다. 채찍처럼 생긴 정자의 꼬리에는 운동에 필요한 에너지를 생산하는 소기관, 즉 미토콘드리아가 들어 있다. 수정되기 직전, 부계의 유전 물질인 DNA가 들어 있는 정자의 머리는 세포의 생명 활동에 필요한 에너지를 내는 기관—미토콘드리아—을 외부에 버리고 난자 안으로 들어간다. 전문적인 의미로 이것은 정자의 죽음을 뜻하는 것이다.

정자의 움직임을 관찰하던 고토의 머리에 한 가지 생각이 떠올랐다. 몇 초 동안 죽었던 정자가 난자를 수정시킬 수 있다면 몇 년, 혹은 몇천 년 동안 죽어 있던 정자도 마찬가지 아닐까? 이런 생각에 고무된 고토는 생명의 정의에 완전히 반하는 실험을 시작했다. 그는 죽은 정자를 되살리려고 했다. 그러나 그러기 위해서는 일단 정자를 죽여야 하는데 그 일은 쉽지 않았다. 당시 고토는 냉동 상태만 유지할 수 있다면 정자를 냉동시켜 수십 년 동안 보존할 수 있다는 사실을 알고 있었다. 고토는 "정자를 얼릴 때는 항상 동결 방지제를 함께 넣어야 합니다. 동결 방지제 없이 정자를 냉동시키면 되살릴 수 없습니다"라고 했다. 생식 실험에서 동결 방지제는 일반적으로 글리세롤과 자동차 부동액으로 쓰이는 에틸렌글리콜을 쓴다. 정자 내부에 얼음 결정이 형성되면 연약한 세포막은 파괴되고 세포 내 소기관은 활동을 멈춘다.

그는 실험실에 새로 들어온 대학원생에게 실험쥐의 정자를 동결 방지제 없이 죽을 때까지 냉동시켰다가 해동시켜보라고 지시했다. 움직임을 멈춘 정자도 마치 죽은 것처럼 보인다. 따라서 고토는 정자가 완전히 죽었다는 것을 확인하기 위해 두 가지 기술을 사용했다. 첫번째 방법은 냉동된 정자가 들어 있는 용액에 염색액을 떨어뜨리는 것이다. 정자가 죽었다면 세포막이 파괴되기 때문에 염색액이 정자의 머리에 쉽게 침투해 들어갈 수 있다. 따라서 염색된 부위를 보면 정자의 생사 여부를 알 수 있다. 두번째 방법은 정자의 미토콘드리아가 세포의 연료로 사용되는 화학 물질인 ATP를 생산하는지를 알아보는 것이다. 과학자들은 ATP가 전혀 검출되지 않을 때까지 두번째 과정을 여러 번 되풀이했다. 이것은 매우 어려운 과정이지만 이 방법을 이용하면 정자의 유전자를 최대한 훼손시키지 않고 보존할 수 있다. "동결과 해동 과정을 스무 차례 반복했지만 DNA는 파괴되지 않았습니다." 고토의 말이다.

그러나 실험팀이 정자 직접 주입에 의한 미세수정술ICSI, Intra-Cytoplasmic Sperm Injection이라는 신기술을 도입해 수정을 유도하려 했던 시도는 계속해서 실패했다. ICSI란 죽은 정자의 DNA를 미세조작기로 쥐의 난자에 주입시키는 방법이다. 수차례 실험을 반복했지만 모두 실패로 끝났고 시간만 2년이 넘게 소비되었다. 쥐 난자의 세포막은 매우 약했기 때문에 과학자들이 정자를 주입하려고 할 때마다 얇게 찢어져버렸다. 고토는 "그때는 쥐의 난자가 실험에 부적합하다는 것을 알지 못했습니다"라고 말했다.

1989년 고토는 예의 그 대학원생에게 자신이 늘 접해왔고 좀 더 두꺼운 세포막을 가진 소의 생식세포를 이용해 실험을 다시 시작하라는 지시를 내렸다. 그 대학원생은 고토의 실험실에 들어오기 전까지 한 번도 정자와 난자를 본 적이 없었다. 그는 암소 난자 수백 개에 황소의 정자를 삽입하는 실험을 거친 후 마침내 다음과 같이 소리쳤다. "교수님, 분열을 시작했어요!" 그 말은 난할이 일어났다는 것을 의미했다. 현미경으로 보니 난자 하나가 몇 회의 난할을 끝내고 초기 배 단계인 포배기를 형성하고 있었다. 연구팀은 이 수정란을 즉시 암소의 자궁에 착상시켰다. 아홉 달 후 드디어 송아지가 태어났다. 수차례 실험을 반복한 결과 송아지 네 마리가 더 태어났다.

당시 미국에서도 발생학자 한 명이 소를 이용해 ICSI 실험을 하고 있다는 것을 알고 있던 고토는 1990년, 그리 잘 알려져 있지 않던 영국 잡지 〈수의학 보고서*The Veterinary Record*〉에 재빨리 연구 결과를 발표했다. 무명 잡지에 발표했기 때문에 그로부터 2년 동안 고토의 연구에 대해 알고 있는 외국인은 별로 없었다. 하지만 그의 실험은 ICSI 기술을 성공시킨 최초의 사례일 뿐만 아니라 죽은 정자로 살아 있는 생명체를 만들어낸 최초의 사례라 할 수 있었다. 그리고 그의 연구팀이 잡지에 발표한 것처럼 "실험의 결과로 보아 과연 정자가 죽었다고 할 수 있는 근거는 무엇인가" 하는 의문을 불러일으켰다.

몇 달 동안 이 문제로 고민하던 고토는 그 해답을 한 저널리스트를 통해 얻을 수 있었다. 이 저널리스트와의 만남은 고토의 연구에 새로운 방향을 제시해주었다. 1992년 미국 덴버에서 열린 국제 배아 이식 협회 회의장에서 고토는 자신의 연구 결과를 자랑스럽게 발표했다. 그의 발표는 대성공이었고 로버트 쿡Robert Cooke을 비롯한 청중의 마음을 사로잡았다. 로버트 쿡은 뉴욕 주 롱아일랜드에서 발행되는 신문 〈뉴스데이*Newsday*〉의 기자였다. 발표회 직후 쿡은 고토에게 인터뷰를 요청했다. 그는 인터뷰에서 고토에게 ICSI 기술을 사용해 5천 년 전에 죽은 '아이스 맨Ice Man'과 같이 멸종된 동물의 정자를 가지고도 수정에 성공할 수 있는지 물어보았다. '아이스 맨'은 이탈리아와 오스트리아 국경 부근의 알프스 산맥에서 발견됐다. 고토는 일부러 죽은 생물을 되살리는 연구를 해 도덕적 반대를 불러일으킬 생각이 없었다. 그러나 인터뷰가 진행되는 동안 매머드처럼 멸종된 동물을 되살리는 연구가 불러올 반대에 대한 걱정은 점차 열정으로 바뀌었다.

고토는 동사한 매머드를 찾아내 정자만 얻을 수 있다면 매머드를 부활시키는 일도 어려운 일이 아니라고 생각하게 되었다.

오늘날 빙하기 동물들이 시베리아 지방에서 완벽한 상태로 발견되는 이유를 설명하는 가설은 무수히 많다. 그 중 하나가 1913년 『지구 내부로의 여행*A Journey to the Earth's Interior*』이라는 책을 발표한 마샬 가드너Marshall Gardner의 주장이다. 가드너는 그의 책에서 지구는 내부에 태양이 들어 있는 속이 텅 빈 공 모양의 행성으로 극지방에는 커다란 균열이 여럿 있다고 했다. 이 지구의 안쪽 표면에는 또 하나의 세계가 있어서 매머드 같은 동물들이 살아간다. 시베리아에서 발견되는 얼어붙은 매머드 사체는 북극에 뚫린 구멍 주위를 어슬렁거리다가 우리 세계로 잘못 와서 얼어 죽은 시체라는 것이 가드너의 주장이었다.

가드너의 생각은 물론 황당한 것이었지만, 많은 사람들이 그의 주장을 받아들였다. 그의 주장은 오랜 세월 동안 매머드가 동사한 진짜 이유와 그토록 오랜 세월 동안 보존될 수 있었던 이유를 정확히 밝히는 데 걸림돌이 되어왔다. 그러던 중 19세기 중엽 매머드의 사인을 밝혀줄 단서가 하나 발견됐다. 알렉산더 테오도르 폰 미덴도르프Alexander Theodor von Middendorff라는 탐험가가 오호츠크 해 연안의 모래침전물 밑에서 고래 사체를 발견했다. 고래가 얼마나 오랫동안 그곳에 묻혀 있었는지는 알 수 없었다. 고래의 사망 연도가 몇 년 전인지 몇십 년 전인지 몇백 년 전인지는 알 수 없었지만 고래의 지방은 그때까지도 먹을 수 있을 정도였다. 미덴도르프는 이 고래처럼 진흙탕이나 습지에 빠진 매머드도 완벽하게 보존될 수 있다고 생각했다.

고토가 매머드를 되살리기 위해서는 먼저 완벽하게 보존된 매머드 정자가 필요했다. 그는 매머드와 코끼리를 교배해 나가면 삼대째에는 완벽한 매머드가 나올 것이라고 생각했다. 그러기 위해서는 매머드 사체가 필요했다. "실험에 필요한 매머드는 죽은 후 곧바로 얼어붙은 다음 외부적 환경 요인에 노출된 적이 없어야 합니다." 니콜라이 베레시차긴의 말이다. 생명체의 조직이 완벽하게 보존되기 위해서는 부패되기 전에 빠르고 단단하게 얼어붙어야 한다. 그러나 아무리 혹독하고 추운 장소라 하더라도 수천 킬로그램이라는 거대한 몸집을 가진 매머드가 얼어붙기까지는 몇 시간이 걸리고 그 정도 시간이라면 충분히 박테리아가 침투할 수 있었다. 세균이 침입하지 않더라도 얼어붙은 매머드의 세포 안에는 미세한 얼음 결정이 만들어지게 된다. 얼음 결정이 작아야만 세포 내 소기관과 세포막이 파괴될 확률이 낮아진다. 그러기 위해서는 매머드가 재빨리 얼어붙어야 한다. 그뿐 아니라 사체가 얼어가는 동안 눈이나 그 밖의 다른 보호물이 사체를 먹기 위해 다가오는 다른 동물이나 사체를 부패시킬 수 있는 외부 환경으로부터 보호해야 한다. 그래야 완벽하게 보존될 수 있다. 기온이 조금만 올라가도 부패가 진행되고 바람과 건조한 공기는 세포를 말려버릴 수 있다.

매머드 사체가 완벽하게 보존된 상태로 현재까지 남을 수 있는 몇 가지 상황을 가정해보자. 그 중 하나는 모래침전물이나 진흙, 호수에 빠진 후 곧바로 얼어붙는 경우이다. 희생자는 디마의 경우처럼 늪지에 빠져 가라앉게 된다. 봄이 되어 녹은 얼음물이 영구 동토층에 스며들지 못하고 강으로 흘러가는 시기에 범람한 강에 빠져 죽은 경우도 사체는 보존된다. 얼음으로 덮여 있는 작은 호수에 빠져 죽었거나 겨울에 수면이 얼어붙어 상승한 지하수의 얼음 구멍에 빠져 죽은 매머드도 훼손되지 않은 채 보존될 수 있을 것이다.

완벽한 매머드를 찾으려면 행운이 따라야 한다. 베레시차긴은 "반드시 얼어 있는 매머드를 찾아내야 합니다"라고 말했다. 사체는 해동되는 순간 썩기 시작하기 때문이다.

일말의 희망을 품고 고토는 러시아 과학자 몇 명에게 편지를 보냈으나 답장을 받지 못했다. 그는 도쿄에 있는 러시아 대사를 만나 매머드에 대해 물어보았지만 그들은 그가 매머드 상아를 얻기 위해 자신들에게 접근한다고 생각했다. "결국 아무것도 얻을 수 없었습니다." 고토는 실망할 수밖에 없었다.

그러나 1995년 대학 동료 한 사람이 고토에게 러시아에 지인知人이 많은 고바야시 가즈토시小林一年라는 사업가를 소개시켜주었다. 그는 필드 무역회사의 사장으로 똥파리를 키우는 등 기상천외한 일을 많이 하는 사람이었다. 이 파리들은 러시아의 한 비밀 연구소에서 수입한 것으로 농장에서 키우는 동물의 배설물을 먹이로 주고 있었다. 두 사람은 규슈의 남부 해안에 위치한 미야자키 근처의 고바야시 사무실에서 만나기로 했다. 미야자키는 일본에서 가장 인기 있는 신혼 여행지이자 일출 장소로 제2차 세계대전 이후 해변과 넓은 산책길로 유명해진 곳이었다. 그러나 지금은 관광객의 대부분을 하와이 같은 좀 더 이국적인 장소에 뺏겨 전성기의 부산함은 사라지고 한적한 분위기였다.

고바야시는 1996년 2월에 있었던 고토와의 첫 만남을 생생히 기억한다. "매머드의 부활 계획을 말하는 그는 마치 어린애 같았지만 진지한 열정이 있었습니다. 내 친구들은 내가 세상에서 가장 엉뚱하다고 말했지만 나보다 더 엉뚱한 사람도 있더군요." 그는 고토에게서 자신을 발견했다고 말한다. "젊은 시절 나는 꿈이 없었어요. 돈을 벌어야 한다는 생각에 사로잡혀 있었습니다. 그러다 한 가지 병에 걸려버렸답니다. 저는 다른 사람들이 불가능하다고 생각하는 것을 가능하게 하고 싶었어요. 나는 고토에게 이렇게 말했습니다. 우리가 그 꿈을 함께 이룩하자고요." 고바야시가 측근에게 이 새로운 사업 계획을 전하자 모두들 그가 드디어 미쳤다고 생각했다. 그는 측근들을 설득해야 했다. "나는 그들에게 말했어요. 저쪽에는 무시무시한 이야기로 가득 차 있다. 하지만 좋은 소식도 하나 있다. 바로 우리가 지금 세상에서 가장 근사한 일을 할 수 있는 기회를 놓치고 있다는 것이다, 라고 말입니다." 몇 주 후 고바야시는 고토에게 전화를 걸어 시베리아로 얼어붙은 털북숭이매머드를 찾으러 가자고 제안했다. 고바야시는 고토에게 비용은 얼마든지 댈 테니 연구에만 몰두해달라고 부탁했다.

고토가 제일 먼저 해야 할 일은 매머드 정자를 찾는 것이었다. 그래야 매머드의 가장 가까운 사촌인 아시아코끼리의 난자와 수정시켜 잡종을 만들 수 있기 때문이었다. 고토는 매머드 정자를 쉽게 찾을 수 있을 거라고 생각했다. 정자는 모든 생식세포와 마찬가지로 DNA의 이중 사슬 중 한쪽 사슬을 완벽하게 갖추고 있다. 그는 매머드 사체를 찾기만 하면 정자를 얻는 것은 식은 죽 먹기라고 생각했다(이런 생각은 벌써 10년 전에 대두된 적이 있었다. 매사추세츠 공과대학에서 발행한 기관지 〈테크놀로지 리뷰 *Technology Review*〉의 한 보고서는 이르쿠츠크에 위치한 시베리아 대학의 한 수의학자가 동사한 털북숭이매머드 사체에서 난자를 얻어 매머드를 만들었다고 소개한 뒤 그 방법을 자세히 설명했다. 보고서에 따르면 이 수의학자는 매머드 난자를 아시아코끼리 정자와 결합시킨 다음 코끼리 자궁에 착상시켜 잡종을 만들었다는 것이다. 마몬텔레파스Mammontelephas라는 이름의 이 잡종은 현재 벌목꾼 대신 목재를 운반하거나 시베리아 횡단 고속도로에서 폭설로 눈에 파묻힌 트럭을 끌어내는 등 제 몫을 다하고 있다고 했다. 〈시카고 트리뷴 *Chicago Tribune*〉과 같은 유명 신문사들이 이 보고서의 내용을 대대적으로 실었는데, 불행히도 이 신문사들이 놓친 게 있었다. 바로 보고서가 작성된 날짜였다. 이 보고서가 작성된 날은 1984년 4월 1일, 만우절이었다).

고토는 매머드 난자를 발견하는 것은 불가능에 가깝다는 것을 알고 있었다. 지금까지 과학자들이 냉동시켰다가 해동에 성공한 난자는 햄스터, 생쥐, 암소, 인간, 이 네 종의 난자뿐이었다. 하지만 정자라면 사정이 달랐다. 고토는 시일이 좀 걸리더라도 정자를 찾아내는 데는 문제가 없을 것으로 보았다. 그러나 다 자란 매머드는 곤란했다. 다 자란 매머드는 그 거대한 몸집이 어는 데 시간이 걸리기 때문에 사체가 어는 동안 복부에 위치한 정소는 조금 남아 있는 체온에 의해 부패되기 시작했을 것이다. 그러나 어린 매머드나 채 자라지 않은 매머드라면 죽은 즉시 얼어붙었을 것이므로 체온에 의해 정자가 부패되지 않고 그대로 보존됐을 확률이 높았다.

그러나 어린 개체라도 태양과 우주 저편에서 쏟아져 내리는 복사 에너지, 방사성 물질에 노출되어 있는 매머드의 DNA가 온전히 보존되어 있을지가 문제였다. 또한 연약한 정자의 수명은 종마다 모두 다르다. 예를 들어 인간의 정자를 냉동시키면 약 50년 동안 보존할 수 있다. 과학자 중에는 환경만 갖추면 천 년 이상 보존할 수 있다고 믿는 사람들도 있다. 그러나 많은 동물의 정자는 생각보다 훨씬 연약하다. 가령 원숭이와 돼지의 정자는 아주 쉽게 부패한다. 이런 동물들의 정자가 왜 그렇게 연약한가 하는 문제는 이제 막 연구가 시작됐다. 런던에 있는 동물학 연구소의 과학자들은 캥거루와 왈라비의 정자를 냉동시킨 후 즉각 해동시키는 과정을 통해 정자의 세포막은 정자가 들어 있는 배양액의 온도가 실온(약 18~20도)까지 올라갔을 때 파괴된다는 것을 알아냈다. 이런 현상은 유대류有袋類에서만 나타나는 독특한 특징이다. 아무리 가까운 사촌 종이라도 정자의 내구성은 모두 다르게 나타난다. 매머드 추종자들에게는 안된 이야기지만 아프리카코끼리의 정자는 비교적 오랫동안 냉동 상태로 보존할 수 있는 반면 매머드의 보다 가까운 친척인 아시아코끼리의 정자는 쉽게 부패한다. 그나마 좋은 소식이라면 아시아코끼리의 정자는 방사능에 비교적 강하다는 것이다. 방사능은 DNA를 변형시켜 세포의 돌연변이를 일으킨다. 과학자들은 자연 상태라면 3천 년 동안 받을 방사능에 아시아코끼리의 정자를 한 번에 노출시키는 실험을 해보았다. 그 결과 방사능에 노출되어도 아시아코끼리의 정자 기능에는 아무 이상이 없다는 것이 밝혀졌다.

그러나 아무리 완벽하게 보존된 매머드 정자를 발견했다 하더라도 기술적인 문제는 여전히 남아 있다. 매머드를 부활시키기 위해서는 첫째, 정자의 염색체가 완벽하게 보존돼 있는지 확인해야 한다. 염색체를 확인하기 위해서는 매머드로서는 생소한 생쥐의 난자에 매머드 정자의 DNA를 집어넣어 단단하게 얽힌 분자 구조, 즉 염색체를 풀어내야 한다. 염색체는 몇 시간 동안 서서히 풀릴 것이다. 염색체가 풀리지 않으면 그 실험은 실패한 것이다. 고토는 "완벽한 DNA를 가진 정자만 찾아내면 매머드는 반드시 부활할 수 있습니다"라고 말했다.

고토는 코끼리 난자 속으로 X 염색체만 주입할 예정이다. 따라서 태어날 잡종은 모두 암컷이 될 것이다(Y 염색체를 가진 매머드 정자를 주입하면 수컷만 나온다). 이렇게 태어난 잡종 암컷이 생식 가능한 나이가 되면 매머드 정자를 이용해 인공수정시킨다. 물론 다른 종 사이에서 태어난 잡종은 대체로 불임이지만 간혹 예외도 있다. 자손이 불임이 되는 이유 가운데 하나는 염색체 수의 차이 때문이다. 예를 들어 염색체 수가 64개인 말과 62개인 당나귀를 교배해서 낳은 노새는 불임이다. 그러나 스왐프 버팔로와 그보다 염색체 수가 두 개 더 많은 리버 버팔로를 교배시켜 태어난 자손은 몇 대 정도는 자손을 생산할 수 있다. 따라서 코끼리보다 염색체 수가 한 쌍이 더 많은 매머드를 교배시켜 낳은 자손도 가임 자손일 확률이 높다. 아시아코끼리와 아프리카코끼리는 서로가 매머드보다도 훨씬 더 유전적으로 먼 사촌간이다. 과학자들은 이 거리가 먼 사촌들을 서로 교배시키는 실험을 몇 번 해보았으나 실망스럽게도 연약하고 오래 살지 못하는 잡종이 태어났을 뿐이었다. 그러나 매머드와 코끼리의 잡종이 어떤 운명을 타고나게 될지 아무도 장담할 수 없는 일이다. 그 결과를 알기 위해서는 고바야시와 러시아의 지인들이 필요했다.

확실히 고바야시는 일본의 일반적인 중년 사업가와 많이 달랐다. 그는 정장보다 스웨터를 즐겨 입었고 구두를 신는 대신 스웨이드 가죽 장화를 즐겨 신었다. 그는 1981년 열 명이 채 되지 않는 직원과 함께 필드 주식회사라는 광고 회사를 차렸다. 그의 회사는 일본 공군을 위해 일했다. 그러나 1993년 12월, 이 사냥과 승마를 좋아하는 일본인은 새로운 사업에 착수했다. 고바야시는 러시아의 극동 쪽에 위치한 하바로프스크로 날아가 자신의 발명품을 개발하고 특허를 줄 용의가 있는 과학자들을 물색하기 시작했다.

"친구들은 모두 내가 러시아에서 하려는 일을 말렸어요." 고바야시의 말이다. 고바야시의 친구들이 그를 말린 것은 어느 정도 옳은 일이었다. 소련이 붕괴된 후 6년 동안 혼란에 빠진 시베리아 대륙을 떠도는 그에게 스파이라는 누명도 씌워졌고 죽을 고비도 여러 번 넘겼다. 또한 러시아에 투자하지 않으려는 일본 은행과의 마찰도 해결해야 했다. 하지만 이 모든 고생이 헛된 일은 아니었다. 그의 사무실 벽은 온통 과학자들의 사진으로 도배되어 있다. 이들은 금속 절단 버너에서 산소 발생기—이 산소 발생기는 미르 우주정거장 같은 대규모 공간에서부터 파리를 사육하는 조그만 공간에 이르기까지 다양하게 쓰인다—에 이르기까지 그가 취급하는 모든 발명품을 만든 사람들이었다. 러시아 연구소에서 특허를 받은 상품을 일본으로 가져와 일본 내 주요 사업장에 판매하는 것이 그의 일이었다.

그러나 매머드 고기는 고바야시가 한 번도 취급해본 적이 없는 상품이었다. 하지만 그는 인도보다 훨씬 넓은 시베리아의 야쿠티야 지역에 연줄이 있었다. 고토와 만나기 몇 달 전, 고바야시는 야쿠티야의 주도 야쿠츠크 부근에 새로 들어설 스포츠 센터의 내부 인테리어 도면을 제작해준 일이 있었다. 이 스포츠 센터의 관장은 고바야시에게 유능한 매머드 연구가인 표트르 라자레프Pyotr Lazarev를 소개해주었다. 라자레프는 1991년 야쿠츠크에 매머드 박물관을 설립한 사람이다.

준비된 지질학자였던 라자레프는 베레시차긴 등과 함께 매머드 뼈와 사체를 찾기 위해 야쿠티야를 탐사한 적이 있었다. 고바야시에게 필요한 사람은 어디에 가면 매머드를 발견할 수 있으며 어떻게 발굴해야 하는지를 알고 있는 사람이었다. 라자레프는 그런 면에서 적임자였다.

라자레프는 비전문가가 매머드를 발견했을 때 사체에 어떤 손상을 입힐 수 있는지 잘 알고 있었다. 1986년 가을, 타이미르 집단농장의 순록 품종개량가 한 명이 시베리아 북부의 예카랴우야카Yekaryauyakha 강둑에서 얼어붙은 매머드 사체를 발견했다. 이 매머드의 머리는 근처 개울에서 발견되었다. 그 품종개량가는 값나가는 매머드 상아는 미리 잘라낸 후에 지방 관리에게 그 사실을 보고했다. 보고를 받은 지방 관리는 과학자들을 초빙했는데 그들은 한 번도 매머드를 발굴해본 적이 없는 사람들이었다. 이 과학자들은 매머드 사체를 녹인 후 따뜻한 바깥에 그대로 방치한 채 인근 마을로 내려가 전문가가 올 때까지 기다리는 실수를 범하고 말았다. 전문가가 그곳에 도착하기 몇 시간 전, 매머드 사체는 홍수로 불어난 물에 자신의 머리와 함께 쓸려 바다로 흘러가버렸다. 라자레프는 그런 끔찍한 경험을 다시는 겪고 싶지 않았기 때문에 기꺼이 고바야시를 돕기로 했다.

고바야시와 고토가 처음 만난 지 거의 6개월 정도 지났을 때인 1996년 8월, 라자레프가 두 사람을 야쿠츠크로 초대했다. 필드 주식회사에서 매머드 예비 탐사에 대한 지원을 약속했기 때문이었다. 두 사람이 러시아에 도착했을 때 러시아는 경제가 붕괴되어 한참 어려움을 겪고 있었다. 아파트 값은 폭락하고 정권은 자주 교체됐으며 노인들은 거리 한 모퉁이에서 담배를 팔거나 음식을 사기 위한 돈을 구걸하고 있었다. "마치 30년 전의 일본을 보는 것 같았어요. 내가 어렸을 때 말입니다." 고토는 이렇게 말했다. 그러나 그가 만난 러시아 사람들은 모두 활기차 보였다. 그렇게 어려운 상황에서도 낙심하지 않는 러시아 사람들에게 깊은 인상을 받은 고토는 이렇게 말했다. "일본 사람들은 러시아 같은 상황에 처하면 모두 살아남기 어려울 겁니다. 일본인 중에는 심지어 그릇도 한 번 안 씻어보고 집 청소 한 번 안 해본 사람들도 있습니다. 인생 경험이 부족한 사람들이지요."

라자레프는 과학자들과 함께 모터보트를 타고 레나 강을 따라 야쿠츠크 서쪽으로 갔다. 그곳에서 사흘 동안 과학자들은 강기슭을 샅샅이 훑어본 후에 매머드 사체가 묻혀 있음직한 플라이스토세 지층을 파내려가기 시작했다. "며칠 안에 굉장한 것을 찾을 거라고는 기대도 안 했습니다." 고토의 예감은 적중했다. 그들은 매머드 엄니와 뼈를 여러 개 찾아냈지만 살은 한 점도 찾지 못했다.

그 탐사는 실패로 돌아갔지만 그들의 열정은 더욱더 커져갔다. 1997년 2월, 고바야시는 라자레프를 일본으로 불러 그해 여름에 진행될 매머드 탐사 계획을 짰다. 또한 고바야시는 매머드 부활 추진 위원회를 공식적으로 발족하고 야쿠티야를 관할하고 있는 사하 공화국과 협정을 맺은 후 매머드 부활 프로젝트를 진행시켰다. 사하 공화국 정부는 이 협정을 통해 고바야시가 부활시킨 모든 매머드에 대해 일정한 권리를 갖게 되었다. 필드 주식회사는 협회 로고로 커다란 붉은색 심장을 지닌 매머드 그림을 제작했다.

그 동안 혼자서 프로젝트를 수행하는 것이 불가능하다고 판단한 고토는 새로운 과학자를 한 명 초빙하기로 했다. 고토가 택한 사람은 거의 10년 이상을 서로 알고 지낸 이리타니 아키라入谷明였다. 그는 두말이 필요 없는 사람이었다. 저명한 생식생물학자인 이리타니는 오사카에서 멀지 않은 긴키 대학의 유전공학부 학장으로 재직중이었다. 이리타니와 그의 연구팀은 1986년, 세계 최초로 정자 직접 주입에 의한 미세수정술을 이용해 포유동물인 토끼의 체외 수정에 성공했다. 오늘날 이 미세수정술은 인간의 인공수정에 꼭 필요한 기술이 됐다. 해마다 전세계적으로 2만 5천 명의 아이들이 이 기술을 이용해 태어나고 있다.

이리타니가 고토의 연구에 합류하기 몇 달 전, 스코틀랜드의 이언 윌머트Ian Wilmut와 그의 동료들은 양의 성체 세포에서 추출한 핵을 이용하여 복제 양 돌리를 만드는 데 성공했다. 이 소식에 고무된 이리타니는 기꺼이 고토의 연구에 합류했으나 과연 이 프로젝트가 성공하려면 얼마나 오랜 시간이 걸릴지 걱정이었다. 일단 매머드의 정자와 코끼리의 난자가 수정에 성공하여 그 수정란을 대리모에게 착상시키더라도 자손—이제부터 이 자손의 이름을 매먼펀트mammonphant라고 부르자—이 태어나려면 적어도 스무 달을 기다려야 한다. 또한 태어난 매먼펀트에게 생식 능력이 있더라도 다 자라 자손을 가지려면 최소한 10년에서 15년이 걸릴 것이다. 모든 조건이 맞아떨어져서 제때에 정자를 찾고 수정을 하고 자손을 번식시켜 자손 삼대째에 매머드 유전자를 90퍼센트 이상 가지고 있는 순종을 얻는다 해도 35년은 족히 걸릴 것이 틀림없었다.

따라서 이리타니는 다른 계획을 제안했다. 완벽한 DNA를 가지고 있는 매머드의 성체 조직을 조금이라도 찾아낸다면 단 한 번의 과정으로도 매머드를 되살릴 수 있다는 것이 그의 생각이었다. 그는 완전한 염색체는 정소나 난소에 들어 있을 것으로 보았다(체세포는 체세포 분열과 같은 주기적인 생명 활동을 하는 반면 정소의 정원세포나 난소의 난원세포는 분열하지 않는 휴지 상태를 유지한다).

이리타니가 생각한 것은 수정이 아니라 복제로, 이 방법에는 완벽하게 보존된 정원세포나 난원세포가 필요했다. 이 두 세포는 한 개체의 DNA를 모두 가지고 있는 세포이다. 복제 과정은 다음과 같다. 이 생식원 세포의 세포핵을 추출하여 미리 자외선으로 핵을 제거한 코끼리 난자에 집어넣는다. 매머드의 세포핵을 이식한 코끼리 난자가 분열을 시작하여 할구 수가 32개가 되면 이 배胚를 태국에 있는 마히돌 대학의 연구실로 보낸다. 마히돌 대학은 아시아코끼리의 체외 수정을 여러 번 성공시킨 경험이 있다. 그곳에서 이 매머드 배는 아시아코끼리의 자궁에 착상된다. 자궁에서 배는 태아로 자라고 곧 백 퍼센트 매머드가 되어 태어난다. "이 방법을 통해 매머드를 되살리면 코끼리의 유전자가 개입될 여지가 없습니다"라는 것이 이리타니의 주장이다.

고토의 연구팀은 이리타니의 주장에 따라 과학계에 금자탑을 쌓을 연구를 두 가지 방향으로 진행하기로 결정했다. 그러나 두 가지 방법 모두 실패할 확률이 높았다. 고토의 방법은 매머드 정자와 코끼리 난자가 수정이 안 될 수도 있었다. 이 과정은 매먼펀트를 만드는 데 빠져서는 안 되는 과정이나 성공을 장담할 수 있는 사람은 아무도 없었다. 또한 완벽한 DNA를 가지고 있는 정원세포나 난원세포를 찾을 확률도 기대하기 어려웠다. 이리타니가 매머드를 복제하기 위해서는 먼저 완벽한 DNA를 찾아내야 한다. 그 누구도 고토와 이리타니의 방법 중 어느 것이 더 나은 방법이라고 주장할 수 없었다. 따라서 두 사람은 누가 매머드 부활에 성공할 것이냐를 놓고 즐거운 경쟁을 하게 되었다.

성공 가능한 두 개의 계획과 든든한 동반자를 대동한 고바야시는 1997년 6월 고위 관리들을 만나 탐험을 허가받기 위해 야쿠츠크로 날아갔다. 그는 또한 라자레프의 예비 발굴 작업을 위한 비용도 함께 가져갔다. 그러나 여행 도중 사고가 생겼다. 고바야시는 한국 서울의 세관 창구에서 수천 달러가 든 돈 가방을 도둑맞았다고 했다. 러시아에서는 모스크바를 제외하고는 신용카드를 쓸 수 있는 곳이 거의 없기 때문에 외국인들은 주로 현금을 사용했다. "정말 끔찍한 일이었습니다. 현금 한푼 없이 러시아로 들어와야 했죠." 당시를 회상하며 고바야시가 말했다.

러시아에 도착한 고바야시는 지인에게 몇천 달러를 빌려 매머드 탐사를 시작할 수 있도록 라자레프에게 보냈다. 라자레프는 헬리콥터를 타고 천 킬로미터 떨어진 초쿠르다흐로 날아갔다. 초쿠르다흐는 베레시차긴이 베렐레흐 매머드 무덤에 가는 도중 지나친 인디기르카 강가의 작은 원주민 마을이었다. 탐사팀은 그곳에서 커다란 매머드 다리를 발견했다. 다리에 살점은 얼마 남아 있지 않았지만 이에 고무된 탐사팀은 8월에 다시 초쿠르다흐로 돌아오기로 결정했다. 사하 공화국의 대통령과 부통령은 고바야시 팀이 초쿠르다흐로 들어가는 것을 허락하는 공문서를 보내왔다. 그러나 북극의 시베리아 원주민들이 대부분 그렇듯 초쿠르다흐의 원주민들도 외국인이 자신의 마을에 들어오는 것을 꺼렸다. 고바야시가 초쿠르다흐로 출발하기 일주일 전, 초쿠르다흐 시장은 마을 출입을 허락하는 조건으로 7만 달러를 내라고 요구해왔다. 고바야시는 무척 실망했으며 시장과의 협상은 실패로 끝났다. 라자레프는 다른 대안을 찾을 수밖에 없었다.

라자레프는 목적지를 두반니 야르Duvannyi Yar로 변경했다. 두반니 야르란 고대 러시아어로 '바람의 절벽'이라는 뜻이다. 이곳은 일찍부터 잘 알려진 매머드 유적지로 체르스키를 경유해야 도착할 수 있었다. 체르스키는 북극권 경계면에서 훨씬 위쪽에 위치한 마을로 금과 목재, 기타 천연자원이 풍부했다. 이 때문에 소련 지도자 니키타 흐루시초프가 경제 부흥 정책을 실행할 때 번영하게 된 곳이었다. 근처의 야쿠티야도 1960년대 말 다이아몬드 광산이 발견되면서 러시아에서 가장 부유한 도시 중 하나가 되었다. 라자레프는 체르스키의 과학연구소 소장인 세르게이 지모프Sergei Zimov에게 전화했다. 그의 연락을 받은 지모프는 곧 바지선 한 채를 예약해 30명의 탐사대원들이 콜리마 강을 거슬러 매머드 유적지까지 갈 수 있게 도와주었다.

그러나 탐사팀은 이내 곤란에 빠지고 말았다. 8월 10일 하바로프스크 공항에 도착한 탐사팀은 세관원들에게 휴대전화와 미국 정부 기관에서 발행한 매머드 유적지의 세부 지도를 압수당했다. 고바야시가 제시한 사하 정부로부터 받은 허가증은 전혀 도움이 되지 못했다. 이리타니는 세관원들이 원하는 것은 돈이라고 말했다. 고바야시는 세관원들에게 얼마간 돈을 건네주었지만 모든 수속 절차가 끝난 것은 그로부터 사흘이 지난 후였다. 마침내 8월 4일, 탐사팀은 야쿠츠크에 도착할 수 있었다. 희뿌연 먼지 속에 야쿠츠크의 빌딩들이 모두 말뚝 위에 세워져 땅에 단단히 고정되어 있었다. 이는 영구 동토층으로 건물들이 천천히 빠져드는 것을 막기 위해서였다. 이곳에서 라자레프와 합류한 고바야시는 체르스키를 향해 출발하기로 했다.

전세 낼 비행기를 살펴보던 고바야시는 심각한 문제가 있음을 알게 되었다. "비행기 안에는 암시장에서 거래될 물건들로 가득 차 있었습니다." 화가 난 고바야시는 조종사에게 밀수품을 모두 내리고 연구팀 장비를 실을 수 있는 공간을 만들어달라고 말했으나 조종사는 거부했다. 이틀 동안이나 조종사와 실랑이 하던 고바야시는 더 이상 시간을 낭비할 수 없어 그대로 비행기를 빌리기로 했다. 장비를 싣는 연구팀의 눈에 밀수품 뒤로 몸을 숨기는 수상한 사람들의 모습이 보였다. "정말 모든 것이 불안했습니다." 고바야시의 말이다.

과학자들은 체르스키에 도착해서야 마음을 놓을 수 있었다. 지모프가 마련해놓은 바지선은 그의 세심함이 그대로 나타나 있었다. 그는 바지선에 침실과 깔끔한 부엌, 옥외 변소 두 채를 마련해놓았을 뿐만 아니라 목욕 시설까지 설치해놓았다. 고바야시는 "워낙 고생을 많이 한 뒤라 우리에게는 이 바지선이 고급 호텔처럼 느껴졌습니다"라고 말했다.

햇살이 따뜻한 날씨에 한층 고무된 탐사팀은 귀여운 매머드가 그려진 매머드 부활 추진 위원회의 깃발을 높이 치켜들고 하루 동안 항해한 끝에 20킬로미터 떨어진 두반니 야르 절벽에 도착했다. 세이지의 향기에 취한 일행은 말코손바닥사슴 스튜와 해가 높이 떠 지평선 아래로 사라지지 않는 북극의 백야를 즐기게 되었다. 화려한 심홍색 자작나무가 눈 덮인 판텔레이하 산의 능선을 따라 빽빽이 자라고 있었다. 과학자들은 한때 매머드가 뛰놀던 이곳에 다시 한번 매머드가 거닐 수 있게 하겠다고 다짐했다.

두반니 야르에 도착한 일행은 고무보트를 타고 연안 이곳저곳을 살펴보았다. 과학자들을 안내한 것은 시베리아의 분위기와는 전혀 어울리지 않는 검정색 푸들이었다. 그 개는 연구소에서 기르는 개였다. 이리타니는 그 개에 대해 "마치 스카우트 단원이나 되는 것처럼 어려운 길을 거침없이 헤쳐 나갔습니다"라고 했다. 작업을 시작한 탐사팀은 매머드 조직이 발견되면 다시 돌아와 작업할 수 있도록 절벽에 흔적을 남겼다. 그러나 표본을 일본으로 가져갈 수 있는 여유자금이 남아 있지 않았다. 그래서 현장에서 특별한 장비가 필요 없는 연구소를 만들어 실험을 실시하기로 결정했다.

과학자들은 자동 채굴기를 사용해 절벽의 표면을 탐색하면서 매머드 뼈나 털이 묻혀 있는 장소를 찾아나갔다. 티셔츠를 입고 땡볕에서 작업하는 동안 과학자들은 달려드는 모기를 물리치기 위해 고농도의 벌레 퇴치약을 뿌려대야 했다. 일행은 땅이 얼었다 녹으면서 생긴 균열을 피해 미끄러운 얼음을 타고 어떤 것은 약 24미터 이상되는 절벽들을 오르락내리락 해야 했다. "정말 위험한 지역이었지요. 절벽이 무너져 내리는 것도 자주 볼 수 있었습니다." 이리타니의 말이다. 탐사 첫날은 절벽 위에서 곰 한 마리가 사람들을 관찰하더니 다음날은 늑대가 나타났다. 그때부터 고바야시는 발굴 현장에 엽총을 가져다놓았다. 발굴의 위험과 고립은 사람들의 신경을 날카롭게 만들었다. 그러나 다행히 아무 일도 일어나지 않았다.

발굴 셋째 날, 일행은 플라이스토세 말의 골격을 발견했으나 날씨가 나빠지기 시작했다. 그러자 러시아인들은 체르스키로 돌아가고 싶어했다. 고바야시는 러시아인들을 설득하려 했으나 실패로 돌아갔다. "매머드 조직을 발견하지 못했기 때문에 무척 실망했습니다." 고바야시가 말했다. 더구나 벌써 비용으로 4천만 엔을 사용한 후였다. 달러로 환산하면 약 35만 달러에 해당하는 액수였다. 그 돈의 일부는 매머드 탐사를 촬영하기로 한 방송사 두 군데서 지원한 것이었다.

매머드의 정자나 생식원 세포를 찾겠다는 고토의 첫번째 시도는 실패로 돌아갔다. 그러나 그와 그의 동료들은 다음해 여름을 기약하고 있었다.

강가의 뼈들

멸종된 생물을 되살린다는 것은 마치 공상과학소설에나 나오는 일처럼 허무맹랑하게 들린다. 1998년 이 소식을 신문에서 접한 내 첫 느낌도 다르지 않았다. 나는 어째서 〈위클리 월드 뉴스*Weekly World News*〉와 같은 유명한 신문이 사기꾼들의 이야기를 실었는지 알 수가 없었다. 그러나 전문가들의 인터뷰를 읽어 내려가면서 나는 고토와 이리타니가 매우 훌륭한 과학자라는 것을 알게 되었다. 호기심이 발동한 나는 가고시마 대학에 있는 고토의 연구실을 방문했고 곧 그의 연구에 동참하고 싶다는 생각에 사로잡혔다.

나는 내가 충분한 자격이 있다고 생각했지만 잘못된 생각이었다. 나는 내가 러시아에 대해 잘 알고 있다고 생각했지만 오산이었다. 사실 나는 1990년대 중반에 러시아 남서부의 로스토프에서 살았었다. 그곳은 돈 코사크Don Cossacks라고 불리는 지역으로 질 좋은 샴페인과 호전적인 마피아로 유명한 곳이었다. 러시아 중심부에서 흑해를 거쳐 유럽과 중앙 아시아로 나가는 요충지인 돈 강의 선착장은 20세기 초반의 뉴욕이 그랬던 것처럼 갱단이 지배하고 있었다. 러시아가 전체주의 시대였을 때도 상황은 마찬가지였다. 오늘날 갱단은 번화가인 빅 가든 애비뉴에 즐비한 고급 부티크나 판돈이 최소한 백 달러인 블랙잭 판이 벌어지는 카지노에서 돈을 뿌리고 다녔다. 내가 알고 있는 러시아는 이런 모습이었다.

러시아는 새것과 옛것이 복잡하게 섞여 있는 나라였다. 나는 로스토프에서 1년 동안 언론학을 가르쳤다. 그곳 교수들은 분필 부스러기를 모아서 강의해야 했고 한 달에 백 달러도 안 되는 월급조차 받지 못할 때가 많았다. 따라서 교수들은 택시를 몰거나 노천 시장에서 커피 행상 같은 부업을 하면서 겨울이면 시골 별장에서 기른 채소로 연명해야 했다. 내 기억 속의 시베리아는 춥고 황량한 벌판으로 눈 덮인 강제 노동 수용소를 떠올리게 했다. 그 눈 속에 매머드의 뼈와 살이 묻혀 있다는 것은 전혀 생각도 못 한 일이었다.

나는 1999년 8월 말, 겨울이 시작되기 전에 체르스키로 날아가 고토를 만나기로 결정했다. 체르스키로 가려면 모스크바에서 꼬박 하루를 날아 러시아를 횡단한 후 티크시라는 거주지까지 가야 했다. 착륙하는 비행기 속에서 바라본 레나 삼각주는 아침 햇살을 받아 반짝이고 있었다. 황량한 툰드라 지대를 휘감고 흐르는 작은 시냇물도 아름다운 광경을 연출하고 있었다. 오직 눈살을 찌푸리게 하는 광경이라면 툰드라 지대 여기저기에 흩어져 있는 흑갈색 목재 건물뿐이었다. 러시아 지도를 살펴보면 티크시는 반경 수백 마일 내에 작은 군락만 몇 개 놓여 있는 지방의 수도로 표시돼 있다. 훗날 알게 된 일이지만 이 군락이라는 것도 한두 명이 거주하는 기상 관측소인 경우가 허다했다.

티크시에 도착한 나는 그저 일주일에 한 번씩 뜨는 체르스키 행 비행기를 기다리기만 하면 되는 줄 알았다. 그러나 내 생각은 틀렸다. 비행기가 착륙하자마자 국경 경비대가 비행기에 올라 승객들의 여권과 티크시 거주 허가증 등 여러 가지 서류를 확인하기 시작했다. 내 여권을 자세히 살펴보던 경비대는 나를 공항 터미널로 데려갔다. 나는 나무 의자와 매표소가 있는 더러운 로비를 지나 안쪽 방으로 끌려갔다. 냉전 시대, 티크시나 시베리아 여러 지역은 알래스카에서 시작되는 기습 공격을 막기 위해 군사 기지와 감시 초소가 배치되어 있는 장소였다. 때문에 외국인의 출입이 통제되고 있었다. 1990년이 되어 냉전이 끝나자 외국인도 자유롭게 시베리아를 출입할 수 있었다. 그러나 여전히 시베리아 지방을 방문하려면 초대장이 필요했고 지방 정부에 세세한 여행 일정을 보고해야 했다. 경비대는 내 여권 정보를 기록하더니 "티크시엔 무슨 일 때문에 왔는가?" 같이 까다로운 질문들을 해나갔다. 이것은 정당한 질문이었지만 바로 내가 그때까지 고민하고 있던 문제이기도 했다. 나는 적당히 대답할 수밖에 없었다.

경비대는 기록한 문서를 복사한 후에 나를 밖으로 내보내주었다. 매표소 앞에는 사람들로 가득 차 있었다. 티크시 발 체르스키 행 비행기 좌석을 구할 수 있는 곳은 이곳밖에 없었기 때문에 어떻게 하든지 이곳에서 비행기 표를 구해야 했다. 그러나 이런 늦은 여름이면 티크시 공항은 모스크바에서 짧은 여름휴가를 지내고 북쪽에 있는 집으로 돌아가는 사람들로 북적였기 때문에 표를 구하는 것이 쉽지 않았다. 더구나 그맘때면 모스크바에서 온 비행기는 좌석이 꽉 차 있기 때문에 티크시에서 탈 수 있는 것은 작은 헬리콥터뿐이었다. 그러나 헬리콥터는 내 취향이 아니었다. 매표소 입구는 마치 쓰레기를 잔뜩 실은 플라스틱 상자처럼 보였다. 그곳은 앉을 자리 하나 없이 음식물 더미로 가득 차 있었다. 나는 야쿠츠크까지 다른 길로 갈 걸 그랬다고 생각했다. 야쿠츠크까지 가는 길은 티크시를 통과하는 방법말고도 두 가지가 더 있었다. 첫번째 방법은 야쿠츠크에서 비행기를 타는 것인데 이것은 세르게이 지모프가 반대했다. 그의 말에 따르면 그 지역 국경 경비대는 외국인을 오랫동안 감금하는 것으로 유명하다는 것이었다. 또 다른 방법은 마가단으로 가서 지모프와 함께 사흘 동안 모터보트를 타고 콜리마 강을 거슬러 올라 체르스키로 가는 것이었다. 나는 내년에는 강을 타고 체르스키에 가겠다고 다짐했다.

내 기분이 이렇게 엉망일 때 승무원이 체르스키 행 좌석표가 석 장 남았다고 소리쳤다. 그러자 적어도 열 명은 됨직한 사람들이 창구 앞으로 몰려갔다. 그들 중에는 공손하게 승무원에게 여분의 표가 없냐고 물어보는 사람도 있었고 애원하거나 아부하는 사람도 있었다. 그러나 꿋꿋한 표정의 여승무원은 어떠한 애원이나 협박에도 아랑곳하지 않고 "안 되는 걸 요구하지 마세요!"라는 말만 되풀이했다. 티크시 공항의 유일한 전기 장비인 탑승 시간을 안내하는 전광판은 고장 나 있었다. 나로서는 탑승 수속이 진행되고 있는지 아니면 벌써 비행기가 이륙했는지조차 알 길이 없었다.

그때 이십대로 보이는 황록색 유니폼의 국경 경비대원 한 명이 내게 다가와 무슨 문제가 생겼냐고 물어보았다. 내가 체르스키로 가는 비행기 표를 구하지 못했다고 말하자 그는 "이곳에 제가 아는 유명한 호텔이 있습니다. 다음 비행기가 뜰 때까지 그곳에 묵는 게 어떻겠습니까?"라고 말했다. 나는 그가 러시아 식 농담을 하고 있다고 생각했지만 그의 표정은 무척 진지해 보였다. 분명 해안 도시인 티크시는 볼 것이 많을 테지만 일주일 동안 체류하고 싶지는 않았다. 그 순간 얼마나 지모프의 모터보트가 그리웠는지 아무도 모를 것이다.

그러나 나는 포기할 수 없었다. 그 이유는 여전히 승객들 모두 창구 앞에서 진을 치고 있기 때문이기도 했지만 미국이라면 생각할 수도 없는 행운이 러시아에서는 종종 일어난다는 것을 알고 있기 때문이기도 했다. 거의 한 시간 동안 막연한 기대를 가지고 기다리고 있자니 곧 공항 관계자 한 명이 나타났다. 그는 좌석은 매진됐고 승객과 화물을 모두 실었지만 아직까지 비행기 정적定績 중량에 도달하지 못했다고 말했다. 그는 탑승 의사가 있는 사람들을 모아 재빨리 체중을 재보더니 통과한 사람들을 화물칸으로 데려갔다. 내가 기꺼이 화물칸 비용을 지불했다는 것은 말할 필요도 없을 것이다.

안토노프 제트기의 옆면에는 현대식 붉은 줄무늬가 화려하게 그려져 있었다. 이 비행기의 뒤쪽 화물칸에 오른 나는 어느 것이 화물이고 어느 것이 사람인지 전혀 구별할 수 없었다. 승무원은 화물칸에 전등을 켜지 않았고 빛이라고는 비행기 양 끝에 두 개씩 나 있는 창문을 통해 들어오는 것밖에 없었다. 승객들의 짐은 몇 개 놓여 있는 의자 뒤에 아무렇게나 쌓아놓았다. 비행기의 중량이 초과되는 것은 아닌가 걱정됐지만 아무도 신경 쓰지 않았다. 모두들 목적지에 도착하기만 하면 되는 것이다.

그로부터 몇 시간 후 드디어 체르스키에 도착했다. 활주로에서 짐을 옮기기 위해 끙끙대고 있는 내 눈에 짙은 곱슬머리를 한 키 큰 남자가 손을 흔들고 있는 게 보였다. 바로 세르게이 지모프였다. 그 순간 얼마나 기뻤던지! 연구소의 비용만 낭비하게 만든 이 서방 과학자에게 보여준 그의 협력에 감사하는 바이다. 그는 교통수단이 부족한 체르스키에서 요긴하게 쓰이는 일본산 사륜구동차를 가지고 마중 나와 있었다. 한때 체르스키는 290킬로미터 정도 떨어진 동부의 황금 광산에서 황금을 싣고 들어오는 북극의 주요 항구였다. 그러나 지금 선착장에는 기린처럼 생긴 낡은 크레인 몇 대가 놓여 있을 뿐이다. 영구 동토층에 하나뿐인 노천 카페는 문을 닫았고 그곳에서 가까운 곳에 있는 가로등 위에는 90센티미터 정도 되는 금속 아네모네가 아슬아슬하게 걸려 있었다. 이 아네모네는 크리스마스 때 장식으로 달아놓은 것이다. 포장되지 않은 도로의 갓길은 부서진 나무와 금속 조각이 어지럽게 널려 있어서 마치 도시 전체가 커다란 고물상 같은 인상을 주고 있었다. 이곳은 북극의 극빈 도시 중 한 곳이었으나 머지않아 러시아가 오랜 경제 침체에서 벗어나리라는 기대로 8천5백 명의 인구가 도시 경제를 지탱하고 있었다. 노던 피플즈에 위치한 로워 콜리마 대학 같은 교육기관에서는 야쿠트인(야쿠트는 사하 공화국의 옛 이름/옮긴이)이 생계를 유지할 수 있도록 순록 사육법 등을 가르치고 있었다.

체르스키는 아주 어두운 도시였다. 콜리마 강 부근의 거주지는 전기가 들어오는 지역이었으나 주민의 반 이상이 유럽 쪽에 인접한 러시아로 이주해간 뒤였기 때문에 아파트는 반 이상이 텅 빈 채 남아 있었다. 따라서 건물의 절반 이상이 저녁이 돼도 불이 켜지지 않는 곳이 많았다. 그러나 간혹 이 불 꺼진 건물 밖으로 부랑자들이 켜놓은 촛불이 기괴한 분위기를 풍기며 창문 틈으로 새어나올 때도 있었다. 체르스키에는 부랑자들이 많았지만 경계할 필요는 없었다. 체르스키에서 일어나는 범법 행위라면 술집에서의 싸움 같은 술과 관련된 범죄가 대부분이었다. "여기선 차 문을 잠글 필요도 없습니다." 지모프는 이렇게 말했지만 사실 차를 소유한 사람도 그리 많지 않은 곳이었다.

우리는 체르스키의 거친 도로를 따라 타이가 지역으로 들어갔다. 타이가 지역은 영구 동토층 위에 자리잡은 침엽수림이었다. 우리가 타고 가는 차는 러시아 산 소형차인 라다Lada였는데 체르스키에서는 대부분 이 차를 몰았다. 지모프는 여기저기 나 있는 웅덩이를 능숙하게 피하면서 차를 몰았다. 우리는 레이더 안테나가 달린 군 차량 몇 대를 지나쳐 갔다. 체르스키에서는 냉전 시대의 산물인 이런 군 차량들이 여기저기 녹슨 채 방치돼 있는 모습을 자주 볼 수 있었다. 이런 군사 장비들은 1960년대에서 1970년대 사이, 미국이 알래스카를 통해 기습 공격을 해올지도 모른다는 과대망상에 사로잡힌 소련 정부가 과학자들을 파견하면서 함께 온 것이었다. 이곳에서 과학자들은 미국 탱크의 사정거리 등을 조사했다.

공산당 간부들은 북극 지방을 방문하고자 하는 외국인들을 배척하는 경우가 자주 있었다. 그 한 예가 1979년에 열린 지질학 회의였다. 당시 소련 과학자들은 북동부 시베리아의 지질 관련 국제회의를 체르스키에서 열 수 있도록 당에 요청했다. "우리는 저명한 북미 과학자들을 모두 초대했습니다." 모스코바의 플라이스토세 매머드 연구가인 안드레이 셰르Andrei Sher는 당시를 이렇게 회상했다. 서방 과학자들을 초청하기 위해서는 당 중앙위원회의 허락이 있어야 했다. "당 지도부는 과학자들을 한 명씩 검토한 끝에 비자 발급을 모두 거부했습니다." 공산당 중앙위원회는 회의가 열리기 며칠 전 갑자기 마음을 바꿔 서방 과학자들의 비자를 발급해주었다. 그러나 며칠 남지 않은 시점에서 외국인들을 초청해봐야 회의에 맞춰 도착할 수는 없었다. 셰르는 "뻔히 보이는 속임수였다"고 말한다.

닫혀 있던 북극 지방이 개방된 것은 1988년 미하일 고르바초프가 연구 목적의 방문을 전면 허용한다는 발표를 하면서부터였다. 그해 12월 소련 과학자들은 상트페테르부르크에 모여 합작 연구 프로젝트를 추진하겠다는 계획을 세우게 된다. 그 뒤 몇 년 안 가 소련이 붕괴되자 시베리아에 대한 연구는 활기를 띠기 시작했다. 그러나 1990년대에 들어와 러시아 정부가 보수 정책을 추진하게 되면서부터 외국인의 북극 방문은 냉전 시대보다 더 어렵게 되었다.

따라서 내가 이 동토의 땅에 들어올 수 있었다는 것은 굉장한 행운이었다. 우리는 낡은 군사 시설을 뒤로 한 채 몇 마일을 더 달려갔다. 구부러진 길을 돌아 언덕을 올라가자 절벽 위에 세워진 집 세 채와 헛간 몇 채가 눈에 들어왔다. 그곳에서는 콜리마 강과 여러 개의 호수, 그리고 눈 덮인 두 개의 굽이진 산등성이 아래 뻗어 있는 풀밭 등이 내려다보였다. 그곳은 남쪽으로 3천2백 킬로미터 가량 떨어진 블라디보스토크에 위치한 태평양 지질학 연구소의 지부인 지모프의 생태학 연구 센터였다. 집 세 채 중 한 곳에 들어가자 검정 푸들 한 마리가 뛰어나와 차 주위를 뛰어다니며 짖기 시작했다. 두반니 야르에서 탐험대를 도와 맹활약했던 바로 그 개였다.

집으로 들어가자 지모프의 아내 갈리나가 우리를 반갑게 맞았다. 그녀는 우리를 위해 말코손바닥사슴 고기로 만든 필라프를 준비해 놓고 있었다. 지모프는 사냥을 즐기는 편이 아니었으나 몇 달에 한 번씩은 이름이 똑같이 세르게이인 그의 동료와 함께 가족들이 먹을 사슴을 사냥하곤 했다. 보드카를 곁들인 식사를 하면서 지모프는 동사한 매머드 조직을 찾으려는 것은 바보 같은 생각이라는 자신의 견해를 피력했다. 물론 시베리아에는 얼어붙은 채 묻혀 있는 매머드 사체가 많이 있다. 지난 25년 동안 타이가와 툰드라 지대에서 발견된 매머드 사체는 자신과 동료들이 찾아낸 것만 해도 9만 년 된 두반니 야르 매머드를 비롯해 상당량에 이르며 대략 1평방킬로미터당 6백 구 정도의 매머드가 묻혀 있을 것으로 생각한다고 했다. 그 중 보존 상태가 좋은 것은 플라이스토세 말기에 묻힌 매머드 사체 정도일 것이다. 대빙하기 때 두반니 야르에 서식한 매머드 개체수가 오늘날 사바나에 서식하고 있는 코끼리와 비슷한 백 평방킬로미터 당 60마리 정도였을 것으로 추정해본다면 그 중 몇 마리나 얼어붙은 채 썩지 않고 보존됐겠는가? "당신들이 매머드를 찾아내는 것이 아니다. 매머드가 당신들을 찾아오기를 기다려야 한다." 지모프는 계속해서 말했다. 동사한 매머드 사체는 몇 구밖에 되지 않을 것이다. "당신들에게는 행운의 여신이 필요할 것이다. 탐사 범위가 제한된 이런 상황에서 완전한 매머드를 찾겠다는 것은 무모한 일이다."

그러나 나는 그가 틀렸기를 바랐다. 나는 기필코 매머드를 찾아내겠다고 다짐했다.

그해 지모프의 초청을 받아 체르스키에 온 고토의 탐사팀은 헬리콥터를 타고 두반니 야르 전역을 돌아다니며 매머드가 묻혀 있을 만한 곳을 샅샅이 살펴보았다. 범람원에 안개가 끼어 헬리콥터가 뜨지 못하는 날이면 에어보트를 타고 늪지를 둘러보았다. 당시 체르스키 항공사에서 헬리콥터를 대절하는 비용은 시간당 2백 달러였던 것이 2천 달러까지 올라 있었다. 이 비용이 부담스러웠던 고토는 라자레프에게 상업용 트롤선(저인망 어선/옮긴이)을 구해달라고 요청했다. 라자레프는 이 고토 탐사팀을 이끌고 매머드가 묻혀 있을 만한 새로운 장소로 떠났고 지모프는 나와 함께 매머드가 자주 발견되는 플라이스토세 지형인 두반니 야르로 향했다.

그날은 구름이 많이 낀 조금 쌀쌀한 날이었다. 두 시간 동안 보트를 타고 두반니 야르로 가는 동안 나는 바람을 피해 몸을 웅크리고 있어야 했다. 자꾸 깎여 나간 탓에 급한 경사를 이루고 있는 강의 한쪽 가장자리는 높이가 24미터에 이르는 검고 비옥한 토양을 드러내고 있었다. 무너져 내리는 흙 때문에 식물이 자랄 수 없을 것 같은 절벽의 꼭대기에는 자작나무들이 비스듬히 자라고 있었다. 지모프는 강가에서 약 6미터 정도 떨어진 지점에 보트를 세우더니 늪지로 걸어 들어갔다. 그의 정강이가 반쯤 물에 잠겼다. 뱃머리에 매여 있는 밧줄을 거머쥔 지모프는 느린 물살이 흐르는 방향에 맞춰 힘겹게 앞으로 나가기 시작했다.

보트에서 내려선 나는 지모프가 왜 그렇게 힘들어하는지 알 수 있었다. 늪 바닥은 온통 진창이었다. 한 걸음 뗄 때마다 점점 더 빨려 들어가더니 마치 방수복을 입은 것처럼 허리 높이까지 진흙이 묻기 시작했다. 이런 곳에서 거대한 매머드가 강가에 도달하려면 어떠했을까? 내 발이 빠지는 것처럼 진흙 속으로 빠져 들어가는 자신의 긴 코를 들고 마지막 몸부림을 치며 소리쳤겠지만 그럴수록 진흙물만 먹게 되었을 것이다. 모래구덩이처럼 생명을 빨아들이는 진흙탕은 강가로 갈수록 더 걷기 힘들었다.

늪지는 온통 썩은 냄새로 가득 차 있었고 여기저기 뼈가 널려 있었다. 그 뼈들이 어떤 동물의 뼈인지는 알 수 없었지만 분명 플라이스토세 생물의 잔해였다. 내가 뼈를 들어 올리면 지모프가 어떤 동물의 뼈인지 알려주었다. 암갈색의 두꺼운 정강이뼈는 스텝 지역의 들소 다리이며, 이빨이 달려 있는 부서지기 쉬운 초콜릿 빛 턱뼈는 작은 플라이스토세 말〔馬〕의 것이었다. 그곳에서 어금니가 달려 있는 호두색 아래턱 파편은 매머드의 것이라는 사실도 알게 되었다. 이 환상적인 야수가 지금 내가 서 있는 곳을 거닐었던 것이다. 이곳은 매머드들이 물을 먹기 위해 찾아왔던 장소가 틀림없었다.

나는 보트를 끌면서 보트를 매어둘 적당한 장소를 찾고 있는 지모프를 쳐다보았다. 지모프의 일이 끝날 때까지 기다릴 수 없었던 나는 뭍으로 올라와 상승한 기온 때문에 무너져 내린 흙 사이로 뼈를 드러내고 있는 예도마를 바라보았다. 예도마 중에는 얇은 얼음이 얼어 있는 균열 층이 있는데 이것을 얼음 쐐기ice wedge라고 부른다. 얼어붙은 땅에 균열이 생겨 만들어진 이런 얼음 쐐기는 봄이 되면 녹아 흘러내린다. 얼음 기둥으로 싸인 예도마 안에는 매머드가 숨어 있지만 그 모습을 쉽게 드러내지는 않는다. 그러나 얼음 막이 녹기 시작하면 수천 년 동안 얼음 속에 파묻혀 있던 거인은 다시 한번 세상 밖으로 모습을 드러낸다. 얼음 쐐기는 이런 침식을 가속화하는 역할을 한다.

뼈와 나뭇가지들이 마치 고대에 일어난 산사태의 희생양처럼 아슬아슬하게 강둑에 매달려 있었다. 그때 절벽의 높이를 가늠해보던 내 눈에 옅은 갈색을 띤 물체가 보였다. 그것은 마치 코코넛 껍데기 같아 보였지만 이런 북극에 코코넛이라니, 우스운 생각이었다. 나는 그곳으로 천천히 올라가보았다. 자칫 잘못하면 불안정한 절벽이 무너져 내릴 수 있었다. 만약 절벽이 무너져 내린다면 누군가가 나를 발굴한 뒤 '호모 사피엔스'라고 부르겠군, 하는 생각이 들었다. 이런 엉뚱한 생각을 떨쳐낸 나는 그 물체가 플라이스토세 말기에 사라진 거인이기를 바라며 조심스럽게 위로 올라갔다. 어두운 하늘에서 휘날리는 눈발이 겨울이 시작됨을 말해주고 있었다. 이제 몇 주 안 있어 이 지역은 꽁꽁 얼어붙을 터였다. 나는 마침내 갈색 물체가 있는 곳에 도달했다.

내가 소리쳐 부르자 지모프는 얕은 여울을 지나 나에게 달려왔다. 그는 갈색 물체가 매머드의 대퇴부라는 것을 가르쳐준 뒤 주변에 널려 있는 털 몇 가닥을 주워 올렸다. 지모프가 그 털을 손에 쥐고 문지르는 것을 보고 그전까지 고대 동물의 털을 본 적이 없던 나는 기대감으로 잔뜩 흥분됐다. "매머드의 것인가요?" 내가 초조하게 물어보았다.

"스텝 지역에 살던 들소 것이군요." 지모프가 말했다.

그 순간 느낀 실망감이라니. 나는 지모프가 했던 말이 떠올랐다. 나는 매머드가 나를 찾아오기를 기다려야 했다.

날씨가 점점 추워졌기 때문에 우리는 추위에 벌벌 떨면서 숙소로 돌아가야 했다. 발굴 지역을 출발한 지 15분 만에 지모프는 속력을 줄이더니 가옥 십여 채가 있는 왼쪽 강둑에 보트를 세웠다. 강둑 위에 땅딸막한 사내가 한 명 나타나자 지모프가 큰 소리로 알은체를 했다. 지모프를 본 그 사내는 곧 보트를 타고 우리에게 다가왔다. 그는 어부였다. 자신의 배를 우리 보트에 나란히 댄 사내는 지모프와 자신의 배 바닥에 놓인 냉동 철갑상어의 값을 흥정하기 시작했다. 다시 15분간 매서운 바람을 맞으며 달리던 우리 앞에 갑자기 행운이 나타났다. 지모프와 알고 지내는 선장의 체르스키 행 바지선을 만난 것이다. 보트를 바지선 옆에 묶고 우리 두 사람은 바지선으로 올라갔다. 그때부터는 모든 것이 만족스러웠다. 우리는 따뜻한 조타실에서 뜨겁고 달콤한 차와 생선 샌드위치를 먹으면서 나머지 몇 시간을 보낼 수 있었다.

몇 시간 후 체르스키로 돌아온 지모프는 철갑상어를 다듬고 썰더니 프렌치드레싱으로 버무렸다. 그런 다음 꼬챙이에 꽂아 불에 구워 먹었다.

지모프가 요리를 만드는 동안 나는 기지 이곳저곳을 둘러보았다. 짙은 구름이 낮게 깔린 그날은 8월이라기보다는 10월에 가까운 날씨였다. 절벽에 위치한 숙소의 남쪽 끝에는 지모프와 그의 아들이 나무로 만든 교회당이 있었다. 둥근 녹색 지붕을 얹은 교회당은 아주 작은 규모였지만 꽤 근사해 보였다. 교회 안에서 밖을 내려다보자 굉장한 풍경이 눈에 들어왔다. 그곳에는 낙엽송이 가득한 습지를 가로지르는 강물과 구름에 감싸여 절경을 이루고 있는 판텔레이하 산이 펼쳐져 있었다. 마치 지상낙원 같은 그곳에서 인간의 흔적이라고는 부서진 통신 탑이 강물에 박혀 있는 버려진 나룻배가 전부였다. 사방에 들리는 소리라고는 내 숨소리뿐이었다.

저녁을 먹은 우리는 고토와 다른 사람들을 만나기 위해 마을로 내려갔다. 시간은 저녁 11시가 가까워지고 있었다. 해는 그때까지도 지평선 부근을 맴돌고 있었다. 우리는 그린 포인트 항구에서 고토의 배를 찾아냈다. 배에는 아무도 없는 것처럼 보였지만 밑으로 내려가자 담배 연기가 가득 찬 선실에서 고토가 그의 동료들과 보드카를 마시며 담소를 나누고 있었다. 그들은 우리를 열렬히 환영했다. "성공했어요." 고바야시가 잔뜩 들뜬 채 말했다. "매머드를 발견했어요!"

그러나 완전한 매머드는 아니었다. 그날 아침 고토가 발견한 것은 매머드 피부 조각이었다. 고토와 고바야시는 우리를 갑판으로 데려가 자신들의 전리품을 보여주었다. 고토는 자신이 마법사나 되는 것처럼 푸른색 방수포를 잡더니 단숨에 휙 잡아당겼다. 그러자 구겨진 회색 목욕 타월 같은 것이 나타났다. 그 피부 조직은 단단하게 얼어붙어 있었지만 털이 거의 빠져서 마치 코끼리 피부처럼 보였다. 이 얼어붙은 매머드 피부에서는 예도마에서 맡았던 익숙한 냄새—하루 종일 강가에서 나를 괴롭히던 그 악취—가 스며 나오고 있었다. 아니, 오히려 더 역한 냄새를 풍기고 있었다. 잿빛 턱수염과 강렬한 검은 눈의 사나이 라자레프는 이 조직이 매머드의 궁둥이 살이라고 단언했다.

그날 매머드 궁둥이 조직을 찾은 것은 물론 기쁜 일이었다. 그러나 왜 이 사람들이 이렇게 즐거워하는지 나로서는 이해할 수 없었다. 벌써 탐사는 6개월을 넘기고 있었고 수십만 달러를 써버린 그들은 이제 거의 무일푼에 가까웠다. 고토는 정자를 찾는 데 실패했고 이리타니는 매머드의 생식원 세포를 찾는 일을 포기하고 시베리아를 떠나려고 했다. 이리타니는 그 정도의 피부 조직으로는 매머드를 복제하는 것이 불가능하다는 것을 알고 있었다. 비록 아주 가능성이 없는 것은 아니라고 말했지만 그의 눈은 다른 말을 하고 있었다. 나도 매머드를 부활시키는 일은 불가능한 것이 아닌가라는 생각을 하게 됐다.

그러나 서쪽으로 6백 킬로미터 이상 떨어진 타이미르 반도에서는 다른 일이 일어나고 있었다. 여행 안내원이기도 한 어느 매머드 사냥꾼이 완벽한 DNA를 가지고 있는 매머드를 찾아 복제시키는 방법이 아닌 새로운 방법으로 매머드를 부활하려 하고 있었다. 베르나르 뷔게와 그의 동료들은 매머드를 환생시키는 데는 관심이 없었다. 그들은 매머드의 생활 방식과 멸종 원인에 대해 관심을 갖고 있었다. 뷔게와 그의 동료들은 매머드 사체를 발굴하기 위해 땅 밑을 투과할 수 있는 지층 투과 탐사기 같은 발굴 장비를 갖추고 있었다. 마침내 일본인에게는 모습을 드러내지 않던 매머드가 뷔게에게 모습을 나타냈다.

얼음 속의 커다란 쥐

북극은 아주 멀리 떨어진 미지의 세계이다. 베르나르 뷔게가 태어난 사하라 사막에서는 특히 먼 거리에 있는 세계였을 것이다. 뷔게의 부모는 1962년까지 그의 조부의 농장이 있는 모로코의 페스에서 일했다. 그가 일곱 살 되던 해 그의 부모는 그를 데리고 프랑스 남부의 툴루즈로 이주했다. 사람들은 그의 푸른 눈과 금발 머리를 보고 그가 북쪽—북유럽—에서 온 사람이라고 생각했다. 뷔게는 "그때를 잊을 수가 없어요. 사람들이 그런 말을 할 때마다 속으로 얼마나 웃었는지. 전 북쪽 사람이 맞았거든요. 북부 아프리카지만 말입니다"라고 말했다.

대학에 진학한 뷔게는 처음에는 의학을 전공했다. 그러나 3학년이 되었을 때 자신이 의학에 흥미가 없다는 것을 알았다. "전 안정적인 직업을 원하는 게 아니었습니다." 대학을 중퇴하려던 뷔게는 마음을 고쳐 전공을 철학으로 바꿨다. 그때까지도 뷔게는 자신이 원하는 것이 무엇인지 정확히 몰랐다. 가장 사랑하는 도시가 파리와 시베리아가 될지도 말이다.

대학을 졸업하고 여러 직업을 전전하던 뷔게는 추운 지방을 향한 방랑벽과 열정을 억제하지 못하고 1989년, 1년에 걸친 남극 탐사를 위한 국제관계 위원장으로 남극 대륙을 찾아간다. 그 혹독한 여행에서 그의 동료인 장-루이스 에티엔Jean-Louis Etienne은 남극 대륙의 최정상에서 남극점까지 갔다가 다시 정상에 올라 대륙의 반대편에 있는 러시아의 연안 미르니 연구 기지까지 스키를 타고 일곱 달에 걸쳐 왕복하는 데 성공했다. 장-루이스 에티엔은 최초로 개썰매를 타지 않고 혈혈단신 걸어서 북극점에 도달하는 데 성공한 사람이었다. 이 탐험에서 뷔게는 그의 가장 절친한 친구가 된 프랑스인 수학자 크리스티앙 드 마를리아브를 만났다. 마를리아브는 남극 탐사의 전체 일정을 관리하는 역할을 맡고 있었다. 1982년 10월, 마를리아브와 그의 친구들은 자신들이 만든 12미터 길이의 금속 배를 타고 프랑스를 떠나 남극 대륙까지 가는 두 달에 걸친 항해를 시작했다. 남극으로 간 마를리아브는 그 거친 대륙의 이곳저곳을 살펴보았다. 그때부터 남극에 대한 생각이 떠나지 않던 마를리아브는 그후 5년 뒤인 1987년 영국 남극 탐사팀을 위한 비행 탐사를 수행하기 위해 다시 한번 남극을 다녀갔다. 이 탐사에 즈음해서 뷔게는 러시아 하이아크틱High Arctic에서 북극점에 이르는 여행 상품을 개발하려 했다. 그는 이 상품을 개발할 적임자로 드 마를리아브를 꼽았다.

그가 시베리아 전초 기지로 삼은 것은 하탕가였다. 왜냐하면 하탕가는 인구 4천 명의 도시로 하이 아크틱과 가까웠고 지역 관리들도 그의 사업을 환영하고 있었기 때문이다. 하탕가와 체르스키를 포함한 북극 인근 마을은 군대가 국경지대에 방어 시설을 건설하기 전까지 이렇다 할 교역 시설이 거의 없는 소규모 마을이었다. 그러던 중 군대가 핀란드와 인접한 무르만스크로부터 시차가 9시간이나 되는 알래스카, 베링 해 연안의 프로비데니야 지방의 여러 마을에 레이다 시설과 군부대를 배치하면서 조금씩 번성하기 시작했다. 군부대와 함께 마을에는 병원과 수선 집, 식당 등 편의시설들이 들어섰다. 냉전 기간 동안 대부분의 러시아 사람들이 턱없이 부족한 신발이나 전구 같은 생필품을 구하기 위해 고생한 것에 비하면 북극 지역 사람들은 적어도 세 배는 넉넉한 상황에서 생필품을 구할 수 있었다.

그러나 어떤 러시아인들에게는 그런 풍부한 물자가 아니라 북극의 광대한 영토가 훨씬 더 매력적으로 보였다. "정말 자유롭게 여행할 수 있는 절호의 기회였지요." 25년 전 군사학교를 졸업하고 여러 직업을 전전하면서 모스크바에서 타이미르까지 여행했던 보리스 레베데프Boris Lebedev의 말이다. 그의 첫번째 직업은 하탕가에서 남서쪽으로 120킬로미터 떨어진 돌간 마을 집단농장의 사냥꾼이었다. 그는 여우를 잡고 낚시나 사냥을 하면서 시간을 보냈다. 머리를 완전히 밀고 턱수염을 기른 레베데프는 지금 하탕가에 살면서 자연보호 구역인 자포베드니크에서 산림 감시원으로 근무하고 있다.

요시프 스탈린에 의해 추진된 병력 증가 정책의 병폐 중 하나는 사냥과 낚시를 하고 순록을 기르며 생활하던 원주민들을 한 곳에 가

둔 것이었다. 소규모 단위로 생활하면서 이동하는 순록을 따라 유목 생활을 하던 원주민들은 스탈린의 정책에 따라 한 곳에 정착해야 했다. 하지만 특별한 기술이 없는 원주민들은 유럽계 러시아인들이 하기 싫어하는 허드렛일을 도맡아 해야 했다. 마치 19세기에 아메리카 원주민들이 그랬던 것처럼 굶주림에 지친 시베리아 원주민들은 강제로 정착할 수밖에 없었다. 국민들을 탄압하는 정치를 아무 거리낌 없이 자행하던 스탈린은 시베리아 원주민들을 정착시키고 주민부에 등록시킴으로써 그들의 자녀를 군대에 보낼 명목을 만들었다.

그때부터 유럽계 러시아인과 함께 경제난에 허덕이던 타이미르의 돌간족은 소련을 붕괴시키는 운동에 앞장서게 된다. 그러던 중 1980년대 중반 옛소련의 불안한 경제 상황이 악화일로를 걷게 되자 정부는 도로 편으로 북극 지방에 보내던 난방 기름과 식량을 조금밖에 보내지 않았다. 그후 10년간 물가는 급속히 상승했고 경제는 점점 더 악화됐다. 옛소련 시절 이 지방에서는 북극여우 가죽 두 장이면 모스크바 왕복 티켓을 살 수 있었다. 그러나 지금은 40장이 있어야 티켓을 구할 수 있다.

북부 시베리아 전역에서 수송과 소비재가 점점 더 귀해지고 물가는 올라갔으며 월급이 몇 달 동안 나오지 않을 때가 많아졌다. 마침내 유럽계 러시아인들은 군대가 축소되고 여전히 광업이나 해운업 같은 산업이 주를 이루는 북극 지방을 향해 떼를 지어 떠나기 시작했다. 지난 10년 동안 하탕가의 인구는 3분의 1로 줄어들었다. 중앙 정부의 무관심 속에 시베리아 원주민들은 자급자족하는 생활로 돌아가고 있었다. 타이미르 반도에 살고 있는 가장 규모가 큰 두 부족의 이름을 따 공식적으로 돌가노-네네츠크 자치 지역이라 불리는 타이미르 지역에서 최근 실시한 호구 조사를 보면 정확히 272명의 돌간족이 순록을 기르는 유목 생활을 시작한 것으로 나타났다. 이런 돌간족들은 자신들이 생산할 수 없는 물건을 교환할 때만 하탕가를 찾아왔다.

뷔게는 돌간 부족을 위해 공산당 간부를 설득해 필요한 물자를 공급하는 역할을 하고 있다. "그는 언제나 설탕이나 차, 밀가루 같은 것을 가져다줍니다. 뷔게는 아이들에게 신발을 사다주곤 했지만 남자들에게는 돈을 주지 않습니다. 여자라면 생활비로 쓰겠지만 남자들은 보드카를 사는 데 써버리고 마니까요." 20년 전 서부 러시아에서 타이미르로 온 기상학자 블라디미르 아이스너Vladimir Eisner의 말이다. 뷔게의 통역관이었던 아이스너는 인생의 절반은 타이가 지역에서 사냥을 하며 지내고 나머지 절반은 시내에 있는 자신의 아파트에서 지낸다. 뷔게가 보인 호의는 의도적인 것이 아니었다. 아이스너는 "뷔게의 웃음에는 진심이 담겨 있습니다. 그는 정말 좋은 사람이지요"라고 말한다.

1997년 가을, 갑자기 뷔게를 찾아온 타이미르 지방 관리인 니콜라이 포킨Nikolai Fokin은 코스티아라는 아홉 살짜리 돌간족 소년이 며칠 전 하탕가 북쪽 영구 동토층에서 땅 위로 튀어나온 매머드 엄니를 발견했다는 소식을 전했다. 그 엄니를 파내려고 땅을 파던 코스티아 가족은 다른 쪽 엄니도 발견했고 지금 그 엄니 한 쌍을 하탕가에서 팔려고 한다는 것이었다. 마침 뷔게는 그해 북극 탐사를 마치고 집으로 돌아가려던 참이었다. 그 관리는 뷔게가 돌아가는 것을 며칠 늦추고 자신과 함께 매머드 엄니가 발견된 곳으로 가보자고 제안했다.

당시 매머드에 대해 아는 것은 거의 없었지만 뷔게는 그 장소로 가보기로 결정했다. 그곳에서 뷔게는 매머드 두개골 파편을 찾아냈다. 집으로 돌아온 뷔게는 겨울 내내 그 매머드를 발굴하고 싶다는 생각에 사로잡혀 있었다. 다음해 2월, 다시 하탕가로 돌아온 뷔게는 지방 관리에게 자신이 그 매머드를 발굴해보고 싶다는 의사를 전했다. "나는 무척 서두르고 있었습니다. 한시라도 빨리 매머드를 보고 싶었죠." 뷔게가 말했다. 그는 헬리콥터를 타고 발굴 현장에 대한 권리를 주장하는 돌간족 사람들을 만나기 위해 툰드라 지역으로 날아갔다. 코스티아의 아버지 겐나디 자코프Gennady Jarkov와 그의 형 가브릴은 뷔게에게 자신들이 소유한 엄니를 보여주었다. 두 엄니는 길이가 270센티미터 정도에 무게는 약 45킬로그램 정도 나갔다. 뷔게는 엄니 두 개를 다 샀다. "돈은 필요 없었어요. 그들이 필요한 건 커피와 차, 그리고 눈썰매에 넣을 벤젠이었으니까요." 그는 매머드의 나머지 부분을 발굴할 계획을 빈틈없이 세우기 시작했다.

뷔게에게 엄니를 팔기는 했어도 자코프 가족은 그의 의도를 의심스러워했다. 돌간족은 서방 사람들이 신성한 땅을 파헤치는 것을 이해하지 못했다. 돌간족은 나무를 심기 위해 땅을 파는 것조차 불경스러운 일로 생각하고 금지하고 있었다. 그것은 마을 밖에서도 마찬

가지였다. "그들은 매머드를 파내는 것을 신성 모독이라고 생각했죠." 어느 해 여름, 하탕가에서 30킬로미터 떨어진 자신의 집에서 자작나무 몇 그루를 심으려다 봉변을 당한 아이스너의 말이다. "나무가 부러지기 쉬운 겨울에 돌간족 아이들 몇이 우리집으로 와서 나무를 부러뜨리더군요. 결국 나무는 죽고 말았지요." 매머드를 발굴하다니 돌간족으로서는 생각도 못 할 일이었다. 수천 마리의 순록을 사육하는 집단농장으로 유명한 소보치나야에서 사냥과 낚시로 생계를 꾸려가는 돌간족의 콘스탄틴 우크수스니코프Konstantin Uksusnikov는 "우리는 결코 땅 속에 묻힌 뼈를 파내지 않습니다. 그저 해변을 돌아다니며 널려 있는 뼈를 줍는 것뿐이지요"라고 말했다.

소련 정부는 원주민들의 민간 신앙을 타파하기 위해 원주민 아이들을 유럽계 러시아 아이들과 함께 교육시켰으나 소용없었다. 정부는 교육을 통해서 많은 공산주의자를 양산할 수 있었지만 죽은 생명체에 대한 원주민들의 생각을 바꿀 수는 없었다.

죽은 생명체에 대한 경외심이 가장 깊은 부족은 콜리마 강과 인디기르카 강 사이의 숲 속에 사는 유카기르족이었다. 유카기르족이 사는 숲 속에는 저습지와 호수, 늪이 많았다. 그들은 곰이나 순록의 영혼이 자신들을 영혼의 세계로 이끌어주는 샤먼이라고 생각했다. 그 중 가장 강력한 샤먼은 자신들이 엑솔헛xolhut이라고 부르는 매머드 영혼이었다. 이 세상에서 엑솔헛 아이비xolhut aibi, 즉 매머드 유령보다 강력한 힘을 가진 존재는 없었다.

유카기르족은 매머드에 대한 생각이 다른 시베리아 원주민들과 확연히 달랐다. 그들은 19세기에도 매머드가 지하에 살고 있는 동물이라고 생각하지 않았다. 대신 오래 전에 지상에 살았다가 멸종된 동물이라는 것이 유카기르족의 생각이었다. 1800년대 유카기르족의 마을을 탐사했던 인류학자 왈더머 조컬슨Waldemar Jochelson은 "이 부족은 매머드가 창조주의 실수로 만들어진 생명체라고 생각한다"라고 했다. 유카기르족은 매머드가 너무 크고 힘이 셌기 때문에 멸종한 것이라고 믿고 있다. 큰 덩치 때문에 나무를 전부 먹어치웠고 그 결과 시베리아 전역이 툰드라 지대로 변해버렸다. 벌거벗은 늪지와 성긴 모래밭은 마치 커다란 함정처럼 엑솔헛을 삼켜버렸다. 이윽고 겨울이 되자 얼음이 이 괴물을 얼려버렸다. 유카기르족은 툰드라 지역에 무수히 많은 매머드가 묻혀 있는 이유를 이렇게 설명했다.

그들은 과학자들이 매머드를 부활시키면 커다란 재앙이 닥칠 것이라고 했다. 베레조프카 매머드를 발굴한 후 얼마 안 되어 죽음을 맞이한 헤르츠와 그의 동료들이 그 증거라고 했다. 지하에 묻혀 있는 제왕 쥐의 잠을 방해하면 언제나 대가를 치러야 한다. 하지만 원주민들이 자신들의 신앙 때문에 발굴을 도와주지 않는 것은 아니었다. 과학자들이 시베리아 원주민들에게 도움을 요청했을 때 그들은 서양인들의 오만한 태도가 싫다는 아주 간단한 이유로 그 부탁을 거절하는 경우도 있었다. 3년 동안 시베리아 북동부 지역을 돌아다니며 세 구의 매머드 사체를 발굴해낸 발트 해 출신 독일인 탐험가 메이델Gerhard Gustav Ludwig von Maydell은 원주민들의 비협조적인 태도에 불만이 많았다. 1869년 그가 마지막 발굴을 하기 전 야쿠트족에 대해 쓴 편지를 보면 "그들은 기회만 있으면… 사체를 몰래 숨기고 공포에 질려 일하기를 거부하고 도망가기 일쑤라네"라고 씌어 있다. 아무리 많은 금액을 제시해도 원주민들의 마음은 바뀌지 않았다. 20세기 초 매머드 연구가 톨마초프는 "시베리아 원주민들은 아무리 돈을 많이 주어도 재앙을 불러오는 발굴에는 참여하지 않겠다고 생각한다"라고 적고 있다.

땅 속에 묻혀 있는 매머드 사체를 훼손하는 것을 금기시하는 시베리아 원주민들이지만 땅 위로 나와 있는 엄니는 아무 두려움 없이 가져갔다. 러시아어로 마몬토바 코스트mammontova kost라고 불리는 매머드 상아는 2천 년 동안 배에 실려 시베리아 남쪽까지 운반된 뒤, 대상들의 길인 비단길을 통해 중국이나 몽고 등지로 팔려 나갔다. 매머드 상아가 아주 귀한 물건이었던 13세기에는 몽고의 황제 쿠빌라이 칸이 상아로 왕관을 만들어 썼다. 1582년 모스크바에 상아가 전해진 것은 코사크 족장이자 한때 강을 장악하고 있던 해적 에르마크 티모페예비치Yermak Timofeyevich가 러시아 황제를 위해 시베리아를 점령했을 때의 일이다. 유럽에 전해진 것은 그후의 일이다(서부 유럽에 매머드 상아가 전해진 것은 공식적으로 1616년 런던이 처음이라고 기록되어 있다). 시장에서 거래되던 매머드 상아는 대부분이 시베리아 원주민이 팔러 온 것으로 원주민들은 툰드라 지대에서 땅 위로 나와 있던 엄니를 주워온 것뿐이었다. 그들은 엄니를 발견하면 그 장소를 표시해두었다가 날씨가 풀리고 땅이 녹으면 엄니를 인근 마을로 가져가 돈을 받고 팔거나 필요한 물품과 교환했다.

상아를 팔기 위해서는 운이 따라야 했다. 일단 상아를 찾은 해에 상아를 찾는 사람들이 많아야 하고 날씨도 따뜻해야 한다. 그러나 이런 제약 조건이 있었는데도 기록을 보면 상아 거래가 매우 빈번했다는 것을 알 수 있다. 상아 거래가 점점 감소하던 19세기 전반 50년만 보더라도 상아 거래의 메카이자 러시아 변방 도시인 야쿠츠크에서만 거의 32톤에 달하는 상아가 거래됐다는 기록이 있다. 19세기 후반 50년을 살펴보면, 1870년대의 단 두 해 동안 영국으로 팔려간 상아만 2천7백 개가 넘는다. 공예품에 쓰이는 질 좋은 상아는 당시 가격으로 10파운드 정도 나갔다. 20세기 초에는 약 5만 마리에 해당하는 매머드의 상아가 시장에 팔려 나왔다. 시베리아는 상아 장사로 부유해졌다. 1911년 브리태니커 백과사전은 시베리아를 "탄광이 풍부한 땅. 미래가 되면 동물의 상아가 유일하게 묻혀 있을 땅"이라고 소개하고 있다.

매머드 상아가 다른 곳으로 팔려가는 것을 원치 않던 러시아 왕립과학협회 소속 과학자들은 시베리아 지방 관리에게 전문을 보냈다. 매머드의 완전한 뼈가 묻혀 있거나 선사 시대 거대 동물의 뼈가 묻혀 있는 장소를 알려주는 사람에게는 포상금을 내리겠다는 내용이었다. 반세기 동안 매머드 탐험가들은 거의 20구나 되는 매머드 사체를 찾아냈지만 애덤스 매머드만큼 가치 있는 표본은 찾을 수 없었다. 과학자들은 기본적으로 매머드를 찾는 사람에게 백 루블을 주겠다고 제시했고 발굴할 만한 가치가 인정되면 150루블, 골격에 피부나 가죽이 붙어 있으면 3백 루블을 주겠다고 했다. "근거 없는 소문은 전달하지 마시오." 전문은 그렇게 적혀 있었다.

조사팀이 도착할 때까지 발견된 매머드는 매머드에 대한 전문 지식이 없는 지방 관리들의 감독 아래 있었다. 그러자 때로 문제가 발생했다. 1877년 과학협회는 남부 시베리아의 쿠즈네츠키 알라타우 산맥에서 매머드 사체가 발견됐다는 보고를 받았다. 이 보고의 사실 여부를 확인하기 위해 과학협회는 천 루블이라는 거금을 들여 조사팀을 파견했다. 당시 천 루블이라면 소를 여러 마리 살 수 있는 금액이었다. 매머드를 발견한 마을 사람은 과학자들에게 확신을 주기 위해 매머드의 살코기도 먹어봤다고 했다. 그러나 과학자들이 현장에서 발견한 것은 석면처럼 단단하게 굳어 있는 가죽이 전부였다. 과학자들이 그 마을 사람을 질책하자 그는 버터에 오랫동안 담가놓으면 먹을 수 있다고 주장했다. 톨마초프는 "수천 마일을 여행한 과학자들 앞에 놓인 거라곤 부드러운 부분이 거의 없는 뼈뿐인 경우가 많았다"고 했다.

베르나르 뷔게는 그런 실수를 하고 싶지 않았다. 1998년 4월, 영화 제작자인 장-찰스 드니오Jean-Charles Deniau와 사진작가이자 세르폴렉스의 파리 지사支社 간부인 어떤 사람과 함께 뷔게는 자코프 형제가 매머드를 발견한 볼사야 말라호냐 강 부근을 파들어가기 시작했다. 사흘 동안 눈을 삽으로 파내고 얼어붙은 먼지를 긁어내자 깨진 매머드 두개골의 정수리 부분과 겐나디 자코프가 엄니를 빼낼 때 생긴 구멍이 모습을 드러냈다. 발굴이 진행되는 몇 달 동안 두개골에 붙어 있던 근육과 인대는 북극여우나 다른 포식자들이 뜯어먹었고 그나마 남은 부분은 썩어 들어가기 시작했다. "이렇게 생각할 때가 많습니다. 난 왜 이곳에 온 걸까? 그저 돈을 쓰기 위해서?" 뷔게는 이렇게 말한다. "그럴 때마다 정말 실망을 많이 했습니다." 그러다 문득 한 가지 생각이 떠올랐다. 그는 헤어드라이기를 전기 발전기에 꽂고 매머드를 감싸고 있는 땅을 녹여보았다. 그렇게 녹이기를 몇 분, 뷔게는 털이 붙어 있는 가죽을 찾을 수 있었다. 그 가죽 밑에는 살점도 붙어 있었다. 뷔게는 자신이 뭔가 대단한 것을 발견했다는 것을 알았다.

그러나 그것이 얼마나 대단한 발견인지는 뷔게 자신도 몰랐다. 땅 밑에 묻혀 있는 매머드 사체가 얼마나 되는지 알아보기 위해 뷔게는 지층 투과 전파 탐지기를 갖고 있는 스웨덴 과학자를 한 명 초빙했다. 이 장비는 땅 밑으로 전자파를 쏘아 보낸 뒤 되돌아오는 전자파를 측정하여 땅 속에 묻힌 매머드의 크기를 측정하는 장치였다. 어른 매머드처럼 큰 물체는 주변의 흙과 얼음보다 밀도가 떨어지기 때문에 전자파는 기이한 형태를 띠게 된다. 이 형태를 보고 크기를 짐작할 수 있는 것이다. 전자파가 좀 더 기이한 모양을 나타내면 그것은 살점과 뼈가 있다는 것을 의미했다.

뷔게는 더 많은 과학자를 초빙해야 할 필요를 느꼈다. 작고 땅딸막한 체구에 금발인, 딕 몰로 더 잘 알려진 디르크 얀 몰Dirk Jan (Dick) Mol은 1998년 8월 네덜란드의 로테르담에서 국제 매머드 회의를 주최한 사람으로 덕망 높은 아마추어 고생물학자였다. 그는 뷔게의 전화를 받은 저녁을 생생히 기억하고 있었다. "전 그의 이름을 한 번도 들어본 적이 없었습니다. 시베리아로 가게 될 줄은 꿈에도 몰랐지요." 뷔게는 몰에게 자신이 발견한 매머드에 대해 이야기하면서 암스테르담으로 그를 만나러 가도 괜찮겠냐고 물어보았다. 그것도 이틀 안에 말이다. 흔쾌히 허락한 몰은 그가 오기 전 매머드 과학 보고서에 뷔게의 이름이 있는지 찾아보았다. "그런 이름은 어디에도 없더군요. 그가 어떤 사람인지 나로서는 알 수가 없었습니다." 공항에서 뷔게를 만난 몰의 불안은 더욱 커졌다. "저는 만나자마자 매머드에 대해 이야기를 시작했지요. 그런데 이 사람은 매머드에 대해 아는 것이 전혀 없는 게 아닙니까."

몰의 집으로 간 뷔게는 그에게 아직까지 아래 위가 붙어 있는 턱뼈를 포함한 발굴 현장에서 찍은 사진들을 보여주었다. 턱뼈 사진은 매머드가 죽은 후 곧바로 모래진흙에 묻혔다는 것을 보여주고 있었다. 만약 포식자들이 매머드를 먹었다면 뼈는 제자리에 있지 않고 여기저기 널려 있었을 것이다. "사진을 본 저는 흥분했습니다." 몰이 말했다. 그는 또한 과학적 장비가 없는데도 뷔게가 훌륭하게 매머드를 처리했다는 것을 알았다. "제가 뷔게에게 그랬죠. 정말 굉장한 일을 해냈다고요." 그의 말을 들은 뷔게는 자신이 프랑스 방송사를 위한 다큐멘터리를 찍기로 했다고 말했다. 그러니 자신과 함께 시베리아로 가서 매머드 프로젝트를 함께 하는 게 어떻겠냐고 했다. 다음달 몰은 파리로 날아갔고 그와 뷔게는 기자회견을 열었다. 그곳에서 두 사람은 현장을 찍은 필름을 조금 공개하면서 매머드 프로젝트에 대해 발표했다. 파리에서 뷔게는 두개골 조각과 10센트 정도 크기의 피부 조각을 보여주었다. 이 피부 조각은 훗날 그들이 발굴한 털 뭉치와 함께 방사성 연대측정법을 실시하기 위해 위트레흐트 대학으로 보내진다.

방사성 연대측정법은 표본의 정확한 연대를 측정할 수 있는 방법이다. 생명체가 죽으면 그 즉시 이산화탄소의 출입이 멈추고 조직 안에는 여러 개의 탄소 동위원소가 그대로 남게 된다. 이것은 모든 생명체에서 공통적으로 발생하는 일이다. 세포 안에 갇히게 된 여러 개의 탄소 동위원소 중 소량이 함유돼 있는 14탄소는 방사성 동위원소로 일정 시간이 지나면 질소로 바뀌게 된다. 또한 14탄소의 반감기는 5,730년으로 꽤 길기 때문에 모든 방사성 원소가 사라진 뒤에도 계속 남아 생체의 사후 시계 역할을 하게 된다. 따라서 적어도 5만 년 안에 죽은 생명체라면 방사성 탄소 연대측정법으로 정확한 연대를 측정할 수 있다. 잔존 14탄소가 없다는 것은 사체가 죽은 지 너무 오래되어 정확한 연대를 측정할 수 없다는 것을 의미한다.

뷔게와 몰은 영구 동토층 안에 매머드 사체의 나머지 부분이 묻혀 있을 거라고 생각했다. 뷔게는 나머지 사체를 파내는 데 전통적인 방법을 사용하려고 했다. 여름에 뜨거운 물로 영구 동토층을 녹여 나머지 부분을 발굴하는 방법 말이다. "그러나 그렇게 하면 중요한 정보를 잃어버리게 됩니다"라고 뷔게와 함께 기꺼이 모험을 할 용의가 있었던 몰이 말했다. 몰은 뷔게보다 경험도 풍부했고 노력가이기도 했다. 그는 매머드가 묻혀 있는 영구 동토층을 통째로 파내서 하탕가에 있는 냉동 연구실로 실어오자고 제안했다. "그렇게 해서 우리는 매머드를 냉동 상태 그대로 옮겨온 최초의 과학자들이 되었지요"라고 몰이 말했다. 몰이 매머드를 냉동 상태 그대로 옮겨온 것은 완벽한 DNA를 찾아서 매머드를 복제하겠다는 생각이 있었기 때문은 아니었다. 그는 매머드 복제에는 전혀 관심이 없었다. 그가 매머드 부활을 반대하는 것은 순전히 윤리적인 문제 때문이었다. 왜냐하면 지금 매머드가 살았던 플라이스토세 말기의 지구는 이미 사라진 지 오래였다. 따라서 매머드가 부활한다 해도 살아갈 만한 여건이 안 된다. 그렇게 되면 결국 살아난 매머드는 동물원으로 가야 할 것이다. 몰이 걱정하는 것은 바로 이것이었다. 그러나 복제 프로젝트를 진행하는 과학자들이 조직 샘플을 보내달라고 하자 그는 기꺼이 샘플을 보내주었다. 고토와 그의 동료들은 무척 기뻐했다. 탐사가 실패한 후 좌절감에 빠져 있던 고토 팀은 다시 힘을 낼 수 있었다. 그들은 뷔게와 몰이 발견한 매머드가 무척 보고 싶었다.

몰이 화석에 관심을 갖게 된 것은 윈터스베이크에 위치한 고향마을의 한 초등학교 지리 교사 때문이었다. 그는 몰에게 수억 년 전에 살았던 성게 화석을 보여주었다. 십대 시절, 삼촌과 함께 레이덴 박물관에 간 몰은 그곳에서 북해에서 발굴된 매머드 뼈를 보게 되었다. "그 순간부터 나는 이 빙하기 생물의 잔해를 모으기로 결심했지요." 그때를 회상하며 몰이 말했다.

경찰이었던 아버지의 아홉 자녀 중 여덟째로 태어난 몰은 고등학교밖에 졸업할 수 없었다. 1974년부터 그는 관세청에서 근무하기 시작했는데 이것은 매우 탁월한 선택이었다. 같은 해 네덜란드에서는 '멸종 위기에 처한 야생 동식물의 국제 거래에 관한 협약CITES'이 조인되었다. 회의 과정에 대한 전반전인 준비 과정을 관세청이 맡게 됐다. 그때 몰은 회의에 참석하기 위해 암스테르담 스키폴 국제공항을 찾아오는 과학자들을 맞는 일을 담당하고 있었다. 몰은 그곳에서 매머드 화석에 대한 지식을 많이 얻을 수 있었고 과학자들과 풍부한 의견을 교환할 수 있었다. 그가 고등학교만 졸업했다는 것은 전혀 문제가 되지 않았다. 화석에 대한 풍부한 지식을 지닌 그와 의견을 나누는 것을 거부하는 과학자는 한 명도 없었다. "심지어 내가 세관원이라는 사실을 모르는 과학자들도 많이 있었습니다"라고 몰은 말했다.

그의 이런 열정은 네덜란드 정부로서도 이익이었다. 한번은 홍콩에서 온 여행객이 중국 신을 새긴 아름다운 조각상을 매머드 상아로 만든 것이라고 주장한 일이 있었다(매머드는 멸종된 동물이기 때문에 코끼리 상아가 아닌 매머드 상아로 만든 것은 CITES 협약에 저촉되지 않는다). "그래서 이렇게 말했죠. '믿을 수 없는데요. 왜 그런지 이유를 말해주지요.'" 몰은 그때를 회상하며 이렇게 말했다. 그 여행자가 가져온 상아에는 금간 곳이 한 군데도 없었다. 일자로 쭉 뻗은 코끼리 상아와 달리 매머드 상아는 구부러져 있기 때문에 아무리 잘 보존된 엄니라도 금이 갈 수밖에 없었다. 몰은 그 남자에게 두 가지 중 한 가지를 선택하라고 했다. 즉 법정에 가서 상아의 연대를 측정하는 재판을 할 것이냐 아니면 순순히 비싼 세금을 낼 것이냐. 여행객은 두말없이 세금을 내고 공항을 떠났다.

몰은 바다에서 건져낸 화석을 모두 그에게 가져다주겠다는 뱃사람들을 알게 된 후부터 25년 가까이 플라이스토세 동물의 화석을 모아왔다. 그렇게 모은 화석은 어느덧 1만 5천 구를 넘었고 그의 시골집은 빙하기 박물관으로 바뀌었다. 책꽂이에는 플라스틱으로 만든 매머드가 몇 개 놓여 있었고 그 중에는 백랍으로 만든 것도 하나 있었다. 벽에는 매머드 대퇴부 뼈가 비스듬히 놓여 있었고 거실 한 편에는 거대한 매머드 아래턱뼈가 놓여 있었다. 그의 수집품 중 가장 근사한 것들은 아름답게 잘 보존된 매머드 엄니와 이빨들 그리고 플라이스토세 사향사슴 수컷의 뿔이었다. 몰은 모든 수집품을 깨끗이 손질하고 라벨에 숫자를 적은 다음 사물함 크기의 스티로폼 상자 속에 담아두었다. 몇 년 후 그의 딸이 커서 독립하자 몰은 딸의 방도 화석으로 채워가기 시작했다. "저는 아들이 독립할 시기도 애타게 기다렸답니다." 몰이 말했다.

화석에 대한 그의 열정은 뜻하지 않은 명예도 가져다주었다. 2000년 4월, 뷔게와 함께 작업을 하기 위해 하탕가로 와 있던 몰에게 러시아 주재 네덜란드 대사관에서 연락이 왔다. 베아트릭스 여왕이 그에게 기사 작위를 수여하기로 했다는 것이었다. 몰은 매머드 탐사로 나라를 빛냈고 네덜란드 관세청을 위해 훌륭한 일을 했으며 고생물학에 대한 일반인의 관심을 고취시킨 공로로 기사 작위를 받게 되었다. 그로부터 한 달 후, 미스터 매머드는 재무장관 주재 아래 정식으로 매머드 공公이 되었다. "그때 나는 상사를 찾아가 시베리아 탐사를 위해 휴가를 더 받을 수 있는지 물어보았지요." 몰은 벌써 일 년에 세 달이라는 휴가 기간을 모두 다 써버린 후였다. "그가 이렇게 말하더군요. '물론입니다. 필요한 만큼 다녀오세요' 라고 말입니다."

아마추어 고생물학자에게 그런 명예를 안겨줄 정도로 관대한 나라는 네덜란드뿐일 것이다. 몰의 성공은 학계로서도 다행스러운 일이었다. 현재 그의 조국인 네덜란드 대학에서 다루고 있는 유전학 등 중요 생물학 분야에 대해 언급하면서 옐레 로이메르Jelle Reumer는 다음과 같이 말했다. "현재 척추동물 고생물학 분야에 매달리는 과학자는 거의 없는 실정입니다. 그 공백을 아마추어 과학자들이 채워주고 있습니다." 네덜란드에서는 1년에 네 번 정기적으로 아마추어 과학자들과 전문 과학자들이 만나 의견을 교환하고 그 결과를 〈크래니엄*Cranium*〉(두개골이라는 뜻/옮긴이)이라는 잡지에 기재하고 있었다. 레이덴에 위치한 국립 자연사박물관 관장인 욘 더 보스John De Vos는 몰을 아마추어 과학자 중 가장 돋보이는 존재라고 말한다. "그는 유럽에 있는 매머드 표본을 모두 꿰뚫고 있지요. 그는 매머드에 미친 것 같아요. 정말 대단한 사람입니다."

몰이 수집한 표본들은 가끔 화석을 교환하거나 담소를 나누기 위해 찾아가는 낚시꾼 조합 사람들—몰과 마찬가지로 뼈를 수집하는—이 자발적으로 기증한 경우가 많았다. 짧은 북해 여행으로는 필요한 자료를 얻을 수 없었고 여러 가지 잡동사니들이 그물에 같이 올라오는 경우가 있었다. 화석을 찾는 동안 비치볼만 한 고대 유리 부표가 딸려 올라오거나 한참 네덜란드의 해상 무역이 활발하던 시절 일본에서 건너온 17세기 간장 종지가 나오기도 했다. 17세기 청동 대포가 올라온 적도 있었다.

몰이 화석을 수집할 때 가장 곤란했던 일은 네덜란드에서의 화석 거래가 하나의 유행처럼 번진 것이었다. 1800년대 말에 화석은 어부들에게는 쓰레기에 불과했다. 그래서 그물에 화석이 걸리면 배 밖으로 버려버리곤 했다. "어부들은 보통 아마추어 고생물학자가 아닙니다. 그들의 관심은 오직 화석이 돈이 될 것이냐 아니냐일 뿐입니다." 몰이 말했다. 그러다 네덜란드와 벨기에 상인들은 어부들에게 화석에 대한 대가를 지불하겠다고 말했다. 희귀하고 보존 상태가 양호한 화석일수록 비싼 값을 치러주었다. 어부들은 화석을 팔기 시작했다. 북해의 한 지역인 네덜란드 젤란트 주의 오스터스헬더에서 발굴된 남반구 매머드 어금니 60개는 개당 5백 달러를 호가하는 가격에 팔렸다. 몰은 상인들 중에는 화석 발굴시 가장 먼저 박물관이나 연구기관에 알려야 한다는 암묵적인 합의를 무시하고 비싼 값을 쳐줄 구매자에게 몰래 팔아버리는 사람들도 있다고 주장한다. 따라서 중요한 표본들이 과학자들에게 알려지기도 전에 개인 소장가의 손에 넘어가버리는 경우도 많았다. "과학계에 커다란 손실이 아닐 수 없습니다."

화석에 대한 지식이 쌓여갈수록 몰은 바다에서 발견된 화석에서 전문가들이 찾아내지 못한 문제점을 지적할 수 있게 되었다. 그 중 가장 훌륭한 업적은 1993년 〈네이처*Nature*〉지에 실린 논문에 대한 반론이었다. 〈네이처〉지는 그해 발견된 매머드에 대해 소개하면서 이것이 난쟁이매머드 수컷들의 사체라고 했다. 북부 시베리아 해에 있는 랭겔 섬에서 불과 3천7백 년 전에 죽었다고 알려진 이 매머드들의 뼈를 살펴본 몰은 이 뼈가 털북숭이매머드 암컷의 뼈라는 것을 알아냈다. 코끼리와 마찬가지로 매머드 암컷도 수컷보다 크기가 작다. "과학자들은 보통 새롭고 굉장한 것을 발견하고 싶어합니다. 그리고 일단 학계에 발표하고 나면 도통 고치려 들지 않습니다." 몰은 어린 수컷이라는 견해가 잘못됐다는 것을 밝히기 위해 최선을 다했다. 1999년 그는 로테르담에서 열린 제2회 국제 매머드 회의에서 자신의 생각을 발표했다. 그 결과 캘리포니아의 채널 군도만이 난쟁이매머드의 유일한 발굴지로 인정받게 되었다.

또한 그는 북해에서 발견된 화석 표본이 모두 세 종의 매머드로, 밝혀진 연도보다 적어도 수백만 년 전에 죽은 매머드 사체라는 것을 알아냈다. 몰은 표본을 발견한 어부를 찾아가서 그 표본들이 정확히 어디에서 발견됐는지 알아냈다. 그 결과 각 종이 발견된 위치를 표시한 정확한 지도를 작성할 수 있었다. "이제 정확히 매머드들이 어디에 묻혀 있었는지 알 수 있게 됐지요." 몰이 말했다.

북해 매머드 뼈를 통해 몰과 그의 동료들은 유라시아 매머드의 진화 과정을 밝혀낼 수 있었다. 맨 처음 매머드가 출현한 곳은 북아프리카로 대략 4백만 년 전이었다. 몰은 이 매머드에게 아프리카매머드*Mammuthus africanavus*라는 이름을 붙여주었다. 이 아프리카매머드는 한때 유럽과 아시아를 연결해주던 좁은 육지였던 지브롤터 해협이나 시나이 사막과 중동 지역을 거쳐 북쪽으로 이동했다. 아프리카매머드는 플라이스토세가 시작될 무렵인 180만 년 전에 멸종되고 새로운 종이 나타나기 시작했다. 이 종이 남반구매머드*Mammuthus meridionalis*이다. 그러나 이 종은 그 이름과는 달리 남반구에 도착하지 못하고 나무가 적고 온난 건조한 사바나 기후에 적응했다. 남반구매머드의 크기는 어깨까지의 높이가 약 4.2미터 정도였다. 이 종은 나중에 출현한 후손 종보다 더 작고 납작한 이빨을 갖고 있었다. 이빨 수도 더 적었다. 이는 남반구매머드가 풀보다 잎이나 가지를 더 좋아하며 산림 지대에 살고 있는 먼 사촌 종인 마스토돈(플라이스토세까지 다양한 형태로 생존했던 멸종한 코끼리를 통틀어 이르는 말/옮긴이)과 같은 먹이를 먹었다는 것을 알려준다.

이 두 종의 원시 매머드 화석은 북해의 특정 지역, 주로 딥 워터 해협을 남북으로 가로지르는 지역에서 발견된다. 이 매머드들은 대략 플라이오세(신생대 제3기의 마지막 시기로 약 5백만 년 전부터 2백만 년 전까지의 시기/옮긴이) 말기에서 플라이스토세 초엽에서 중반까지 번성한 것으로 추정된다. 이 매머드들의 뼈는 연대가 너무 오래되어 방사성 연대측정법으로는 밝혀낼 수 없으며 저인망으로 건져낸 뼈가 정확히 어디에 묻혀 있었는지 알 수 없기 때문에 매머드가 묻혀 있던 주변 토양의 연대를 측정하는 방법도 사용할 수 없다.

따라서 이 두 매머드의 생존 연대를 측정하는 가장 좋은 방법은 함께 건져 올린 해저 토양에 묻혀 있던 다른 동물들과 비교해보는 것이다. 예를 들어 오스터스헬더의 해저 지층은 대략 160만 년에서 180만 년 전에 형성된 것으로 추정된다. 티글리안Tiglian이라고 불리는 이 시기에 네덜란드와 영국 사이에 놓인 북해의 남쪽만은 건조한 육지로 남반구매머드, 작은 마스토돈, 큰뿔사슴과 같은 초식동물과 그들을 잡아먹는 육식동물 검치호랑이가 서식하고 있었다. 또 190만 년 전에 형성됐다고 추정되는 프랑스 실락chilhac 지방은 아난쿠스Anancus라고 불리는 하마 비슷한 크기의 몸집에 약 4미터나 되는 길고 곧은 엄니를 가진 마스토돈과 남반구매머드가 살고 있었다. 이 두 종의 화석이 동시에 발견되는 곳은 지구상에서 오스터스헬더밖에 없다. 따라서 몰과 그의 동료들은 이 두 곳이 같은 시기에 형성된 것으로 보고 있다.

플라이스토세 초기에 아난쿠스와 세발가락말(현대 말은 발가락이 한 개인 발굽의 형태를 하고 있다)을 비롯한 여러 종이 멸종됐다. 그 결과 남반구매머드 같은 종의 서식 환경이 좋아져 그 뒤 약 2백만 년 동안 매머드는 유럽 전역과 북부 아시아로 퍼져나갔고 지금은 베링 해 밑으로 가라앉은 베링 육교—전체 면적이 미국의 반 정도로 아시아와 북아메리카 대륙에 연결된 커다란 육지—를 지나 아메리카 대륙으로 건너갔다. 몰은 북반구에 빙하기가 찾아오자 날씨는 점점 더 추워지고 건조해졌다고 했다. 대략 70만 년 전에서 12만 5천 년 전인 플라이스토세 중엽, 푸르게 우거진 사바나 지대 대신 거친 스텝 지대가 들어서게 되었다. 몰은 유럽 전역이 방대한 스텝 지역이 되면서 남반구매머드가 멸종되고 대신 스텝매머드*Mammuthus trogontherii*가 출현했다고 말한다. 이 스텝매머드는 추운 지방에 효과적으로 적응했다. 남반구매머드의 이빨은 플레이트 판 십여 개를 압축해놓은 것 같은 두께였으나 스텝매머드는 에나멜 층이 두껍고 좀 더 큰 이빨을 갖고 있었다. 따라서 스텝 지역의 거친 풀을 갈아먹기에 적합했다.

약 30만 년 전, 유라시아의 어딘가에서 스텝매머드가 털북숭이매머드*Mammuthus primigenius*로 진화하는 사건이 일어났다. 이 털북숭이매머드는 서쪽으로 스페인까지 퍼져갔고 남반구매머드처럼 베링 육교를 지나 신대륙으로 건너갔다. 점점 더 극한 상황에 적응해야 했던 털북숭이매머드의 이빨은 보다 더 거친 풀을 먹기 위해 점점 더 단단해져갔다. 남반구매머드보다 거의 두 배 가까이 두꺼운 어금니를 갖고 있었지만 몸집은 두 배 정도 작아졌다. 털북숭이매머드의 몸집은 어깨까지의 높이가 평균적으로 2.7미터 정도였다. 또한 특이한 솜털과 솜털을 덮는 길고 뻣뻣한 털이 온몸을 덮고 있었다. 북해 브라운 뱅크의 대륙붕에는 털북숭이매머드를 비롯한 플라이스토세 말기의 동물 화석이 풍부하게 묻혀 있다.

유라시아 매머드 가계에 대한 계통수를 모두 완성한 몰과 과학자들은 매머드가 멸종하게 된 원인에 관심을 돌렸다. 한때 유라시아와 북아메리카 전역을 누비던 수많은 털북숭이매머드가 빙하기 말에 갑자기 멸망해버린 이유는 아직까지 밝혀지지 않고 있다. 털북숭이매머드와 같은 시대에 번성했던 순록과 사향사슴은 아직까지도 그대로 살아 있는데 말이다. 털북숭이매머드가 멸종된 원인에 대해서는 의견이 분분하다. 어떤 과학자들은 환경의 변화를 그 원인으로 보고 있고 사냥이나 질병으로 멸종됐다고 보는 사람도 있다. 이 문제를 풀기 위해서는 땅 속에 묻혀 있는 매머드를 발굴해보는 수밖에 없다.

시베리아에서 자코프가 발견한 타이미르 매머드는 매머드가 번성했던 시대에 죽었기 때문에 멸종 원인을 밝히는 데 도움이 되지 않는다. 하지만 적어도 타이미르 매머드는 인간의 사냥 때문에 죽은 것은 아니었다.

만약 인간이 매머드를 사냥한 것이라면 매머드의 뼈는 마치 푸줏

간처럼 여기저기 널려 있어야 한다. 북아메리카에는 이런 사냥의 흔적을 많이 발견할 수 있다. 그러나 시베리아에서는 인간의 흔적을 거의 찾을 수 없다.

그러나 타이미르 매머드가 온전히 보존된 상태라면 비교적 최근에 죽은, 즉 매머드 개체수가 갑자기 줄어든 1만 년 전후의 매머드들의 죽음을 규명하는 척도로는 사용될 수 있다. 매머드가 질병으로 죽었다고 생각하는 과학자들은 타이미르 매머드의 허파나 혈관, 그 밖의 다른 조직에서 감염의 흔적을 찾으려고 노력했다. 그런 과학자들은 초기에는 그다지 위협적이지 않았던 병원체가 매머드 전체로 퍼지면서 진화한 결과 매머드를 멸종시켰다고 생각한다. 몰이 주목한 것은 매머드 위장에 들어 있는 반쯤 소화된 먹이였다. 과학자들은 이 먹이를 통해 매머드가 살았던 2만 년 전의 타이미르 반도의 모습을 추정해볼 수 있었다. 만약 타이미르 매머드보다 후대에 나타난 매머드 위장에 영양분이 적게 들어 있고 영양 상태가 나쁘다면 바뀐 환경에 적응하지 못하고 먹이를 찾는 데 실패해서 멸종된 것으로 볼 수 있다. 네덜란드의 몰을 비롯한 많은 과학자들이 매머드 멸종의 원인을 먹이에서 찾고 있다. 기묘하게도 이런 생각은 북해 반대편에 살던 귀족 한 사람이 1세기 전에 주장한 것이었다. 그는 매머드가 멸종된 원인이 급격한 기후 변화 때문이라고 했다.

매서운 추위

조르주 퀴비에가 멸종한 매머드를 분류하자마자 사람들은 한 가지 의문점을 갖기 시작했다. 바로 왜 이 거대한 생명체가 멸종하게 되었는가 하는 것이었다. 과연 이 경이로운 생명체에게 닥친 재앙은 무엇이었을까? 19세기에 매머드 멸종 가설 세 가지 중 첫번째가 등장했다. 바로 급격한 기온 변화에 적응하지 못하고 결국 멸종해버렸다는 가설이었다.

1800년대 중반, 대부분의 지질학자들은 동일과정설uniform-itarianism을 지지하고 있었다. 동일과정설이란 자연의 법칙은 과거에도 현재와 같았고 앞으로도 변하지 않는다는 가설이다. 이 가설을 주창한 사람은 영국의 지질학자 찰스 라이엘경Sir Charles Lyell이었다. 그는 "현재 지구에 작용하여 지질 구조를 바꾸는 물리적인 힘은

면 옛날과 비교할 때 종류와 강도 면에서 변한 것이 하나도 없다"라고 주장했다.

환경은 끊임없이 변한다. 절벽은 파도에 의해 끊임없이 침식되고 나뭇잎은 떨어져 썩어 흙으로 돌아간다. 지진은 대륙을 갈라놓고 화산에서 흘러내린 용암은 단단한 육지로 변해간다. 이 같은 자연의 법칙은 언제나 불변의 법칙으로 자리잡고 있다.

그러나 고대 유물학자인 헨리 호워스 경Sir Henry H. Howorth은 자연은 사람들이 생각하는 것보다 훨씬 더 잔인해질 수 있다고 생각했다. 그는 달에 생긴 많은 분화구의 생성 원인을 생각해보라고 했다. 매끈한 달 표면에 생긴 분화구는 어쩌다가 우연히 생긴 것이 아니다. 분화구의 생성이 비교적 최근에 일어난 점진적인 지질학적 변화가 원인이 됐다는 것은 어른들의 얼굴에 나 있는 곰보 자국을 생각해보면 알 수 있다. 어른이 되면 얼굴에 난 곰보 자국이 언제나 있었던 것처럼 느껴지지만 사실 알고 보면 그 곰보 자국은 어린 시절 홍역을 앓고 난 결과이다. 달의 분화구도 홍역의 결과 생긴 곰보 자국처럼 뭔가가 와서 표면을 강타했기 때문에 생긴 자국이다.

호워스는 매머드 멸종 원인이 고대에 발생한 지각 대변동이라고 주장하면서 동일과정설을 반박했다. 1880년대 초반 발간된 〈지질학지*Geological Magazine*〉에서 호워스는 큰비 때문에 발생한 대홍수가 매머드와 같은 시대에 살았던 털북숭이코뿔소 등 한꺼번에 여러 종을 멸종시켜버렸다고 주장했다. 비가 멈추고 물이 줄어들자 진창에 빠져 죽은 사체는 툰드라 지대에 생긴 균열층 사이로 빠져 들어갔다. 그 뒤 불과 며칠 만에 온도가 급격히 내려갔고 빠져죽은 사체는 그대로 얼어버렸다. 호워스는 시베리아를 탐험하고 돌아온 사람들의 기록을 그 근거로 들었다. 기록은 매머드와 하마의 사체에는 익사하거나 질식사한 흔적이 자주 보인다고 적혀 있다.

호워스는 야쿠츠크 부근의 두꺼운 모래층과 옥토의 생성 원인을 기록한 한 탐험가의 주장을 자세히 언급하고 있다. 그 탐험가는 "이 토양층은 한꺼번에 물에 쓸려와 쌓인 것으로 북극 대륙 전부를 포함해 북극해까지 닿을 만큼 거대한 지역을 덮고 있다"고 했다. 매머드 멸종 원인에 대한 호워스의 급진적인 주장은 17세기 시베리아 원주민들의 주장과 일치한다. 호워스는 노아의 홍수 때 사라진 매머드에 대한 전설이 시베리아에 전해 내려오는 것일지도 모른다고 생각했다.

호워스는 자신의 주장이 쉽게 받아들여지지 않으리란 것을 잘 알고 있었다. 당시에는 노아의 홍수와 같이 신학적인 관점에서 과학을 바라보는 학자는 찰스 다윈의 진화론을 신봉하는 과학자들과 한판 전쟁을 벌여야 했다. 호워스는 기꺼이 싸울 준비가 되어 있었다. 그는 1887년 발표한 논문 「매머드와 노아의 홍수The Mammoth and the Flood」에서 "나는 반발도 충분히 예상하고 있었고 기꺼이 받아들일 준비도 되어 있었다"라고 했다. 그는 독자들에게 과학적 독단에 빠져서도 안 되며 신학적 독선에 빠져서도 안 된다고 경고하고 있다. "성서도 다른 책과 마찬가지로 비교하고 분석할 수 있어야 한다. 단지 성서에 씌어 있다는 이유로 무조건 신화라고 배척해버리는 것은 어리석은 일이다." 호워스가 노아의 홍수에 관한 성서의 내용을 그대로 믿는 것은 아니었다. 그러나 고대 이집트 신화를 포함해서 많은 민족의 전설 속에 홍수 이야기가 나오는 것으로 보아 실제로 고대 어느 땐가 홍수가 일어났을 것으로 생각했다. "홍수에 관한 여러 민족의 이야기를 살펴보면 이들은 한결같이 인간이 기억할 수 없는 먼 옛날 홍수가 일어나 많은 생물을 쓸어가버렸다고 한다." 호워스의 말이다.

라이엘같이 완고한 동일과정설 옹호자들도 북부 시베리아에서 발견되는 매머드가 홍수나 다른 자연재해로 죽었다는 의견에는 동의하고 있다. 다만 라이엘은 극지방에서 발견된 사체들은 극지방보다 좀 더 쾌적한 서식지인 중앙 아시아에 살던 동물들로 시베리아 북쪽에 위치한 강물이 범람할 때 쓸려온 것으로 생각했다. 현재 기후는 선사 시대의 기후를 반영한다고 생각하는 라이엘을 비롯한 많은 과학자들은 시베리아는 매머드가 살기에 적합한 지역이 아니라고 주장한다. 그들은 북극의 기후가 아주 춥기 때문에 "야생 순록들은 숲 속 깊은 곳으로 숨어들어가 마치 죽은 것처럼 꼼짝하지 않는다"고 한 19세기 러시아 탐험가 브랑겔Ferdinand Petrovich von Wrangel의 말을 인용했다. 따라서 매머드처럼 큰 체중을 유지하기 위해 끊임없이 먹어야 하는 동물은 북극처럼 황량한 지역에서 살 수 없다는 것이 그들의 주장이었다.

호워스가 논문을 발표했을 때 그의 주장에 공감한 몇몇 학자들은 대규모 홍수를 일으킨 원인을 기이한 기상 현상에서 찾으려고 했다. 1888년 브라운로 메이틀런드Brownlow Maitland는 〈계간 리뷰*Quarterly Review*〉에서 "한때 뜨겁게 달아오르던 지구가 천천히 냉각되면서 수축되는 과정을 생각해보자"고 했다. 지구 내부가 수축하는 동안 외피가 수축하지 않으면 그 사이에 공간이 생긴다. 공간이 커지면 결국 지각이 무너져 내려 해양에 거대한 파도를 일으키게 된다. 이 파도가 주변 육지를 집어삼킨다. 이때 매머드가 멸종했다.

그러나 과학자들은 대부분 노아의 홍수에 대한 호워스의 생각을 비웃었다. 과학자들은 매머드에 대한 지식을 집대성한 도상학적인 호워스의 업적은 인정하고 있었다. 그러나 한 지질학자가 불평한 것처럼 "호워스의 결론은 그 사실 여부가 전혀 입증되지 않은 것으로 지질학자들의 의견과 완전히 상반된 것이다. 호워스의 견해가 사실로 밝혀지려면 아주 오랜 시간이 경과해야 할 것이다"라고 생각하는 학자들이 많았다. 그들은 북반구의 기온이 며칠 사이에 갑자기 떨어질 리가 없다고 생각했다. 따라서 호워스가 주장한 익사한 매머드가 급속히 냉동됐다는 가설은 받아들여지지 않았다. 지질학 교수인 보이드 도킨스W. Boyd Dawkins는 자신과 상반된 주장을 하는 호워스를 비난하면서 "물론 우리는 법정에 출두한 것이 아니다. 그러나 호워스는 내가 과학의 법정에 나가 그를 고발할 수밖에 없게 만든다"라고 했다. 과학자들 대부분은 호워스의 가설을 우화 이상으로는 생각하지 않았다. 따라서 그의 가설은 점차 세인들 사이에서 잊혀져갔다. 러시아의 매머드 연구가인 톨마초프는 1923년에 죽은 이 가설의 창시자를 고독하지만 열정적이었다고 말한다. 한때 슈투트가르트의 독창적인 과학자 한스 크라우제Hans Krause가 호워스의 가설을 새롭게 부활시키려고 노력했지만 결국 실패로 끝났다.

그러나 1993년 컬럼비아 대학의 과학자 두 명이 선사 시대에 실제로 대홍수가 났었다는 증거를 찾아냄으로써 호워스의 가설은 새롭게 주목받게 되었다. 약 7천 년 전에 일어난 대홍수가 육지의 좁은 땅으로 흘러 들어와 바닷물인 지중해를 민물인 북해로부터 갈라놓았다. 나이아가라 폭포를 백 개쯤 합친 듯한 굉음을 내던 물이 지금은 보스포러스 해협이 된 곳으로 흘러들어와 북해의 낮은 해수면을 하루에 약 1,609킬로미터 이상 상승시켰다. 지금은 바닷물이 된 북해의 해안을 초음파로 검사해본 결과 실제로 노아의 홍수를 비롯한 여러 민족의 전설에 나오는 홍수에서 언급한 높이까지 물이 찼었다는 것이 밝혀졌다.

그러나 호워스의 가설이 모두 맞아떨어진 것은 아니었다. 사실 북해에 발생한 대홍수는 매머드 멸종과는 관계가 없었다. 이 대홍수는 스텝매머드가 멸종된 후 적어도 2천 년이 지난 뒤에 일어난 일이다. 또한 홍수가 일어난 지역도 현대 우크라이나의 저지대와 북해 부근에 인접한 육지 정도였다.

1800년대 영국에서 하마 화석이 발견되자 자연은 언제나 변하며 과거의 기후는 현재와 전혀 다르다고 한 호워스의 주장이 인정받기 시작했다. 플라이스토세 멸종 동물 전문가인 폴 마틴Paul Martin은 이 하마의 화석은 사람들에게 '어떻게 트라팔가 광장(영국 런던 중심부에 있는 광장/옮긴이)에서 하마 같은 열대성 동물의 뼈가 나올 수 있는가' 하는 의문을 갖게 했다고 한다. 따라서 과학자들은 영국의 기온이 예전에는 좀 더 따뜻했을 거라는 결론을 내렸다.

그러나 추운 시절도 있었을 것이다. 만일 기후 변동이 급격히 일어났다면 매머드처럼 아무 준비도 하지 못한 동물들은 어떻게 되었을까? (동일과정론과 대비되는) 수정론을 이끈 과학자는 헨리 뉴빌 Henri Neuville이었다. 뉴빌은 1910년 파리 박물관의 비교해부학 연구소에서 매머드 생리학을 개척한 사람이었다. 그가 매머드 멸종 원인을 밝히려고 노력하게 된 계기는 우연히 찾아온 특별한 기회 때문이었다.

1907년 러시아의 지질학자 콘스탄틴 볼로소비치Konstantin Vollosovich는 러시아 북부 해안, 뉴시베리아 군도의 볼쇼이 야호프스키 Bolshoi Lyakhovsky 섬에서 작은 수컷 매머드 사체가 발견됐다는 제보를 들었다. 그는 그 매머드를 발굴하기 위해 막대한 돈을 빌려야 했다. 썰매를 끌 개가 부족했기 때문에 약 2천4백 킬로미터 떨어진 야쿠츠크까지 가는 일정이 턱없이 길어졌기 때문이었다. 피부 조직과 귀, 눈과 털 뭉치까지 거의 모든 부분이 완벽하게 보존된 그 매머드 사체에서 가장 눈길을 끄는 부분은 털 색깔이었다. 매머드의 털 색깔은 지푸라기처럼 노란색부터 회색과 갈색에 이르기까지 아주 다양했다. 볼로소비치는 동사한 매머드가 여름옷을 벗고 겨울을 나기 위해 털갈이하던 중 죽은 것이라고 생각했다. 1910년 볼로소비치가 발견한 매머드는 그때까지도 냉동실에 안전하게 보관돼 있었지만 그가 왕립과학협회에게 빌린 탐사 비용은 갚지 못하고 있었다. 그러자 볼로소비치의 친구인 이반 스텐보크 페르모 백작이 그를 대신해 빚을 갚아주기로 했다. 그러나 스텐보크 페르모 백작은 마음을 바꿔 그 매머드를 프랑스 파리에 있는 식물원Jardin des Plants에 기증해버렸다. 볼로소비치가 죽기 전 그를 인터뷰했던 톨마초프는 그 이유를 들을 수 있었다. "페르모는 매머드처럼 굉장한 유물을 기증하면 레지옹 도네르Legion d' Honneur 훈장을 받을 수 있을 거라고 생각했지요. 레지옹 도네르 훈장을 받은 사람은 장례식에 군악대가 와서 연주한답니다."

이 예상치도 않았던 선물을 받은 파리 박물관은 그때부터 보존 상태가 양호한 매머드 피부 조직을 약간 갖게 되었고 가장 완벽한 매머드를 찾아낸 러시아는 영원히 그 소유권을 상실하게 되었다. 매머드의 피부 조직을 검사하는 일은 뉴빌이 맡게 되었다. 조직을 검사하던 뉴빌은 그때까지 과학자들이 잘못 생각하고 있었다는 것을 알게 되었다. 검사 결과, 매머드의 피부는 수세대를 거치는 동안 추위에 견딜 수 있도록 두껍게 변했다는 것이 밝혀졌다. 즉 매머드의 피부도 코끼리처럼 아주 두꺼운 형태를 하고 있었다.

뉴빌은 이 두꺼운 피부가 매머드에게 아주 불리하게 작용했다고 주장했다. 현미경으로 살펴본 피하 조직은 코끼리와 마찬가지로 지방을 분비하는 피지선이 적게 분포해 있었다. "알다시피 피지선에서 분비되는 피지는 털을 지탱하고 서로 엉키지 않게 하는 역할을 합니다." 포유동물은 대부분 피지선이 잘 발달돼 있다. 피지선이 발달되지 못한 동물은 거의 없으며 그나마도 열대 지방에 모여 있다. 뉴빌은 코끼리를 제외하면 중남미 아메리카에 서식하는 두발가락나무늘보와 아프리카의 황금두더지만이 피지선이 적게 발달했다고 말했다. 이 중 두발가락나무늘보는 추위와 습도에 극도로 예민하게 반응한다. 따라서 피지가 적게 분비되는 매머드의 털은 추위를 효과적으로 막지 못했을 거라는 것이 뉴빌의 주장이었다. 그로부터 70년 후 소련의 과학자들은 뉴빌의 주장이 틀렸다는 것을 알아냈다. 실험 결과 매머드는 아주 많은 피지선을 갖고 있었다는 것이 밝혀진 것이다. 플라이스토세 동물 전문가 파벨 푸시코프Pavel Putshkov는 "매머드는 방수가 잘 되는 털과 피부를 가지고 있었습니다"라고 말한다.

그러나 매머드의 엄니는 매머드가 추위를 견딜 수 없었을 거라는 뉴빌의 주장을 뒷받침하는 것처럼 보였다. 다 자란 수컷 매머드의 엄니는 코끼리의 엄니가 일자로 길게 뻗어 있는 것과는 달리 안쪽으로 구부러져 있으며 길이도 코끼리보다 길다. 자신만의 고유 영역이 있고 호전적인 코끼리 수컷은 암컷을 차지하기 위해 엄니를 휘둘러 다른 수컷과 싸우는 경우가 자주 있다. 따라서 항상 엄니를 곧고 날카롭게 다듬기 위해 나무에 문질러댄다. 그러나 북부 시베리아에는 엄니를 날카롭게 갈 수 있는 나무가 거의 없다. 뉴빌은 매머드 엄니가 아무렇게나 자란 것은 나무가 부족했기 때문이라고 생각했다. 그는 매머드 엄니가 "날카로운 무기는커녕 그저 거추장스러운 장식품이었을 뿐"이라고 했다.

매머드 엄니의 용도에 대해서는 아직까지도 의견이 분분하다. 아프리카코끼리는 나무를 뽑아 길을 만들고 소금이나 그밖에 생존에 필요한 다른 무기물을 얻기 위해 동굴 벽을 긁는 데 사용한다. 수컷이라면 짝짓기 시기에 다른 경쟁자를 물리치는 무기나 포식자를 쫓아내는 데 사용하기도 한다. 그러나 완전히 굽어 있는 매머드 엄니는 적을 위협하거나 공격하는 데 전혀 도움이 되지 않는다. 다 자란 수컷이 엄니로 할 수 있는 일이라고는 풀밭에 쌓인 눈을 치우는 정도였을 거라고 과학자들은 생각한다. 그러나 어린 매머드라면 아직 다 자라지 않은 엄니를 이용해 겨울철에 얼음을 깨트리고 물을 먹을 수 있었다는 것이 깨지고 부서진 어린 수컷의 엄니를 살펴본 결과 확인되었다.

20세기 초반, 매머드가 눈보라 치는 툰드라 지대를 어슬렁거리며 활보했을 거라는 일반인들의 생각과는 달리 뉴빌은 매머드가 거친 환경에서 살아남기 위해 혹독한 투쟁을 해야 했다고 말한다. "눈과 얼음 섞인 비가 매머드를 덮고 있는 털 위에 쌓였을 겁니다. 그렇게 되면 털 자체가 커다란 얼음 외투가 돼버립니다. 이 얼음 외투는 털로 덮인 부분뿐 아니라 그 밑의 피부까지 꽁꽁 얼어붙게 만듭니다." 뉴빌은 인간의 귀와 비슷한 작은 귀만이 유일하게 추위에 적응한 형태라고 말했다. 가장 커다란 매머드의 귀도 30센티미터 정도밖에 안 된다. 아프리카코끼리의 귀는 적어도 1.8미터가 넘는다. 뉴빌은 매머드 표본을 그다지 많이 접해보지 못했으면서도 매머드의 멸종이 혹독한 날씨에 적응하지 못했기 때문이라고 결론지었다.

오늘날 매머드가 대빙하기 말의 급격한 기후 변화 때문에 멸종했다고 주장하는 과학자들은 뉴빌의 주장이 어느 정도 사실에 가깝다고 말한다. 그 이유는 첫째, 오늘날 지구의 환경은 계속 바뀐다는 것이 밝혀졌고 플라이스토세 말기에 매머드를 비롯한 여러 종이 한꺼번에 멸종되었다는 사실을 들 수 있다. 몸무게가 10킬로그램 이상 나가는 종만 보아도 빙하기 말에 유라시아에서 멸종된 동물은 28종이나 된다. 북아메리카의 상황은 더 나빠서 48종이 멸종됐다. 두 대륙에서 무게 50킬로그램 이상 나가는 멸종된 거대 동물은 4종당 1종 꼴로 사라졌다. 매머드뿐 아니라 마스토돈과 검치호랑이, 자이언트땅늘보giant ground sloth, 플라이스토세 말 등이 멸종됐다. 그러다 갑자기 멸종이 중지됐다. 그 뒤 1만 년 동안 기후 변화가 별로 없었고 북 · 남미 아메리카 대륙 전역의 포유류는 한 종도 사라지지 않았다. 유라시아에서도 멸종된 포유류는 사향사슴 한 종뿐이었다.

대빙하기 말에 일어난 멸종의 특징은 한꺼번에 많은 생물 종이 갑자기 사라졌다는 것 외에도 생물이 처음 지구에 출현한 뒤 6억 년 동안 한꺼번에 거대한 동물이 5종이나 사라진 유일한 시기라는 것이다. 따라서 플라이스토세 말기는 대량 멸종이 있었던 시기가 아니라 거대 종의 멸종이 있었던 시기라고 보는 과학자도 있다. 그러나 좀 더 자세히 관찰해보면 플라이스토세 말기에는 이름도 알 수 없는 생물 종이 무수히 사라져갔다는 것을 알 수 있다. 매머드를 비롯한 빙하기 동물들이 어떤 알 수 없는 힘에 의해 갑자기 사라져버린 것이다.

그에 대한 해답을 거대 육지동물을 포함한 동물들의 두 번의 대량 멸종을 비교해봄으로써 찾을 수 있을지 모른다. 생물계의 대량 멸종 중 가장 규모가 큰 재앙은 페름기 말기였던 2억 5천만 년 전에 일어났다. 이 시기에 바다생물의 90퍼센트가 멸종하고 그 뒤를 이어 공룡과 포유동물이 번성하기 시작했다. 당시 지구는 판게아Pangea라고 불리는 하나의 거대한 육지로 이루어져 있었다. 바다생물의 90

퍼센트를 삼킨 생물계의 대재앙을 판게아 설과 연관짓는 과학자들은 바다 속에서 마그마가 맨틀을 뚫고 쏟아져 나온 뒤 땅 위로 솟아올라 판게아를 오늘날과 같이 일곱 개의 대륙으로 갈라놓았다고 한다. 이 마그마는 육지를 뒤덮었고 화산에서 뿜어져 나온 연기와 먼지는 대기를 뒤덮었다. 그 뒤 몇 년 동안은 이 스모그 때문에 햇빛이 지상에 도달할 수 없었다. 햇빛이 부족해지자 식물들은 광합성을 하지 못하고 죽어갔다. 식물이 죽자 동물이 살아갈 산소가 부족해지고 이산화탄소를 비롯한 온실 가스가 대기를 메우게 되었다. 그러자 기온이 상승하기 시작했다. 화산 활동이 멈추고 살아남은 소수의 생물들이 다양한 생물 종으로 분화하기 시작한 것은 그로부터 수백만 년이 지난 후였다.

해양 미생물에서부터 공룡에 이르기까지 지구가 품고 있던 생물 종 중 거의 70%에 해당하는 생물군이 멸종된 것은 그로부터 1억 8천6백만 년이 지났을 때였다. 지구에는 또 한번의 참사가 일어났는데 페름기 말과 비슷한 일이 또 한번 반복된 것이다. 온도가 갑자기 올라가고 광합성이 멈춰버렸다. 이번에는 지구 내부가 아니라 지구 밖에서 온 재앙이었다. 멕시코 유카탄 반도 부근 바다에 거대한 운석이 떨어진 것이다. 이때 생긴 먼지 구름이 햇빛을 가려 많은 생물들이 죽었다.

이 두 재앙의 공통점은 지구의 기온이 갑자기 변했고 그 때문에 식물들이 제 기능을 하지 못했다는 것이다. 건물을 지탱하는 기둥에 다이너마이트를 설치하고 터트리면 전체 건물이 무너져 내리는 것처럼 기온이 변해 먹이사슬의 가장 밑에서 생태계를 유지하는 식물이 사라지면 전체 생태계도 균형을 잃게 된다. 산소와 먹이를 제공하는 생산자인 식물이 사라지면 소비자인 동물들도 결국 죽고 만다.

신생대 제4기 중 초반에 해당하는 플라이스토세 지층에서는 거대한 화산 활동도 운석이 떨어진 흔적도 찾을 수 없다. 그러나 이 시기에 원인을 알 수 없는 갑작스러운 기온 변화가 있었다는 것은 분명하다.

플라이스토세 2백만 년 동안 지구는 추운 얼음집에서 뜨거운 온실로 바뀌기를 적어도 20번 이상 반복했다. 기온이 내려가면 극관은 적도를 향해 확장되었다가 최대로 확장되면 다시 후퇴했다. 한번 기온이 내려가면 4만 년에서 10만 년 정도 빙하기가 계속되었고 빙하기 사이에 따뜻한 간빙기가 반복되었다. 기후 변화가 이렇게 빈번했지만 이 시기에 멸종한 포유동물은 거대 포유류뿐만 아니라 소형 포유류도 한 종도 없었다. 과학자들에게는 그것이 더 이상한 일이었다. "정말 불가능한 일입니다." 애리조나 대학의 생태학자 폴 마틴의 말이다. "오랜 기간에 걸쳐 기온이 상승했다가 하강하고 다시 상승하면 지구의 생태 환경이 완전히 바뀌어버리기 때문입니다."

그러다 마지막 빙하기의 끝 무렵인 10만 년 전 아주 끔찍한 재앙이 일어났다. 빙하기가 한참 진행될 무렵, 북아메리카 전역을 덮고 있던 위스콘신 빙결Wisconsin Glaciation로 알려진 거대한 빙하가 오늘날의 몬태나와 캔자스, 펜실베이니아 등지로 퍼져나갔다. 스칸디나비아를 비롯한 북유럽의 여러 지역도 빙하에 파묻혔다. 북아메리카와 유럽, 그리고 북부 아시아의 비옥한 초원의 기온은 점점 더 하강하고 습도는 낮아졌다.

빙하기가 끝나가는 1만 년 전의 플라이스토세 끝 무렵이 되자 온도가 조금씩 올라가고 빙하가 물러가기 시작했다. 그러다 온도가 본격적으로 상승하기 시작했다. 관측 결과는 당시 기온이 20년에 섭씨 5도 정도 상승했다는 것을 보여준다. 지난 백 년 동안 지구 온난화를 일으킨 기온 변화가 섭씨 0.75도라는 것을 생각하면 아주 놀라운 기온 변화가 아닐 수 없다. 따라서 플라이스토세에서 충적세로 넘어오는 동안 갑자기 기후에 이상 현상이 일어나 생물 종이 대량으로 멸종한 것일 수도 있었다. 플라이스토세 말, 빙하에서 흘러내린 물에 강물은 넘쳐흐르고 해수면은 90미터 이상 올라갔다. 수만 년간 얼어 있던 북부 아시아의 토양이 따뜻한 여름이 되자 녹기 시작했다. 현재 영국과 네덜란드 사이에 있던 매머드 서식지는 북해로 변해버렸다.

"여기에 매머드 멸종 원인이 있었던 것이 아닌가 생각합니다. 플라이스토세에서 충적세로 넘어가는 동안 일어난 이상 기온 현상은 정상적인 빙하기 말과는 전혀 다른 양상을 띠었습니다." 안드레이 셰르의 말이다. 셰르나 상트페테르부르크 코마로프 식물원의 발렌티나 우크라인세바Valentina Ukraintseva, 알래스카 대학의 데일 거스리R. Dale Guthrie 같은 플라이스토세 말기의 '이상 기후설'을 주장하는 학자들은 날씨가 변하면서 비와 눈의 양이 많아지고 결국 매머드가 멸종하게 됐다고 생각했다. 이런 현상은 특히 시베리아에서 두드러졌다는 것이 그들의 주장이다. 항상 춥고 건조했던 스텝 지역—거스리는 이 지역을 매머드 스텝이라고 부른다—은 늪이 많은 툰드라 지대로 변해갔다. 툰드라 지대의 식물들은 비로 인해 토양의 영양분이 쓸려 내려가버리는 여름과 눈으로 덮인 겨울을 나야 했다. 그러다보니 점차적으로 툰드라 지대는 이끼와 영양분이 거의 없는 사초류들로 채워지기 시작했다. 식물들이 사라지자 식물을 먹이로 삼는 거대 초식동물들도 점차 사라질 수밖에 없었다.

이상 기후설을 뒷받침하는 또 다른 증거는 플라이스토세 말기에 나타나는 동물들의 신체 변화에서도 찾을 수 있다. 북부 시베리아에서 발견되는 매머드는 빙하기가 끝나갈수록 점점 더 작은 체구로 변해갔다. 1908년 초, 북부 시베리아에서 발견된 매머드 뼈를 살펴본 콘스탄틴 볼로소비치는 이 동물이 죽었을 때 충분히 먹지 못했기 때문에 나이에 비해 작은 체구를 하고 있다고 생각했다. 상트페테르부르크에 살고 있는 매머드 전문가 세르게이 바르탄얀Sergei Vartanyan은 이런 이상 기후는 갑자기 일어난 것이라고 생각했다. 바르탄얀은 기온이 상승하면서 북으로 올라온 침엽수림 때문에 매머드 스텝 지대는 점차 사라져갔다고 생각했다. 삼림 지대가 서식지를 잠식해오자 탁 트인 초원 지대를 더 좋아하는 매머드는 먹이를 놓고 서로 경쟁하게 되었고 그 결과 개체수가 감소했다는 것이다. 결국 줄어든 먹이가 매머드를 감소시켰다는 것이 바르탄얀의 생각이었다.

이런 그들의 생각을 입증하기 위해서는 빙하기 말엽, 매머드가 먹이 부족으로 고생했다거나 평균 몸집이 작았다는 증거가 되어줄 동사한 매머드 표본을 찾아내야 했다. 또한 매머드가 죽은 지역의 식물군이 풀이나 영양소가 풍부한 다른 식물에서 이끼나 사초류 식물로 바뀌었다는 증거도 찾아내야 한다. 이것은 결코 쉽지 않은 일이다. 사실 이상 기온을 신봉하는 과학자들은 자신들이 찾는 증거가 북아메리카에서는 나오지 않을 거라고 체념하고 있었다. 이 지역은 플라이스토세 말기에 매머드가 먹이 부족으로 고통받았다는 흔적이 전혀 없었다. 그러나 유라시아라면 달랐다. 바르탄얀과 그의 동조자들은 유라시아에서 이상 기온에 대한 흔적을 찾아냈다.

그러나 그 흔적은 매우 빈약한 것이었다. 식물군이 영양분이 풍부한 것에서 적은 것으로 천이(일정한 지역의 식물 군락이나 군락을 구성하고 있는 종들이 시간의 흐름에 따라 변해가는 현상/옮긴이)됐다는 바르탄얀의 주장은 빙하기가 끝나기 오래 전에 이미 유라시아 전역에서는 매머드가 사라지고 없었다는 증거 화석이 발견되면서 타격을 받게 되었다. 매머드는 아시아와 북아메리카에서 사라지기 전에 이미 유럽에서 자취를 감춘 것처럼 보인다. 또한 엄니에 나타난 증거를 가지고 이상 기온을 반박하는 학자들도 생겨났다. 동물계에서 가장 커다란 이빨인 엄니는 나무처럼 나이테가 나타난다. 미시간 대학의 고생물학자 대니얼 피셔Daniel Fisher는 매머드의 나이테는 "두 개골 깊숙한 곳에 있으며 모양은 원뿔을 쌓아놓은 것"처럼 생겼다고 설명했다. 나무의 나이테처럼 매머드 엄니의 나이테도 매머드의 나이나 영양 상태, 그날그날의 건강 상태 등 다양한 정보를 담고 있다. 피셔는 플라이스토세 말엽에 죽은 매머드와 아메리카마스토돈의 두꺼운 엄니는 이 동물이 아주 빨리 자랐으며 오늘날 영양 상태가 좋은 코끼리처럼 발육 상태가 좋은 어린 매머드라는 것을 알려준다고 말한다. 즉 굶주린 매머드라는 생각은 틀렸다는 것이다.

우크라이나의 수도 키예프에 살고 있는 동물학자 파벨 푸시코프는 이상 기후설을 가장 적극적으로 반박하는 사람이다. 그는 매머드가 먹이에 대한 유동성과 기후에 대한 적응력이 뛰어났다고 주장했다. 그는 1997년 번득이는 재치로 가득 찬 논문 「과연 지구 온난화가 매머드를 사라지게 했을까」에서 털북숭이매머드가 춥고 건조한 스텝 지역에 적응하며 살았기 때문에 다른 기후에서는 생존할 수 없었다는 주장은 잘못된 것이라고 했다. 그는 그 증거로 대빙하기가 한참 진행중일 때 매머드가 중앙 러시아 대평원에 있는 산림 지역에서 살았다는 것과 카프카스 산맥의 고산 계곡과 남부 크림 지방에서 발견되는 매머드 화석을 들었다.

푸시코프는 또한 논쟁을 불러올 법한 그럴듯한 가설을 제시했다. 그 가설은 털북숭이매머드에게 가장 적합한 서식처는 악티다Arctida라는 것이다. 악티다란 러시아 영구 동토층 연구가인 사벨리 토미르디아로Savelii Tomirdiaro가 플라이스토세에 시베리아 북부에 해당하는 지역에 있었을 것으로 추정한 가상의 땅이었다. 몇 년 동안 북극해에 위치한 뉴시베리아 군도에서 연구에 몰두하던 토미르디아로는 수천 년 동안 바람에 날린 모래가 얼어붙은 호수 위에 먼지가 쌓이는 것처럼 북극해 위를 떠다니는 얼음 위로 쌓였을 것이라고 주장했다. 모래가 높게 쌓이자 마침내 풀이 자라나 나무가 없는 방대한 초원, 악티다가 형성됐다는 것이 그의 주장이었다. 이 방대한 대륙은 시베리아 북쪽 해안에 위치한 랍테프 해까지 닿아 있었고 북아메리카와 유라시아를 잇는 베링 육교보다도 훨씬 넓은 지역에 접해 있는 베링 해까지 닿아 있었다. 이곳은 얼음으로 덮인 지역이기 때문에 겨울이면 섭씨 영하 100도까지 기온이 떨어졌지만 여름이면 무척 따뜻했을 것이다.

뉴시베리아 군도에서 찾아낸 플라이스토세 식물 화석은 악티다가 존재했다면 분명 러시아 본토의 건조한 스텝 지역보다는 풀이 무성하고 습도도 높은 지역이었다는 것을 말해주고 있다. 뉴시베리아 군도에서 발굴한 매머드 화석도 많은 수의 매머드들이 적어도 여름이면 이 북극해에 떠 있는 낙원에 모여들었다는 것을 입증하고 있다. 폴 마틴은 악티다처럼 높은 위도에서는 "겨울이 되면 매머드들은 오도 가도 못하고 몇 달 동안 그대로 주저앉았을 것이다. 추위를 견뎌내지 못하면 에너지가 떨어져 곧 죽게 된다. 아마도 매머드들은 겨울잠을 잔 것이 아닐까 싶다. 매머드들이 훌륭한 명상가인지 누가 알겠는가"라고 말했다.

푸시코프는 악티다 초원에서 크림 고산 지대와 중부 유럽의 산림, 그리고 북아메리카의 대평원에 이르는 넓은 지역을 아우르던 털북숭이매머드가, 플라이스토세와 충적세 사이에 일어난 기온 변화를 이기고 살아났을지언정 좁은 지역에 갇혀 살던 순록 같은 동물보다는 훨씬 더 기후에 대한 적응력이 뛰어났다고 말한다. 생태학적인 요구 때문에 실시된 아프리카 국립공원 조사에서도 이 같은 주장을 뒷받침하는 증거가 나왔다. 1960년에서 1961년, 그리고 1970년에서 1971년 사이에 케냐의 차보 국립공원Tsavo National Park에 심각한 가뭄이 들자 공원 내 코끼리들은 먹이를 찾기 위해 국립공원의 땅을 마구 파헤치고 다녔다. 코끼리는 뿌리와 구근뿐 아니라 나무 꼭대기에 있는 잎에 이르기까지 다양한 먹이를 먹었으며 말라버린 우물을 엄니로 파내거나 바오밥나무에 구멍을 뚫어 물을 찾아냈다. 결국 코끼리들은 공원 내 어떠한 동물보다도 훌륭하게 가뭄을 견뎌냈다. 매머드가 코끼리보다 식성이 까다롭다거나 영리하지 못했다고 누가 장담할 수 있겠는가?

푸시코프는 매머드가 습기가 많은 충적세의 겨울 날씨에 적응하지 못했다는 생각에도 이의를 제기한다. 물론 눈이 많이 내리면 행동에는 제약을 받았을 것이다. 그러나 생명에 위협을 줄 정도로 눈이 많이 내리는 경우는 그다지 많지 않다. 하물며 순록도 살아남았는데 매머드가 살아남지 못할 이유가 어디 있겠는가. 어떤 과학자들은 매머드가 걸어갈 때 내는 힘은 순록이 내는 힘보다 몇 배는 강했을 거라고 주장한다. 이것은 눈길에서 훨씬 더 유리하게 작용한다. 발바닥에 달린 두툼한 각질층으로 내리누르는 힘을 감소시킨 매머드는 그 강력한 힘으로 눈 속을 마치 트럭처럼 빠르게 내지를 수 있었을 것이다. "매머드는 살아 있는 크로스컨트리 산악자전거라고 할 수 있습니다. 매머드가 내달릴 수 없는 땅은 아무데도 없습니다." 푸시코프의 말이다.

그렇다면 눈 속에 파묻힌 먹이는 어떻게 먹을 수 있었을까? 아직까지 정확히 밝혀진 것은 없지만 푸시코프는 매머드가 엄니로 얼음을 깨고 그 밑에 숨어 있는 풀을 뜯어 먹었을 거라고 생각하고 있다. 그는 매머드가 그래야 한다면 언제라도 가지에 달린 어린잎과 나무껍질을 먹었을 거라고 생각했다.

어떤 과학자들은 매머드가 견딜 수 없을 정도로 환경이 나빠지면 좀 더 살기 좋은 곳으로 옮겨갔을 거라고 주장한다. 탐험가이자 익살꾼인 바셋 디그비Bassett Digby도 이런 주장에 동의했다. 그는 1923년에 발표한 글에서 "매머드가 너무 크고 멍청했기 때문에 퇴각하는 먹이를 따라 남쪽으로 갈 생각은 하지 못했다"라고 하는 것은 어리석은 생각이라고 했다. 그는 매머드가 무척 영리한 동물이라고 생각했다.

물론 매머드가 먹이를 찾아 수백 마일이나 되는 먼 거리를 이동했을 거라는 생각은 순전히 가설에 지나지 않는다. 이 가설을 입증하기 위해 매머드의 이빨에서 무기물을 분석해보려던 첫번째 시도는 실패로 끝났다. 스트론튬 동위원소의 함량비는 지역에 따라 다르게 나타나기 때문에 이빨에 쌓인 스트론튬을 분석하면 이 동물이 서식한 환경을 알아낼 수 있다. 1999년, 플로리다에서 발견된 58구의 매머드와 마스토돈의 어금니를 분석해본 결과 마스토돈은 북쪽에 있는 조지아까지 긴 거리를 이동한 흔적이 있었으나 매머드는 이동한 흔적이 전혀 없었다. 매머드가 이동했는지 아닌지를 밝히려면 좀 더 다양한 지역에서 연구가 행해져야 하겠지만 이상 기후설을 주장하는 과학자들은 비록 매머드가 이동한 게 맞다고 해도 이 거대한 이주 동물을 무너뜨린 것은 급격히 변한 기후 탓이라는 자신들의 주장을 굽히지 않았다.

그러나 기후 변화만으로는 이 거대한 빙하기 동물이 멸종한 이유를 설명할 수 없다. 플라이스토세 말경 한 떼의 사냥꾼 무리가 아시아에서 북아메리카로 넘어왔다. 이 사냥꾼 무리는 현재 알루샨 열도의 남쪽 산맥을 따라 연결된 지협을 건너 아메리카 대륙으로 건너왔다. 이상 기후설을 주장하는 과학자들은 이 사냥꾼들이 마지막 남은 매머드의 씨를 말려버렸다고 주장했다. 그러나 사냥꾼들이 신대륙으로 넘어온 것은 매머드가 한참 번성할 때로, 이들이 그 거대한 동물을 대량으로 학살했다고 주장하는 과학자들도 있었다.

신대륙에 부는 학살의 바람

아무리 춥고 습한 날씨였다 해도 매머드처럼 거대한 동물을 멸종시키기에는 역부족이라고 생각한 몇몇 과학자들은 1960년대 중반, 매머드를 멸종시킨 것은 포식자들의 소행이 아닐까 하는 생각을 하게 됐다. 과학자들이 주목한 포식자는 바로 우리 자신, 인간이었다. 과학자들은 약 3천7백 년 전, 매머드가 인간의 무차별적인 공격을 피해 아시아와 유럽을 떠나 북부 시베리아의 마지막 서식지 랭겔 섬으로 들어왔다고 주장했다. 그러나 서쪽에서 동쪽으로 진행된 매머드의 멸종과 인간의 이동은 그 시기가 조금 떨어져 일어났다. 따라서 인류의 조상이 매머드를 멸종시켰다고 단언하기는 어렵다. 그러나 북아메리카의 경우는 어느 정도 인간에 의한 매머드 멸종이라는 가설이 설득력을 갖는다. 1만 2천 년에서 1만 5천 년 전쯤에 한 떼의 인류 조상들이 베링 육교를 건너 신대륙으로 들어왔다.

이들이 대담무쌍한 탐험가 무리였는지 아니면 지협의 관목지대를 삼켜버린 바닷물의 범람으로 가족들과 헤어져야 했던 불행한 무리였는지는 아무도 알 수 없다. 하지만 이들 초기 아메리카인들은 신대륙의 가장 꼭대기에 위치해 있던 베링기아Beringia(시베리아와 알래스카를 잇던 고대의 육지/옮긴이)에 오래 머물지 않았다. 빙하기 끝 무렵 대륙을 덮고 있던 빙하가 캐나다 지방으로 물러가자 두 개의 얼음산에 둘러싸인 육지로 내려온 인류는 다시 북아메리카 전역으로 퍼져나갔다. 신대륙을 건너올 때 인류는 새로운 기술도 함께 가져왔다. 그들은 막대에 부싯돌을 붙여 뾰족한 창을 만들 수 있었다. 창의 촉으로 쓰인 부싯돌은 세로로 홈을 낸 5~18센티미터 정도 되는 길이에 납작한 아치형이었다. 1932년 처음 발견된 이 창은 현재 신대륙 전역에서 발견되며 처음 발견된 뉴멕시코의 지명을 본 따 클로비스Clovis 창이라고 부른다.

창과 빠른 속도로 창을 날릴 수 있는 창 발사기로 무장한 클로비스 사냥꾼들은 매머드를 비롯한 거대한 사냥감을 사냥할 수 있었다. 그들에게 대항할 수 있는 동물은 아무도 없었다. 매머드의 뼈와 클로비스 창이 발견되는 장소를 살펴보면 사냥꾼들은 희생양이 물을 마시러 오는 장소에 매복해 있었던 것 같다. 그러나 사냥꾼들은 좀 더 사냥하기 쉬운 작은 동물들을 놔두고 굳이 매머드를 사냥하려는 위험을 감수하지는 않았다. 사냥터에서 발견된 동물의 뼈를 보면 사냥꾼들이 마스토돈이나 들소, 흑곰, 말 등 아주 다양한 동물을 사냥했었다는 것을 알 수 있다.

사실 인류가 매머드를 사냥할 수 있었다는 것이 더 이상한 일이었다. 과학자들은 인류의 조상들이 사용한 클로비스 창을 만들어 동물원에서 죽은 코끼리의 가죽을 뚫어보는 실험을 해보았다. 창촉은 부드러운 궁둥이를 제외하고는 전혀 들어가지 않았다. 그렇다면 클로비스 사냥꾼들이 신대륙에 도달하자마자 매머드가 멸종된 것은 어떻게 설명해야 할까? 그저 우연의 일치에 지나지 않는 걸까?

1967년 젊은 생태학자였던 폴 마틴은 대빙하기 말에 사라진 북아메리카 동물 중 적어도 하나는 사냥에 의한 것이라고 주장했다. 그는 선사 시대 사냥꾼들은 땅 위를 터벅거리며 걷는 커다란 동물, 즉 매머드나 마스토돈, 자이언트땅늘보와 낙타 같은 동물들을 잡아 향연을 열었을 거라고 생각했다. 그는 그 증거를 쉽게 찾아낼 수 있었다. 베링 육교를 건넌 사냥꾼들은 350년 만에 멕시코 만까지 도달했고 그 뒤 천 년 동안 남아메리카 전역에 퍼져 나갔다. 과학자들 중에는 클로비스 사냥꾼들이 북아메리카에 정착한 최초의 인류가 아니라고 주장하는 사람들도 있다. 그들은 클로비스 사냥꾼들이 아시아와 유럽에서 건너오기 5만 년 전부터 신대륙에는 사람들이 살고 있었다고 주장한다. 그러나 클로비스 사냥꾼이 육교를 건너기 전에 아메리카 대륙에 살고 있던 사람들은 그 수도 적었고 주거지도 해안 지역으로 한정돼 있었다.

이것은 아주 중요한 문제였다. 만약 클로비스 사냥꾼이 이주하기 전부터 많은 사람들이 아메리카 대륙에 살고 있었다면, 사람들을 처음 보았기 때문에 매머드나 다른 동물들이 사냥꾼을 경계하지 않았다고 주장한 마틴의 의견은 잘못된 것이 된다. 그러나 이런 문제도 생각해볼 수 있다. 과연 클로비스 사냥꾼은 여러 동물을 멸종시킬 수 있을 만큼 많은 수가 이주했던 걸까? 어쨌든 클로비스 사냥꾼이 이주해온 다음 불과 몇 세기도 안 돼 아메리카 거대 종의 4분의 3이 사라졌다. '클로비스 사냥꾼 가설'을 발표하고 6년 뒤, 마틴은 권위 있는 과학 잡지 〈사이언스*Science*〉지에 「아메리카의 발견」이라는 글을 발표했다. 그는 이 글에서 "클로비스 사냥꾼들은 대륙을 강타한 거대한 충격파와 같았다. 물밀듯이 밀려오는 거대한 사냥꾼 집단 앞에 소수 원주민들은 속수무책일 수밖에 없었다"라고 썼다.

클로비스 사냥꾼들은 천연의 대륙에서 번성해나갔다. 마틴은 50년이 안 돼 사냥꾼들의 수는 두 배 이상 증가했을 거라고 주장했다. 그는 인구 증가의 원동력이 인간을 두려워하지 않는 동물들을 손쉽게 사냥할 수 있었기 때문이라고 생각했다. 사냥꾼들은 어렵게 절벽을 기어 올라간다거나 기발한 덫을 고안해낼 필요가 없었다. 이것은 19세기가 되기 전까지 아메리카 원주민들이 들소를 잡을 때 쓰던 방법들이다. 사냥꾼들이 한 지역의 거대 동물들의 씨를 말려버리는 데는 10년이면 족했다고 마틴은 말한다. "구석기 침입자들이 베링기아에서 남쪽으로 내려가는 동안 사냥에 대한 욕구가 식고 채식주의자가 되었거나 농경 생활을 시작했다면 이 경이롭고 거대한 토종 동물들은 멸종을 피할 수 있었을 것이다."

사냥꾼들이 벌인 향연이 끝나가고 대부분의 동물들이 멸종하자 사냥꾼들에게도 재앙이 닥쳐왔다. 평화롭게 유지되던 부족간의 동맹이 깨지고 좁아진 사냥터를 차지하기 위해 서로 싸우기 시작했다. 쉽게 사냥하던 시절이 지나고 클로비스 사냥꾼들은 나무뿌리와 도토리를 먹으며 근근이 살아가야 했다. 그러다 자신들이 좋아하는 식물을 경작하는 법을 깨우치게 됐다. 바로 북아메리카의 농업이 시작된 것이다.

마틴의 가설은 매우 그럴듯했으나 안타깝게도 가설을 입증해줄 만한 증거가 부족했다. 물론 클로비스 창은 북아메리카 전역에서 발견되고 있지만 사냥의 흔적이 있는 매머드 뼈가 클로비스 창과 함께 발견된 것은 불과 열다섯 건뿐이다. 마틴의 가설을 반대하는 사람들은 그 정도로는 증거가 될 수 없다고 말한다. 마틴을 지지하는 사람들을 가장 난감하게 하는 것은 클로비스 사냥꾼들이 매머드 외에 다른 동물들을 사냥한 흔적이 전혀 없다는 것이다. 고고학자들은 클로비스 사냥꾼의 사냥터에서 마스토돈의 뼈는 몇 구 찾아냈으나 자이언트땅늘보나 낙타와 같이 대빙하기 말에 사라져버린 다른 동물들의 뼈는 찾아낼 수 없었다.

1989년 학계에서 은퇴한 후에도 마틴은 사막 연구소Desert Laboratory에 연구실을 차렸다. 사막 연구소는 1903년 애리조나 주 투손 북쪽에 위치한 투마목 힐에 세워진 건물로 안산암과 화강암으로 만든 벽에 통나무와 슬레이트로 지붕을 얹어 만든 건물이다. 언덕의 꼭대기에는 9백 년 전 호호캄족이 세운 요새의 잔해가 여기저기 널려 있다. 사와로 선인장saguaro cactus이 많이 자라고 있는 4백 헥타르의 뷰트butte(평원에 우뚝 솟은 고립된 지형/옮긴이)는 현재 애리조나 주립대학과 미국 지질학 측량협회가 공동으로 관리하는 보호 구역이다. 마틴의 사무실 안쪽 오래된 접이식 책상 옆에는 유리 상자 한 개가 놓여 있었다. 그 안에는 자이언트땅늘보의 화석화된 배설물이 들어 있다. 이 소프트볼 크기의 배설물은 1980년대 초에 글렌 캐넌Glen Canyon 휴양림의 동굴에서 발견한 것이었다. 그는 이 배설물이 클로비스 사냥꾼들이 자이언트땅늘보를 잡아먹었다는 증거라고 생각했다.

마틴은 자신의 가설을 증명해줄 결정적인 증거가 나오지 않는 것에 실망하고 있었지만 완전히 포기한 것은 아니었다. 고고학적인 증거 외에는 모든 것이 잘 들어맞았다. 예를 들어 신대륙의 작은 동물들은 멸종되지 않았다. 그것은 해양동물들도 마찬가지였다. "그런 동물들은 멸종되지 않고 무사히 살아남을 수 있었습니다"라고 마틴은 말한다. 또한 그는 인간의 흔적이 있는 유적지가 그렇게 많지 않은 것도 개의치 않았다. 신대륙을 아주 빠르게 통과한 클로비스 사냥꾼들은 뼈 더미를 남길 만큼 한 곳에 오래 머물지 않았다는 것이 마틴의 주장이었다. 천 년 동안 매머드와 인간이 공존했던 유라시아에서도 도살의 흔적이 있는 유적지는 거의 발견되지 않는다. 실제로 19세기에 피아노 건반을 만들기 위해 수많은 코끼리를 도살한 아프리카에서도 뼈 무덤이 남아 있는 곳은 없다는 게 그의 주장이었다.

마틴의 주장에 공감하는 과학자들은 현재 발견된 증거에 맞게 마틴의 가설을 수정하려고 한다. 그 가운데 한 명인 북부 애리조나 대학의 매머드 연구가 래리 아젠브로드Larry Agenbroad는 클로비스 사냥꾼들이 이 광대한 대륙에서 매머드처럼 큰 동물을 한꺼번에 멸종시킬 만한 힘과 능력이 없었을 거라고 생각했다. 아젠브로드는 매머드 무리가 북아메리카 전역에 걸쳐 균일하게 분포한 것은 아니라고 생각했다. 베링기아를 떠나 미국의 남서부로 이동하던 클로비스 사냥꾼 무리는 우연히 매머드의 주요 서식처에 들어가게 됐을 것이다. 처음에 매머드를 만난 사냥꾼들은 사람들을 무서워하지 않는 사냥감을 손쉽게 잡을 수 있었을 것이다. 사냥꾼의 힘을 본 매머드들은 좀 더 살기 어려운 곳으로 쫓겨 가게 됐다는 것이 아젠브로드의 주장이었다. "매머드의 멸종은 대륙 전반에 걸쳐 서서히 진행됐습니다. 마치 고요한 호수에 돌을 던지면 잔물결이 퍼져가는 것처럼 말입니다."

마틴은 '이상 기후설'을 중요하게 생각하지 않았으나 '대량 학살설' 을 주장하는 다른 과학자들은 매머드 멸종에 미친 기후의 역할을 무시하지 않았다. 그들은 기온의 변화가 사냥꾼의 학살을 부추겼을 거라고 생각했다. 애리조나 대학의 인류학자 밴스 헤인즈C. Vance Haynes는 10,900년 전부터 11,300년 전까지 미국 서부 지역에 치명적인 가뭄이 발생했다고 한다. 이 어려운 시기를 지나면서 사냥꾼들이 매머드의 씨를 말려버렸다는 것이 헤인즈의 생각이었다. 아마도 가뭄 때문에 목이 탄 매머드들은 현대 코끼리가 그렇듯이 샘물로 모여들었을 것이다. 이 사실을 알고 있던 클로비스 사냥꾼들은 미리 매복해 있다가 물을 마시러 온 매머드들을 덮쳤다.

그렇다면 왜 들소 같은 동물들은 이 시기에 멸종되지 않고 지금까지 살아 있을 수 있었을까? '대량 학살설'을 반대하는 과학자들은 이렇게 반문한다. 이에 대해 '대량 학살설'을 옹호하는 학자들은 두

19세기의 전환기에 야쿠츠크에 있는 시베리아 전초 기지의 한 상인이 어떤 짐승의 사체에 대한 간접적인 설명을 듣고 그린 상상의 애덤스 매머드.

오토 헤르츠와 오이겐 피첸마이어가 자신들이 직접 만든 매머드 깃발을 사이에 두고 서 있다. 그들의 곁에 1901년 가을 베레조프카 매머드 발굴팀을 위해 오두막을 지어주었던 라무트족 사냥꾼들이 함께 있다.

베레조프카 매머드의 유물들이 시베리아에서 상트페테르부르크까지 말이 끄는 썰매에 실려 운반되고 있다.

죽었을 당시의 모습을 추정하여 박제한 베레조프카 매머드가 상트페테르부르크 동물학 박물관에 전시되어 있다.

◀시베리아 금광의 광부인 아나톨리 로가체프는 1977년 아기 매머드 디마의 발견을 알린 대가로 시계 하나를 받았을 뿐이다. 이후 소비에트 정부는 이 표본—그때까지 발견된 것 중에서 가장 손상이 덜 된 매머드였다—을 위해 1억 루블의 보험을 들었다.
▼1970년대 초, 소비에트 과학자들은 시베리아 베렐레흐 강 일대에서 거의 9천 구의 매머드 뼈를 발굴했다. 그곳은 당시 가장 풍부한 매머드 묘지였다.

이리타니 아키라는 정자 직접 주입에 의한 미세수정술(ICSI)이라는 선구적인 기술을 사용하여 유전자 복제를 통해 매머드를 부활시키려 한다. 사진에 그 기술에 이용된 장비가 보인다.

고토 가즈후미는 매머드 정자를 채취하기 위한 팀을 이끌고 있다. 그는 매머드의 정자를 코끼리의 난자에 주입하여 잡종 암컷을 탄생시키려고 한다. 그 암컷의 뒷세대들은 점점 더 매머드를 닮아갈지도 모른다.

1999년 고토 팀은 고대의 피부 조직—외관상으로는 털이 덮인 코뿔소 같다—일부를 시베리아의 플라이스토세 침전 토양에서 발견했다.

▶1999년 10월, 베르나르 뷔게가 이끄는 탐험대는 연구를 위해 23톤이나 되는 시베리아의 얼어붙은 땅덩어리를 얼음 동굴로 운반했다. 그들은 그 땅덩어리가 손상되지 않은 매머드를 담고 있을 것으로 추측했다.

▼옛소련이 붕괴된 뒤, 수많은 시베리아 돌간족들은 툰드라 유목 생활로 돌아갔으며, 발록이라고 불리는 순록이 끄는 이동 가옥에서 생활했다.

2000년 타이미르 반도 탐험에서 뷔게 팀은 정확히 백 개의 매머드 엄니를 툰드라 지대에서 거둬들였다. 엄니들로부터 매머드가 살았을 당시의 기후와 건강 상태에 대한 정보를 조금씩 모을 수 있다. 엄니는 나이테와 유사하게 해독된다.

2000년 10월 하탕가에서 딕 몰이 로스 맥피가 매머드의 뼈에 구멍을 뚫어 DNA 분석을 위한 샘플을 채취하도록 붙잡고 있다.

맥피는 1998년 여름 랭겔 섬에서 치명적 질병의 병원균을 찾기 시작했다. 랭겔 섬은 3천7백 년쯤 전에 멸종한 마지막 매머드의 서식지로 알려져 있다.

세르게이 지모프는 플라이스토세 공원의 입안자이다. 그가 시베리아의 북동부에서 행한 실험은 습지가 많은 툰드라 지대를 매머드가 뛰놀던 스텝과 유사한 비옥한 목초지로 바꾸기 위한 시도이다.

2000년 10월 베르나르 뷔게와 그의 팀이 헤어드라이기를 이용해 자코프 매머드의 유물이 있는 영구 동토층 덩어리의 윗부분을 녹이고 있다.

뷔게가 후크 매머드의 척추가 노출된 것을 면밀히 살피고 있다. 그와 그의 팀은 2001년 4월 후크 매머드를 발굴했다.

동물의 개체수 회복 능력에 차이가 있기 때문이라고 대답하고 있다. 다 자란 들소 암컷은 새끼를 매년 한 마리씩 출산한다. 그러나 코끼리 암컷은 4년 내지 6년에 한 번씩만 새끼를 낳는다. 아마 매머드도 코끼리와 비슷했을 것이다. 아젠브로드는 "만약 새끼 매머드까지 잡아먹었다면 매머드가 멸종되는 것은 시간문제였을 겁니다"라고 말한다.

그러나 클로비스 사냥꾼들이 밤낮을 쉬지 않고 계속해서 사냥만 했다 하더라도 얼마나 많은 종을 멸종시킬 수 있었겠는가? '이상 기후설'을 강하게 믿고 있는 네덜란드의 플라이스토세 연구가 욘 더 보스는 사냥은 동물을 멸종시킬 힘이 없었다고 말한다. "대량 학살설을 주장하는 사람들은 클로비스 사냥꾼이 매머드도 멸종시켰고 낙타와 말도 멸종시켰다고 합니다. 그러나 사냥총도 없는 클로비스 사냥꾼들에게 그것은 벅찬 일이었을 겁니다. 아마 매머드 한 마리를 사냥하는 데도 하루는 족히 걸렸을 겁니다." 보스의 말이다. 그는 식물의 고갈이 매머드와 다른 동물들을 멸종시켰다고 믿고 있다. 확실히 보스의 주장처럼 대량 학살설은 유럽에서는 맞지 않는다. 보스는 자신이 근무하는 레이덴 국립 자연사박물관에 소장된 매머드 뼈 수천 구를 조사해본 후 "인간에 의해 죽은 매머드 뼈는 단 한 구도 나오지 않았다"고 말했다. 물론 유럽에도 폴란드처럼 선사 시대 인류가 매머드를 먹었다는 명백한 증거가 발견되는 곳도 조금 있다. 하지만 그 뼈만 가지고는 인류가 매머드를 사냥했는지 아니면 죽어가거나 이미 죽어버린 매머드를 먹은 것인지는 장담하기 어렵다.

그러다 대량 학살설은 한 가닥 실에 의해 풀려버린 천과 같다는 흥미로운 주장이 나왔다. 푸시코프는 선사 시대 인류가 다른 동물들은 내버려두고 북반구 전역을 누비던 매머드만 집중적으로 사냥했다면 어떤 일이 일어나게 되는지 상상해보았다. 분명히 매머드나 좀 더 개체수는 적지만 몸집이 큰 털북숭이코뿔소는 서식지 전역을 누비면서 식물을 짓밟아 다듬고 배설물로 옥토를 기름지게 했을 것이다. 따라서 이 털북숭이들의 개체수는 식물의 생태에 커다란 영향을 미쳤을 것이다. 식물의 생태는 식물을 먹고사는 소형 초식동물의 수를 좌우했기 때문에 동굴사자와 같은 육식동물은 병든 털북숭이가 아니라면 공격하지 않았다.

그런데 인류는 이 자연의 규칙을 무시하고 매머드를 무분별하게 사냥하기 시작했고 그 결과 생태계가 파괴돼버렸다는 것이 푸시코프의 결론이었다. 매머드는 생태계를 유지시키는 핵심적인 역할을 수행하고 있었는데 이 매머드가 멸종하자 서식처가 파괴됐고 결국 다른 동물들도 멸종할 수밖에 없었다는 것이다. 그는 자신의 가설이 북아메리카뿐 아니라 매머드가 멸종된 모든 곳에 완벽하게 들어맞는다고 주장했다.

케냐의 차보 국립공원이 다시 한번 증거 자료로 제시됐다. 18세기가 되기 전, 케냐의 서부 지역에 서식하던 코끼리가 인간의 사냥으로 거의 사라지자 넓은 대초원은 서서히 가시덤불이 우거진 메마른 땅으로 변해갔다. 이때 기후는 전혀 영향을 미치지 않았다. 기온 변화 없이 그저 코끼리만 사라져버렸다. 그러자 다른 동물들도 사라지기 시작했다. 이 지역이 원래대로 복원된 것은 1948년 국립공원으로 지정되어 코끼리 보호 정책이 실시되면서부터였다.

플라이스토세 전반에 걸쳐 반복된 빙하기와 간빙기 사이의 극심한 기온 변화 때문에 매머드의 개체수는 증가와 감소를 반복했다. 그러다 대빙하기 말, 매머드는 지구상에서 자취를 감춰버렸다. 푸시코프는 그 이유를 인류의 기술 발전 때문이라고 생각했다. 그전 빙하기와는 달리 대빙하기 때 인류는 좀 더 정교하게 발달한 무기를 개발해냈고 사회 조직도 단단해졌으며 무엇보다도 불을 자유자재로 사용할 수 있게 되었다. 따라서 육식동물을 효과적으로 방어할 수 있게 된 동시에 매머드를 훨씬 더 쉽게 사냥할 수 있었다.

그의 주장을 뒷받침하는 증거가 몇 가지 있다. 사냥으로 멸종됐다고 추정되는 뉴질랜드의 날지 못하는 새 모아와 멸종 직전 남획이 멈춰진 북아메리카의 평원들소가 그 예이다. 선사 시대 뉴질랜드 이주민들이 섬 전역에서 살고 있던 모아 새를 멸종시킨 게 틀림없다면 클로비스 사냥꾼들도 신대륙에 살고 있던 소수 원주민들과 털북숭이매머드를 멸종시키지 못할 이유가 없다. 한편 북부 유라시아의 매머드는 인류가 도달하기 전에 벌써 개체수가 감소하고 있었다. 인류는 사라져가는 매머드에게 최후의 일격을 가했다. 이와 비슷한 예는 스텔러바다소의 멸종 과정에서 찾을 수 있다.

1724년 위대한 치세가 끝나가던 표트르 대제는 러시아 해군에 복무하고 있던 덴마크의 항해가 비투스 베링Vitus Bering에게 아시아와 아메리카 대륙이 연결되어 있는지 알아보라고 지시했다. 몇 달 후 표트르 대제는 세상을 떠났으나 베링은 탐험을 멈추지 않았다. 베링은 그 뒤 6년 동안 동부 시베리아에 머물면서 지도를 작성했으나 결국 두 대륙의 연결점을 찾아내지 못했다. 1741년 베링은 다시 한번 연결점을 찾기 위해 상트표트르 호를 타고 오호츠크 태평양 항구에서 동쪽을 향해 출발했다. 배의 주치의는 게오르크 빌헬름 스텔러 Georg Wilhelm Steller라는 젊은 독일인 박물학자로 모험을 찾아 시베리아의 동쪽 끝까지 온 사람이었다. 항해를 시작한 지 6주 만에 베링은 알래스카에 도달할 수 있었다. 결국 베링은 아시아와 아메리카 대륙 사이에 바다가 있다는 것을 밝혀냈다. 알래스카에 도착한 뒤 해변을 거닐던 스텔러는 자신의 이름을 붙여 명명하게 된 푸른색 어치과 새를 비롯해 몇 가지 새로운 동물들을 발견했다. 그러나 그날 밤, 베링은 스텔러를 배로 불러들였고 배는 곧 출항했다. 베링의 갑작스러운 귀환에 대해 로버트 실버버그Robert Silverberg는 이렇게 설명한다. "스텔러에게는 신기한 동물을 발견할 수 있는 절호의 기회였습니다. 스텔러는 베링이 급히 회항을 결정하자 무척 분노했습니다. 그는 좀 더 머물면서 해변을 탐사하고 싶어했습니다. 그러나 베링은 늙고 지쳐 있었습니다. 그는 탐사라면 이제 지긋지긋했죠. 어쨌든 자신의 임무는 끝났으니까요. 그는 시베리아 동부 해협을 건너 아메리카 서부 해변을 발견한 걸로 만족했습니다. 그의 소원은 오직 빨리 돌아가는 것뿐이었습니다."

돌아오는 길은 고생의 연속이었다. 선원들 중에는 괴혈병으로 쓰러지는 사람이 많았으며 거친 바람 때문에 배는 북쪽에서 더 이상 나아가지 못했다. 11월 초까지 12명의 선원이 사망했으나 아직도 러시아까지는 수백 마일이 남아 있었다. 결국 베링은 알래스카 부근 섬에서 겨울을 나기로 했다. 상트표트르 호는 간신히 작은 섬에 도착했으며 도착하자마자 폭풍에 의해 산산이 부서져버렸다. 그 뒤 얼마 지나지 않은 12월, 베링도 병을 얻어 세상을 떠났다.

다음해 봄이 되자 선원들 대부분은 병에서 회복될 수 있었다. 그들이 인어라고 부른 동물 덕분이었다. 길이가 9미터 정도였던 그 동물은 플로리다 매너티와 동남아 듀공의 사촌인 바다소였다. 이 세 종의 바다소목 동물들은 매머드의 먼 사촌이기도 했다. 바다사자 고기에 신물이 난 스텔러와 선원들은 수염 난 인어를 잡으려고 애썼다. 마침내 작살로 한 마리를 잡아 올렸을 때 스텔러는 가슴 아픈 광경을 목격해야 했다. "짝을 잃은 수컷은 이틀 동안 암컷이 죽은 해변을 떠나지 않았습니다. 암컷이 죽었다는 것을 스스로에게 납득시키려는 듯 말입니다." 쇠고기 맛이 나는 바다소는 한 마리만 잡아도 몇 주를 버틸 수 있었다.

바다소는 선원들을 살렸고 선원들은 바다소를 지구상에서 사라지게 했다. 여름이 되자 난파된 배의 선원들은 상트표트르 호를 개조한 새로운 배를 만들어 캄차카 반도를 향해 출발했다. 8월경 그들은 마침내 페트로파블로프스크에 도달할 수 있었다. 그로부터 4년 후 잠시 병을 앓던 스텔러는 37세의 나이로 생을 마감했다.

선원을 살린 바다소에 대한 이야기가 알려지자 러시아와 알래스카를 오가던 모피 상인들은 항해 도중 베링 섬에 들러 바다소를 사냥하기 시작했다. 스텔러와 선원들이 섬을 떠난 지 30년이 지나지 않아 모피 상인들은 바다소의 씨를 말리기 시작했다. 마지막으로 기록된 바다소 사냥은 1768년에 있었다. 이제는 바다소의 뼈만이 남게 되었다.

치명적인 질병

서인도 제도에서 사라진 포유류에 대해 오랫동안 연구해오던 로스 맥피는 다른 과학자들이 미처 생각지 못한 한 가지 의문점에 관심을 갖게 되었다. 1990년대 초반 맥피는 유럽인들의 항해가 시작되고 신대륙에 식민지가 건설되기 시작한 1500년 이후의 멸종에 대해 주목하기 시작했다. 다른 대량 학살설 옹호자와 마찬가지로 맥피도 신대륙 동물들의 멸종이 인간과 관계있을 거라고 생각하고 있었다. 하지만 그가 제시한 가설은 전혀 새로운 것이었다.

맥피는 미국 자연사박물관의 포유동물관 관장으로 있을 당시 동료인 클레어 플레밍Clare Flemming과 함께 지난 5세기 동안 지구상에서 사라진 동물의 목록을 작성하고 있었다. 그때 맥피는 멸종 동물 중 거대 동물이 차지하는 비율이 고작 8분의 1밖에 안 된다는 사실을 깨달았다. 이 수치는 대빙하기 말과 아주 다른 것이었다. 대빙하기 때 신대륙에서 멸종된 거대 포유류는 전체 멸종 종의 4분의 3을 차지했다. 그러나 빙하기가 끝나고 유럽인이 신대륙에 정착하기 시작한 1만 년 동안 북남미 대륙에서 사라진 거대 포유류는 한두 종에 불과하다. "이런 차이에 대해 주목한 과학자는 없었습니다." 맥피는 계속해서 이렇게 말했다. "저는 왜 이런 차이가 생겼는지 궁금했죠. 진화생물학자들은 어떻게 새로운 생물 종이 생겨나는지에 관심을 보일 뿐 어떻게 동물들이 멸종했는지에 대해서는 전혀 신경 쓰지 않습니다."

맥피는 빙하기 말의 매머드 멸종과 지난 5세기 동안의 멸종에는 분명 차이가 있지만 공통점도 있다고 말한다. 즉 두 경우 다 인간과 처음 만난 동물들만 멸종됐다는 것이다. 동물의 대량 멸종은 유라시아와 아프리카를 제외한 나머지 모든 대륙에서 일어났다. 유라시아와 아프리카는 거의 4만 년이라는 긴 세월을 인간과 동물이 함께 공존해왔고 동물의 멸종도 손에 꼽을 정도로 적게 일어났다. "지구상에서 왜 언제나 같은 일이 반복될까요? 한번 생각해보십시오. 인간이 들어오기 전까지 멀쩡하게 살아가던 동물들이 왜 인간만 들어오면 사라져버리는 걸까요?"

맥피가 이 문제에 의문을 갖기 시작한 것은 대학 시절 초기 아메리카인에 대한 증거를 찾기 위한 고고학 프로젝트에 참여하면서부터였다. 스코틀랜드의 에든버러에서 태어난 그는 세 살 때 가족과 함께 캐나다의 에드먼턴으로 옮겨왔다. 1967년 앨버타 대학에 들어간 맥피는 처음으로 발굴 작업에 참여하게 되었다. "당시 나는 고생물학이나 고고학에 대해 전혀 아는 것이 없었습니다. 당연히 지루한 일이었죠. 전 견딜 수가 없었습니다." 당시를 회상하며 맥피가 말했다. 그러나 생각을 체계적으로 정리하고 실험하는 과학적 탐구 방법은 그에게 강한 인상을 남겼다. 대학을 졸업한 그는 인류학 박사 학위를 취득했다. 그 뒤 10년 동안 듀크대 의대에서 해부학을 가르치던 맥피는 미국 자연사박물관이 개장하자 포유동물관 관장으로 취임했다. 그 뒤 그는 스스로가 놀랐듯이 서인도 제도에서 과학계에 뛰어난 업적을 남길 일들을 하기 시작했다.

짧게 자른 머리와 단정하게 정리된 하얀 턱수염에 안경을 쓴 과학자 맥피는 앞에 나온 두 가지 학설을 모두 반대했다. 그는 매머드가 인간의 사냥 때문에 멸종한 것도 아니며 기후 변화 때문에 서식처가 파괴되어 멸종한 것도 아니라고 말한다. 심지어 그는 온건주의자들이 주장하듯이 기후 변화 때문에 멸종되어가던 매머드의 마지막을 인류가 앞당겼다는 의견에도 찬성하지 않았다. 그는 대량 학살설이 '매우 흥미로운 가설'이지만 사실과는 다르다고 말했다. "거대한 동물을 사냥하는 사냥꾼들이 미쳐 날뛰며 눈에 보이는 모든 것을 사냥했다고 하는 것은 인류학에서 밝혀진 사실과는 전혀 다른 것입니다." 북아메리카 고고학계는 선사 시대 인류가 여성 채집인을 중심으로 씨족 단위 생활을 하는 가모장적 사회라고 생각하고 있다. 그는 마틴이나 대량 학살설을 주장하는 다른 과학자들의 말처럼 사냥 때문에 매머드가 멸종했다면 그 사냥꾼들은 모두 람보여야 했을 거라고 주장한다. 하지만 맥피는 당시 인류는 그처럼 강하지 못했다고 했다. 그는 자신의 주장을 뒷받침하기 위해 아프리카를 예로 들었다. 인구 밀도가 선사 시대 신대륙보다 훨씬 높은 아프리카에서도 오락을 위해서나 상아를 얻기 위해 코끼리를 사냥하려면 반드시 총이 필요했다. 이 코끼리 사냥은 보호 정책이 실행되기 전인 19세기까지만 해도 널리 행해지던 일이었다. 하지만 이 사냥으로 코끼리가 멸종되지는 않았다(물론 법이 제정되기 전에 충분한 시간만 있었어도 사냥꾼들은 코끼리를 멸종시켰을 거라고 주장하는 사람도 있을 법하지만 말이다).

맥피는 또한 매머드들이 처음에는 침입자들에 대해 경계심을 갖지 않았을 수도 있다고 했다. 하지만 그것은 오래가지 않았을 것이다. 사냥꾼들이 무차별적으로 매머드를 공격하지 않았어도 매머드는 곧 인간에게 적개심을 갖게 됐을 것이다. 섬처럼 피할 곳이 없는 고립된 지역에 사는 동물이 아니라면 대부분 동물들은 게걸스러운 포식자를 피해 다른 곳으로 이주하는 등 공격에 매우 유동적으로 반응한다. 지난 2세기 동안 극성스러운 고래잡이가 벌어졌지만 고래가 멸종되지 않은 것이 그 증거가 될 수 있을 것이다.

분명히 토종 동물들은 이방인의 공격에 효과적으로 대처하는 방법을 개발했을 것이다. 최근 늑대가 멸종된 지역에서 50년 동안 살아온 말코손바닥사슴의 서식처에 늑대를 다시 풀어놓는 실험이 실시됐다. 원래 이 실험은 마틴의 가설을 입증하기 위해 실시된 것이었다. 실험 초기에는 확실히 말코손바닥사슴의 수가 줄어들었다. 그러나 한 세대가 지나기 전에 사슴은 늑대의 울음소리와 냄새를 구별할 수 있게 됐다. 2001년 〈사이언스〉지에 실험 결과를 보고한 과학자들은 "플라이스토세 말기에 멸종한 동물들은 사냥꾼을 인지하는 데 실패한 동물이 틀림없다"고 했다. 그러나 사냥꾼을 민감하게 알아채는 코끼리와 달리 매머드는 둔한 동물이었다고 주장하는 것은 너무 심한 비약이다.

맥피에게 영감이 떠오른 것은 1992년, 워싱턴 시 근교에서 아프리카 원주민 마을을 가끔 강타하는 에볼라 바이러스가 창궐할 가능성이 있다는 〈뉴요커*New Yorker*〉지의 기사를 읽을 때였다. 에볼라 바이러스는 1980년대 갑자기 나타난 재앙이었다. 아직까지 바이러스를 옮긴 매개체를 찾지 못하고 있지만 과학자들은 박쥐가 그 근원지가 아닌가 생각하고 있다. 에볼라 바이러스는 인간의 조직과 혈관을 파괴시키지만 아직까지 치료법이나 백신도 개발되지 않고 있다. 에볼라 바이러스 중 가장 피해가 심각한 것은 에볼라 자이르 바이러스로 이 바이러스가 퍼지자 한 도시 인구의 90퍼센트가 사망했다. "바이러스가 한 도시의 인구를 거의 사라지게 했다니 믿을 수 없는 일이었습니다." 그때부터 맥피는 강력한 바이러스라면 북아메리카에 사는 여러 종의 동물들을 한꺼번에 멸종시킬 수 있지 않을까 하는 생각을 하게 됐다. 어떤 바이러스가 대빙하기 말에 매머드를 비롯한 토종 동물들을 사라지게 한 것일 수도 있었다. 그는 이 문제에 대해 뉴욕에 있는 아론 다이아먼드 에이즈 연구 센터Aaron Diamond AIDS Research Center의 바이러스 학자인 프레스턴 막스Preston Marx에게 자문을 구했다.

프레스턴 막스는 사바나원숭이를 연구하기 위해 가봉이나 카메룬 같은 에이즈 창궐 지역을 여행한 사람이었다. 현지 사람들은 사바나원숭이를 애완동물로 키우거나 고기를 팔기 위해 사냥하고 있었는데 이 사바나원숭이가 에이즈를 인간에게 옮긴 중간 숙주였다. "나는 막스가 연구를 위해서라면 어떠한 일이라도 할 수 있는 사람이라고 생각했습니다." 그래서 맥피는 이렇게 물어보았다. "과연 질병이 동물을 멸종시킬 수 있을까요?" 그는 자신의 생각을 정리하기 전에 막스의 말을 경청하고 수많은 질문을 퍼부었다. 가령 그는 '바이러스의 종류에 상관없이 단 한 종의 바이러스가 매머드와 낙타, 털북숭이코뿔소, 검치호랑이같이 커다란 동물을 한꺼번에 멸종시키면서도 순록과 들소 같은 동물에게는 치명적인 영향을 주지 않을 수 있는지'와 같은 질문을 했다. 막스는 "충분히 가능합니다"라고 말했다.

1997년 두 사람은 아프리카 마다가스카르 공화국에서 열린 멸종에 관한 학술회의에서 '치명적인 질병설'을 발표했다. 많은 과학자들이 반론을 제기했다. 그러나 과학자들은 대부분 맥피와 막스의 가설을 진지하게 받아들였다. "과학자들은 모두 진지하게 대화에 임했습니다." 대량 학살설의 권위자인 폴 마틴의 말이다. 그는 계속해서 이렇게 말했다. "과학자들이 관심을 보인 것은 맥피의 가설이 맞는지 틀렸는지가 아니라 어떤 질병이 어떻게 퍼지게 됐는가, 였습니다. '질병설'이 역사가 되는 순간이었죠."

과학자들은 에볼라처럼 강력한 바이러스는 며칠 만에 희생자를 죽게 할 수 있다는 것을 잘 알고 있었다. 막스는 에볼라 바이러스의 치사율을 약 70퍼센트라고 추정하고 있다. 어린아이와 청소년이 이 병에 걸릴 경우 대부분 백 퍼센트 사망하며 그렇게 되면 인구수는 점차적으로 감소할 수밖에 없다. "정말 치명적인 병입니다." 맥피의 말이다. 에볼라 바이러스는 급속히 전파된다. 과학자들은 이를 가리켜 '불타는 다리 전략'이라고 하는데 이는 미생물이 빠른 속도로 숙주를 죽이고 다른 숙주에게 옮겨가는 것을 가리키는 전문 용어이다.

몇몇 예외를 제외하고는 미생물이 치명적인 병을 옮기는 경우는 매우 드물다. 지금까지 알려진 다른 인플루엔자 변종과 달리 스페인 인플루엔자는 특히 어린아이들에게 치명적이며 1918년에는 에스키모 마을 한 곳의 마을 사람들을 전부 죽게 만들었다. 그해 이 바이러스 때문에 죽은 사람 수는 4천만에 이른다고 한다. 이 바이러스는 종에 상관없이 병을 옮긴다. 같은 해 갑자기 죽어버린 수천 구의 돼지도 이 바이러스 때문인 것으로 추정된다. 연구실에서 쥐와 원숭이 같은 동물을 이용해 감염 여부를 조사해봤지만 이 동물들은 스페인 인플루엔자가 옮기는 병에 걸리지 않았다. 하지만 흰족제비는 병에 걸렸다. 에볼라 바이러스는 인플루엔자와는 또 다른 양상을 보인다. 에볼라 자이르 바이러스보다는 좀 더 전염성이 약한 에볼라 수단 바이러스도 감염된 사람 네 명 중 세 명 정도를 죽이는 무서운 병이다. 하지만 이 바이러스는 영장류에게만 치명적이라고 알려져 있다. 결핵을 일으키는 병원균은 다양한 변종을 만들며 인간이나 들소, 치타, 사자, 그밖에 여러 포유류를 감염시키지만 전염 속도는 매우 느리기 때문에 종 전체를 위험에 빠뜨리지는 않는다.

최근 한 조사를 통해 이런 질병들은 다른 외부 요인, 즉 환경의 파괴와 같은 다른 요인을 만나면 증폭되어 한 종을 멸종시킬 수 있다는 결론을 얻었다. 1820년대 마우이 섬의 하와이 원주민 마을에서 끔찍한 사건이 발생한 적이 있었다. 이 재앙은 멕시코를 떠나 마우이 섬 부두로 들어오던 미국 배가 쿨렉스 퀸쿠에파스키아투스 *Culex* *quinquefasciatus*라는 학명의 모기 유충이 가득 담긴 오물을 바다에 그대로 버리면서 시작됐다. 이 모기는 조류 매독과 말라리아를 옮기는 무서운 곤충이었다. 1900년대 초가 되자 하와이 토종의 우는 새들 대부분이 산으로 들어가버렸다. 산속은 서식 환경이 나쁘긴 했지만 병에 걸릴 염려는 없었다. 하지만 서식 환경이 너무 나빴다. 결국 날카롭게 우는 검은 새, 카우아이 오오Kauai o'o는 몇 년 되지 않아 사라졌으며 몇 마리 남지 않았던 부드러운 황갈색 복부를 가진 갈색새, 포오울리 Po'ouli도 끝내 멸종하고 말았다.

보다 최근에는 양서류가 커다란 피해를 입은 경우도 있었다. 1990년대 초반 코스타리카와 파나마에 서식하던 황금두꺼비들이 정신없이 날뛰는 모습이 목격됐다. 원인은 균상종菌狀腫에 의한 피부병 때문에 숨을 쉴 수 없었기 때문이었다. 결국 1995년까지는 전국 어디서나 볼 수 있었던 황금두꺼비가 지금은 자취를 감춰버렸다. "아주 끔찍한 질병이었지요. 두꺼비는 눈 깜박할 사이에 사라져버린 겁니다. 치명적인 질병이란 바로 이런 겁니다." 맥피가 말했다.

클로비스 사냥꾼들이 단 2세기 만에 북아메리카 대륙을 관통한 것을 생각해보면 그들이나 그들이 데리고 다니던 사냥개들이 죽음의 사신 역할을 충분히 했을 수 있다. 그들이 매머드를 사냥이 아니라 치명적인 질병을 퍼트림으로써 멸종에 이르게 했을지도 모를 일이다. 맥피와 막스는 어떻게 해서 이 질병이 인간에게서 매머드에게 옮겨갈 수 있었는지 알지 못했다. 단지 그들은 아마도 매머드를 잡기 위해 가까이 다가간 인간의 몸에서 공기를 타고 옮겨갔을지도 모른다고 생각한다. 어쩌면 설치류 같은 중간 숙주가 인간의 바이러스를 매머드에게 옮긴 것일 수도 있다. 쥐가 중간 숙주 역할을 한 경우는 많이 찾을 수 있다. 1300년대 중반 쥐는 페스트균을 옮겨 중국에서 이탈리아에 이르는 전 지역을 공포로 떨게 했으며 유럽 전역에서 병이 창궐하게 했다. 페스트가 퍼진 5년 사이에 유럽 대륙에서 사망한 인구는 2천5백만 명에 달했다. 전체 유럽 인구의 3분의 1에 해당하는 수였다. 14세기의 이탈리아 작가 보카치오는 이 병의 희생자가 병에 걸리자마자 갑작스럽게 죽었기 때문에 "점심은 친구와 함께, 저녁은 천국에서 조상과 함께" 먹었다고 적고 있다.

일단 매머드가 질병에 감염되기 시작하자 이 병원균은 빠르게 퍼져나갔다. 매머드는 질병에 아주 취약했을 것이다. 만약 매머드가 코끼리처럼 5, 6년마다 한 마리의 새끼를 낳는다면 병이 창궐하는 동안 매머드 암컷은 새끼를 갖는 것을 꺼렸을 것이다. 암컷은 병원균이 물러갈 때까지 기다리려 했을 것이고 그러다보니 종족을 유지할 수 있을 만큼의 출산이 이루어지지 않았을 것이다. 소형 포유류들은 번식 기간이 빠르기 때문에 그만큼 개체수를 유지하는 것이 쉽다. 개체수가 줄어들면 병에 걸리지 않고 살아남았다 하더라도 다른 문제가 발생한다. 개체수가 얼마 되지 않기 때문에 근친 교배가 일어나며 줄어든 유전자 풀gene pool 때문에 다른 질병이 나타나게 된다.

따라서 이런 강력한 병원균이 존재했다면 매머드를 비롯한 다른 희생자들은 멸종할 수밖에 없었을 것이다. 이 병원균은 매머드에게 천연두 같은 작용을 했을 수도 있다. 천연두는 어린 시절 걸리기 쉬운 가벼운 질병인 수두를 유발하는 수두균과 비슷한 바이러스이다. 그러나 천연두 바이러스는 백신이 개발되어 지구상에서 사라지기 전까지 치사율이 높은 치명적인 병을 유발했었다. 혹시 수두처럼 인간에게는 가벼운 질병을 유발하는 병원체가 매머드에게는 천연두같이 치명적인 질병을 일으킨 게 아닐까?

나는 모스크바에서 4백 킬로미터 가량 떨어진 세프스크라는 마을에서 발굴된 매머드들이 전염병의 증거가 될 수 있을 거라고 생각했다. 1980년대 후반 모스크바에 있는 고생물학 연구소의 과학자들이 세프스크 외곽에 위치한 모래 채굴장에서 전체 골격이 남아 있는 일곱 구의 매머드 사체를 비롯해 36마리의 매머드가 남긴 뼈 조각 4천 구를 찾아냈다. 이 매머드 무리는 어린 개체부터 늙은 수컷까지 다양한 구성원으로 이루어져 있었다. 이 중 가장 어린 개체는 이제 막 엄니가 자라기 시작한 6주 된 새끼 매머드였고 가장 나이든 매머드는 40년 된 수컷 매머드였다. 약 13,680년 전에 죽은 이 매머드들은 사냥에 의해 죽은 것이 아니었다. 당시는 러시아의 남쪽 끝인 세프스크에서 매머드가 사라져가는 시기였다. 이들에게 어떤 재앙이 닥쳤는지는 아무도 모른다. 이들은 한꺼번에 늪에 빠진 것일 수도 있다. 아니면 치명적인 질병에 걸려 한꺼번에 죽은 것일지도 모른다.

그러나 세프스크는 영구 동토층과 멀리 떨어진 남쪽에 위치해 있었다. 따라서 세프스크에서 발굴된 뼈는 화석이라고 할 수 있었다. 화석이란 얘기는 매머드의 뼈를 이루던 물질은 이미 빠져나가고 무기물이 그 자리에 대신 채워졌다는 것을 의미한다. 따라서 병원균에 의한 감염이 있었다고 해도 그 증거가 남지 않는다.

맥피는 마다가스카르 공화국에서 과학자들이 보인 신랄한 반응은 증거가 부족했기 때문이라는 것을 알고 있었다. 그렇기 때문에 그는 동사한 매머드의 조직이나 뼈에서 '치명적인 질병설'을 뒷받침해줄 증거를 찾고 싶었다. 맥피는 "아직까지 얼어붙은 채 파묻혀 있는 매머드가 있다는 것은 우리가 실험을 통해 가설을 증명할 수 있다는 것을 의미합니다"라고 말한다. 북아메리카에서 완벽한 DNA와 세포가 있을 가능성이 있는 영구 동토층은 알래스카와 캐나다 일부 지역뿐이다. 플라이스토세 기간 동안 캐나다 전역은 빙하에 묻혀 있었으나 현재 우리가 살고 있는 충적세 때는 매머드 주요 서식처였던 남부 지역이 따뜻해졌기 때문에 매머드의 사체는 거의 대부분 훼손돼버렸다. 예외라면 로키 산맥의 정상부 정도이나 그곳은 매머드의 서식처가 아니었다.

따라서 맥피는 연구 목표를 시베리아 북부로 돌렸다. 그곳은 아직까지 플라이스토세 지질층이 몇백만 에이커에 걸쳐 펼쳐져 있었으며 매머드를 비롯해 멸종해버린 많은 동물들의 사체가 그대로 얼어붙어 영구 동토층 아래 묻혀 있는 지역이었다. 지금까지 발견된 가장 어린 매머드의 사체도 북극권 위쪽에 있는 동시베리아 해의 랭겔 섬에서 나왔다. 그 어린 매머드는 대략 3천7백 년 전에 랭겔 섬에 살았던 것으로 추정된다. 그로부터 7백 년 전 이집트에서는 기자 대大피라미드가 건설되고 있었다. 랭겔 섬에 석기와 창을 사용하는 인류가 정착한 것은 3천1백 년 전으로 추정된다. 가장 오래된 인류의 흔적과 매머드 뼈가 가리키는 연대가 얼마 차이 나지 않는다는 것은 사냥꾼이 섬에 들어왔을 때 매머드가 살아 있었을 수도 있다는 것을 의미한다. 맥피는 사냥꾼이 가지고 들어온 병원체에 의해 매머드가 멸종됐다는 것을 증명하려면 자신이 랭겔 섬으로 가봐야 한다는 것을 알고 있었다. 그는 그곳에서 지구 위를 마지막으로 걸어다녔던 매머드의 흔적을 찾아내야 했다.

그러나 드문 경우이긴 했지만 과학자들은 매머드를 죽게 한 악당을 찾기 전에 자신이 먼저 병원균에 의해 쓰러질 수도 있었다. 플라이스토세의 망령을 품고 있는 시베리아의 툰드라 지대는 인간에게 치명적인 전염병을 품고 있는지도 몰랐다.

오랫동안 잠들어 있던 동물의 세포에는 세균이나 바이러스가 증식하고 있을 것이다. “어떤 위험이 도사리고 있는지 아무도 모릅니다.” 인디애나 대학 메디컬 센터의 저온 생물학 연구팀 과학 관장인 존 크리처John Critser의 말이다. 마찬가지로 매머드 정자를 코끼리 난자에 주입했을 때도 원치 않는 결과를 얻을 수 있다. 체외 수정에 사용할 정자가 치명적인 현대병을 일으키는 고대 병원균—바이러스성 설사나 B형 간염, 결핵, 식중독, 돼지콜레라 등을 일으키는—을 가지고 있을 수도 있기 때문이다. 따라서 크리처는 과학자들이 코끼리 난자에 정자를 주입하려면 완벽한 방역 장치를 갖추고 있어야 한다고 말한다. 크리처는 코끼리 난자를 생산하기 위해 생쥐에게 코끼리 난소 조직을 이식하는 실험을 하던 중 이 문제를 진지하게 생각하게 됐다. "코끼리에게 심각한 질병을 일으킬지도 모르기 때문에 조심해야 합니다." 크리처가 말했다.

믿기 어렵겠지만 어떤 병원균은 영하 190도로 냉동시킨 액화 질소에서도 살아남는다. 러시아 푸시치노에 있는 '토양에 관한 물리화학적 문제와 생물학적 문제 연구소'에 근무하는 다비드 길리친스키David Gilichinsky는 영구 동토층에서 수십만 년 동안 생존한 미생물을 찾아냈다. 그는 툰드라 지대에 오랫동안 머물면서 선구적인 업적을 남긴 과학자이다.

북동부 시베리아에 위치한 추코치이 갑에서 상쾌한 여름 한철 동안 탐사를 하던 길리친스키 팀원들은 마치 마술사가 모자를 덮은 손수건을 과장된 몸짓으로 확 잡아당기는 것처럼 툰드라 지대의 영구 동토층에 꽂아놓은 강철 막대를 확 잡아당겼다. 며칠간 계속된 눈비가 그치고 따사로운 해가 나왔지만 북극에서 미생물의 흔적을 찾기 위해 드릴로 땅을 파는 것은 전혀 낭만적이지 않았다. 30미터 아래까지 뚫고 들어갔다 나온 금속 끝에는 얼음 먼지처럼 보이는 평범한 침전물이 붙어 있었다. 이 평범하게만 보이는 침전물은 사실 미생물 덩어리로 자신들을 가두고 있던 얼음에서 해방되기만 하면 활동을 시작하려고 준비중이었다. 바로 4만 년 동안이나 야쿠츠코에 호 강변에 잠들어 있던 미생물이 다시 살아난 것이다.

1911년 러시아 과학자들은 베레조프카 매머드 사체에서 양성 세균을 찾아냈다고 발표했다. 이로써 영구 동토층이 생명이 전혀 살지 않는 버려진 땅이 아니라는 것이 입증되었다. 오늘날 많은 과학자들은 러시아 과학자들이 발견한 세균은 발굴된 후 침입한 세균이라고 생각하고 있지만 당시 그 발견은 길리친스키의 흥미를 끌기에 충분했다. 또한 실제로도 연구를 통해 영구 동토층에는 살아 움직일 수 있는 생명체가 풍부하게 묻혀 있다는 것이 밝혀지고 있다. 1979년 길리친스키는 모스크바 시립대학의 미생물학자인 드미트리 즈바이진체프Dmitrii Zvaygintsev와 엘레나 보로비오바Elena Vorobyova를 대동하고 미생물을 찾아 동시베리아 해로 들어가는 러시아의 콜리마 강을 찾아갔다. 세 사람은 영구 동토층에 서식하는 세균과 균류, 효모, 녹조류, 시아노박테리아, 이끼 등 다양한 극미생물(현미경으로 볼 수 있는 생물/옮긴이)을 수집할 수 있었다.

그러나 길리친스키는 자신들이 극미생물들의 표본을 훼손했을지도 모른다는 걱정 때문에 몇 년간이나 언론에 공개하기를 꺼렸다. 그의 걱정 가운데 하나는 가뭄이나 혹한을 나기 위해 만들어진 세균의 휴면 포자가 사라지는 것이었다. 세균이나 바이러스는 생존하기 어려운 환경이 되면 고치처럼 딱딱한 막을 만들고 그 안에 들어가 있는 휴면 포자가 됐다가 환경이 나아지면 다시 증식을 시작한다. 따라서 과학자들은 부패하기 쉬운 휴면 포자를 그대로 보존하기 위해 장비를 개발하고 채집봉 끝에 어떤 화학 물질이나 액체가 묻지 않도록 최선을 다했다.

길리친스키는 1980년대 중반이 되어서야 자신의 표본을 학계에 발표하기 시작했다. 그 중에는 3백만 년이나 영구 동토층에 묻혀 있다가 활동을 시작한 미생물도 있었다. 놀랍게도 그들이 찾아낸 미생물 중 추운 지방에서만 살 수 있는 미생물은 거의 없었다. 그 미생물들은 대부분 아무데서나 볼 수 있는 평범한 것들이었다. 그런데도 이 미생물들은 영하로 떨어뜨린 물에서도 살아남았다. 분명 북극의 저온층—얼음으로 덮인 영구 동토층 사이에 있는 지름이 수십 피트 되고 두께가 몇 피트 정도 되는 지하 해양 호수—에는 다른 미생물들도 살고 있을 것이다. 이 미생물들은 틀림없이 느리지만 끊임없이 토양에서 녹아드는 미네랄과 가스를 섭취함으로써 살아남을 수 있었을 것이다.

과학자들이 가장 궁금해하는 것은 이 미생물들이 어떻게 자연계 곳곳에 있는 방사능을 피해 DNA가 파괴되지 않고 살아남을 수 있었는가이다. 이 문제에 대해 길리친스키는 정확한 이유는 밝히지 못했지만 미생물들은 오랜 세월 진화하면서 자체적으로 손상된 DNA를 치료하고 독소를 제거하는 능력을 갖게 된 것이라고 생각했다. 길리친스키의 생각은 아직 입증되지 않고 있다. 하지만 적어도 과학자들이 미생물에 대해 갖는 선입견이 잘못됐다는 것을 알려주고 있었다.

길리친스키는 아직 치명적인 병원체로 보이는 미생물을 발견하지 못했다고 말한다. 신기하게도 탄저균처럼 감염됐을 때 인간을 죽일 수 있는 독성이 강한 병원체들은 피부를 통해서는 감염되지 않는다. 길리친스키는 자신들이 고대 생물이건 현대 생물이건 쓸데없이 영구 동토층에서 두통거리만 가져온 게 아닐까 생각했다. 더구나 남극의 얼음 층에서는 고대 미생물이 전혀 나오지 않았다. 모스크바 미생물학 연구소의 사비트 아비조프Sabit Abyzov는 이렇게 말했다. "오히려 우리가 남극 얼음 층을 오염시킬 수 있기 때문에 마스크를 쓰고 작업해야 했습니다."

하지만 과학자들이 간과한 것이 있었다. 과학자들은 얼음에 묻힌 세균만 생각했을 뿐 좀 더 치명적인 미생물인 바이러스를 놓치고 있었다.

1999년 7월, 미국 시러큐스에 위치한 뉴욕 주립대학의 스콧 로저스Scott Rogers가 이끄는 탐사팀이 그린란드의 14만 년 된 얼음 층에서 토마토모자이크병을 일으키는 식물 병원균의 RNA를 발견했다고 발표했다. 그들은 또한 얼음 층에서 2백 종류의 균류도 발견했는데 그 중에는 14만 년 동안 얼음 속에 갇혀 있었던 것도 있었다. 확인해본 결과 발견된 균류 중 20여 종은 인간의 몸에서 떨어진 것이었으나 나머지는 얼음 층에 원래부터 묻혀 있던 것이었다. 로저스는 DNA보다 훨씬 더 망가지기 쉬운 이 토마토모자이크 바이러스의 RNA가 아직도 제 기능을 하고 있는지는 알 수 없지만 분명히 바이러스의 RNA라고 말했다. 탤러해시에 위치한 플로리다 주립대학의 아이머 프리드먼E. Imre Friedmann은 오히려 생명 활동이 멈춘 바이러스가 "세균보다 훨씬 더 강인한 생존자일 수 있다"고 말한다.

로저스는 연구를 통해 영구 동토층은 바이러스의 저장소일 수 있으며 지구의 기온이 높아질 때마다 고대 미생물을 외부로 방출할 수 있다는 가능성을 제시했다. 이 고대 미생물의 변종 가운데 하나가 특별히 전염성이 강한 악성 형질을 지니게 됐다면, 이 변종은 생물계에 심각한 병을 유발시킬 수 있다. 병을 유발하는 바이러스는 동토층이 녹을 때 나온 종일 수도 있고 방출된 뒤 동족 바이러스의 유전자가 들어간 변종일 수도 있다.

또한 얼음 밑에는 치명적인 위험이 하나 더 도사리고 있다. 시베리아의 영구 동토층 밑에는 매머드나 다른 빙하기 동물들의 사체뿐 아니라 스탈린 시절 처형된 정치범들과 천연두로 죽어간 사람들의 시신이 가득 묻혀 있다. 1990년 시베리아를 찾아온 프리드먼과 그의 동료는 녹아내리는 땅 밖으로 불쑥 튀어나온 인간의 시신을 발견했다. "그 시신은 남자인지 여자인지 전혀 구별할 수 없었습니다." 프리드먼은 당시를 이렇게 회상했다. 그 시신을 본 러시아 고고학자는 시신이 입고 있는 야쿠트 전통 의상으로 미루어 볼 때 약 1백 년에서 3백 년 전 사이에 사망한 것이라고 했다. "나는 그 사람이 천연두 때문에 죽은 것이라고 확신합니다. 하지만 시신은 사망하자마자 묻힌 다음 잊혀져버렸죠." 프리드먼이 말했다. 그는 천연두 때문에 사망한 수천 구의 시신이 영구 동토층에 묻혔고 함께 묻힌 바이러스는 날씨가 따뜻해져 세상 밖으로 풀려날 때만 기다리고 있다고 했다.

그러나 베르나르 뷔게 팀의 과학자 래리 아겐브로드는 과학자들이 영구 동토층에 묻혀 있는 병원균을 밖으로 나오게 한다는 생각에 이의를 제기했다. "과학자들이 아니더라도 시베리아에 여름이 오면 땅 속에 묻힌 동물들이 저절로 녹아 밖으로 나옵니다. 하지만 전염병이 발생하지는 않지요." 아겐브로드는 또한 일본인 과학자를 비롯해 여러 연구가들이 매머드 살점을 발굴했다는 것을 지적했다. "하지만 아무도 병에 걸리지 않았습니다."

랭겔 섬은 휴양지가 아니었다. 동시베리아 해에 위치한 북동부 시베리아의 해변에서 약 193킬로미터 떨어진 이 섬은 한겨울이면 언제나 어둠에 쌓여 있었고 매섭게 부는 바람은 기온을 약 영하 73도까지 떨어뜨렸다. 이곳에서 매머드가 모습을 드러내는 것은 희미한 햇빛이 얼마 되지 않는 관목과 풀들 그리고 활엽초본을 살찌우는 아주 짧은 여름 한때뿐이었다.

냉전 시대에는 랭겔 섬도 시베리아의 다른 지역과 마찬가지로 소련 정부의 허가를 받은 사람들과 군사 요원들만이 출입할 수 있었다. 과학적 탐사도 대부분 금지됐다. 10년에 걸쳐 군대는 랭겔 섬 주민들을 섬 밖으로 이주시켰다. 현재 섬에 남아 있는 얼마 되지 않는 사람들은 랭겔 섬에서 겨울을 보내는 랭겔 섬 국립 보호위원회에서 고용한 사람들로 남쪽 해변가 우샤코프스코에라는 작은 마을에 거주하고 있었다.

세르게이 바르탄얀은 1989년 여름 랭겔 섬을 찾아갔다. 그가 방사성 연대측정법을 연구하던 상트페테르부르크의 지질학 연구소에서 철학 박사 학위를 딴 직후였다. 그는 랭겔 섬에서 방사선 연대측정법에 쓰일 매머드 뼈를 모을 예정이었다. 그 무렵 타이미르 반도에서는 플라이스토세가 끝난 몇 세기 후인 9천6백 년 전쯤 살았을 것으로 추정되는 매머드 뼈가 발견됐다. 이 매머드는 그때까지 발견된 매머드 중 가장 최근에 살았던 매머드였다. 랭겔 섬에서 바르탄얀은 그보다 더 최근에 죽은 매머드의 뼈를 찾아내고 싶었다. "탄소 연대측정법 전문가들은 가장 최근의 것이거나 가장 오래된 것을 찾고 싶어합니다." 바르탄얀의 말이다. 그는 매년 봄마다 조금씩 무너져 내리는 언덕의 경사진 충적세 지층을 돌아다니며 매머드 뼈를 수집했다. 그가 특히 신경 써서 찾아본 곳은 침식 작용을 가속화시키는 얼음막, 즉 얼음 쐐기 근처에 있는 퇴적물이었다. 여러 곳의 매머드 뼈를 수집하던 바르탄얀은 곧 이상한 점을 발견했다. 어른 매머드의 뼈와 이빨이 마치 새끼 매머드의 뼈와 이빨처럼 작은 것이 아주 많았다.

바르탄얀은 자신이 찾아낸 뼈들을 가지고 상트페테르부르크로 돌아왔다. 그는 이 뼈들을 가지고 방사성 탄소 연대측정법을 실시해보았다. 그 중 12탄소에 대한 14탄소 함량비가 월등히 높은 다섯 구의 뼈를 발견하고 바르탄얀은 흥분을 감추지 못했다. 탄소 연대측정법 실험 결과 엄니 4개와 정강이뼈 1개의 연대가 대략 4,740년 전에서 7,380년 전이라는 결론이 나왔다. 자기 앞에 벌어진 일에 믿을 수 없었던 바르탄얀은 그 뼈들을 모스크바에 있는 지질학 연구소로 가져가 다시 실험해보았다. 결과는 마찬가지였다. 그러나 바르탄얀은 이 빈약한 표본을 일반인에게 공개하고 싶지 않았다. 그때를 바르탄얀은 이렇게 말했다. "무엇을 해야 할지 전혀 생각나지 않았습니다."

그 뒤 6개월 동안 바르탄얀은 랭겔 섬으로 돌아가 수백 파운드가 넘는 매머드의 뼈와 엄니, 이빨 같은 것을 모았다. 발굴한 모든 뼈와 이빨을 분석한 바르탄얀과 동료들은 충적세 지층에서 나온 매머드 중 가장 최근에 죽은 개체의 사망 연대가 불과 3,730년 전이라는 사실을 알아냈다. 또한 뼈들의 임자는 모두 몸집이 작은 매머드들이었기 때문에 바르탄얀과 그의 동료들은 이 매머드들이 피그미매머드라는 새로운 종이라고 결론지었다(그러나 이 생각은 훗날 딕 몰과 다른 사람들의 공격을 받게 된다). 이것은 매머드가 멸종될 당시 소형화가 진행됐다는 분명한 증거처럼 보였다. 이 소형 매머드 가설은 네덜란드의 고생물학자 파울 손다르Paul Sondaar가 1970년대 인도네시아에서 근무하던 중 제창한 것이었다. 손다르는 코끼리와 하마 그리고 사슴, 이렇게 세 가지 동물 종에서 소형화가 나타났다고 주장했다. 섬같이 경사가 많은 지역에서는 긴 다리뼈보다 짧은 다리뼈를 갖고 있는 것이 유리하기 때문이라는 것이 손다르의 주장이었다.

1993년 자신들의 연구에 확신을 갖게 된 바르탄얀과 동료 학자들은 〈네이처〉지에 자신들이 발견한 매머드에 대한 기사를 실었다. 기사와 함께 실린 주석에서 런던 대학의 생물학자 애드리언 리스터Adrian Lister는 랭겔 뼈를 가리켜 "최근 발굴된 가장 경이로운 화석"이라고 했다. 바르탄얀의 발견은 매머드 멸종설을 주장하는 모든 학자들의 환영을 받았다. '이상 기후설'을 주장하는 학자들은 랭겔 섬을 플라이스토세의 마지막 잔류지로 보고 있었다. 그들은 다음과 같이 주장했다. 랭겔 섬의 환경은 매머드 스텝 지역과 아주 비슷하다. 따라서 다른 지역에서 매머드가 사라진 후에도 몇천 년 동안 랭겔 섬에 매머드가 서식했다는 것은 이상할 것이 하나도 없다. 그러나 랭겔 섬에 남아 있던 매머드들은 먹이가 점점 줄어들었기 때문에 작아질 수밖에 없었다. 따라서 바르탄얀의 매머드들은 '이상 기후설'을 증명하고 있다는 것이다. 한편 '대량 학살설'을 주장하는 학자들은 지구상에서 마지막으로 살았던 매머드들이 인간이 이주할 때까지 섬에 살아 있었다는 게 증명됐다며 좋아했다. 그들은 초기 뉴질랜드 이주민들이 모아가 사라질 때까지 사냥한 것이나 키프로스 초기 정착민들이 피그미하마의 씨를 말려버린 것처럼 랭겔 섬에 도착한 사냥꾼들도 매머드를 지구상에서 사라지게 한 것이 틀림없다고 주장했다.

바르탄얀의 기사를 읽은 맥피는 랭겔 섬이야말로 '치명적인 병'을 증명할 수 있는 절호의 장소라고 생각했다. 그는 바르탄얀이 그저 매머드 뼈를 수집하기 위해 랭겔 섬에 갔다는 사실을 알고 있었다. 그러나 그는 연구를 위해 가는 것이었다. 따라서 자본이 필요했다. 이리저리 수소문하던 끝에 맥피는 몇 해 전 박물관에서 제공한 중국 횡단 여행 도중, 기차에서 만난 부유한 영국인 사업가에게 돈을 빌릴 수 있었다. 미국 국립과학협회에서도 모자라는 금액을 채우라고 5만 달러를 후원해주었다. 5만 달러는 시베리아의 외진 마을을 왕복하기 위해 맥피와 그의 팀원 다섯 명이 타고 갈 헬리콥터를 빌리는 비용밖에 안 됐다. 당시 헬리콥터 사용료는 한 시간에 5천 달러였다.

1998년 8월, 맥피와 동료들은 모스크바를 출발해 추코츠카 해안에 위치한 작은 마을인 미스 시미드타Mys Shmidta에 도착했다. 그곳에서 그들은 헬리콥터를 빌려 250킬로미터 떨어진 우샤코프스코에까지 날아간 다음 섬의 북쪽에 있는 야영지를 찾아갔다. 맥피는 이곳이 '지구의 진정한 끝'이라고 말한다. 그들은 푸마 스리Puma Three라고 이름 붙인 오두막에서 18일 동안 머물렀다. 랭겔 섬에는 나무가 없었다. 그러나 오두막 밖에는 이런 팻말이 놓여 있었다. '랭겔 섬: 동부 산림 지역'. 영구 동토층을 파서 만든 냉장고에는 식사 때 메인 요리로 쓰일 연어와 순록 고기가 들어 있었다.

한여름이면 낮이 스무 시간이나 되는 이곳에서 다섯 명의 과학자—바르탄얀, 맥피, 클레어 클레밍, 상트페테르부르크에 위치한 동물학 연구소의 알렉세이 티호노프, 일리노이 주립박물관의 제프 사운더스Jeff Saunders—들은 각기 흩어져 툰드라 지대를 돌아다닌 다음 뼈나 이빨, 엄니 등을 가지고 푸마 스리로 돌아왔다. "날씨가 말썽이었습니다." 맥피가 말했다. "세상에, 딱 이틀을 제외하고는 언제나 파카를 입고 있어야 했죠. 탐사 내내 비나 진눈깨비, 함박눈이 쏟아졌습니다." 과학자들은 매일 매머드가 묻혀 있는 언덕까지 힘겹게 걸어가야 했고 질퍽거리는 영구 동토층을 파헤쳐야 했다. "45킬로그램이나 나가는 매머드 뼈를 옮기는 것은 휘몰아치는 강풍을 맞으며 비오는 논길을 걷는 것과 같습니다." 더 많은 표본을 찾기 위해 그들은 오두막에서 남동쪽으로 11킬로미터 정도 떨어진 슈마나야 강에 임시 야영소를 세웠다. 나흘 동안 그곳에서 지낸 과학자들은 밤마다 북극곰이 습격해올지도 모른다는 두려움에 떨어야 했다.

계속해서 날씨가 나빴기 때문에 맥피 일행은 발굴 일정을 계속해서 연기할 수밖에 없었다. "러시아에서는 민간 항공기가 자주 추락했기 때문에 기상 조건이 나쁠 때는 절대 헬리콥터를 띄우지 않습니다." 맥피가 말했다. 과학자들은 작업 종료 날짜가 다가오자 자신들을 미스 시미드타에서 모스크바까지 데려다줄 헬리콥터가 운행되지 않을까봐 걱정하고 있었다. 그러나 헬리콥터가 출발하기로 한 날은 날씨가 좋았고 과학자들은 세 시간의 비행 끝에 무사히 모스크바로 돌아올 수 있었다. "북미에서라면 단지 몇 명의 얼간이 때문에 모든 일정을 미루고 그저 땅바닥에 앉아 그들이 나타나기만 기다리는 게 가능할까요? 글쎄요, 전 그렇지 않을 거라고 생각합니다." 헬리콥터 이륙 시간에 늦게 도착한 과학자들은 다른 승객들이 자신들에게 짜증을 낼 거라고 생각했다. 그러나 승객들은 "우리가 도착한 것에 환호하고 보드카를 대접하더군요"라고 말했다.

과학자들은 자신들이 무척 운이 좋았다는 것을 알게 되었다. 사실 처음에 과학자들은 탐사 비용을 북극곰을 촬영하려는 뉴질랜드 촬영팀과 공동 투자하기로 했었다. 그러나 뉴질랜드 팀은 8월까지 떠날 준비를 할 수 없었다. 뉴질랜드 팀이 랭겔 섬에 들어온 것은 과학자들이 떠난 뒤인 9월 중순경이 되어서였다. 그때 벌써 북극은 겨울로 접어들고 있었다. 갑자기 떨어진 기온과 휘몰아치는 눈보라 때문에 촬영팀은 두 달 내내 텐트에 갇혀 있어야 했다. 식량이 바닥날 쯤에야 헬리콥터가 도착했고 사람들은 모두 탈진 상태였다. 맥피는 "그들이 할 수 있는 일이라곤 휴대전화로 뉴질랜드 대사관에 전화를 걸어 구조 요청을 하는 것뿐이었습니다." 뉴질랜드 팀의 고립이 전세계에 알려지자 러시아 공군이 그들을 구조하기 위해 나섰다. "뉴질랜드 사람들은 장비도 챙기지 못하고 나왔지요."

과학자들은 상트페테르부르크로 매머드 뼈가 가득 담긴 상자를 가져왔다. 그 중에는 골수가 흘러나오는 척골도 포함돼 있었다. 맥피는 '치명적인 질병설'을 입증해줄 만한 표본을 골라 방사성 탄소 연대측정법을 실시하기 위해 미국으로 보냈다.

뼈를 분석하는 역할은 이제 막 맥피의 전속 DNA 전문가로 연구실에 합류한 젊은 분자생물학자 알렉스 그린우드Alex Greenwood가 맡았다. 그린우드의 스승은 저명한 분자생물학자인 스반테 파아보Svante Pääbo였다. 파아보는 네안데르탈인의 뼈를 이용해 DNA 염기서열을 밝혀낸 논문으로 유명한 과학자였다. 그는 네안데르탈인의 세포 내 소기관인 미토콘드리아에서 추출한 DNA를 분석하여 이 선사 시대 인류가 현생 인류와 아주 다른 염기 배열을 하고 있다는 것을 밝혀냈다. 미토콘드리아는 세포의 에너지를 생산하는 기관이다. 그는 네안데르탈인의 미토콘드리아 DNA가 현생 인류와 아주 다른 구조를 하고 있는 것을 보고 이 석기인이 현생 인류와 거의 유사점이 없는 먼 친척이거나 어쩌면 아예 상관없는 다른 종일 수도 있다고 생각했다. 파아보의 발견은 분명 대단한 것이었지만 2001년 전까지는 완벽하게 보존된 고대 미토콘드리아의 DNA를 발견하지 못하고 있었다. 그러다 2001년 초, 옥스퍼드 대학의 앨런 쿠퍼Alan Cooper와 그의 동료들은 자신들이 두 종류의 모아 새 미토콘드리아 DNA를 분석했다고 발표했다. 모아 새는 5백 년 전 탐욕스러운 인간들에 의해 멸종된 날지 못하는 새였다.

그러나 고대 DNA 분석의 성공에는 언제나 말썽이 따랐다. 고대 DNA를 분석했다고 야단법석을 떨어도 대부분이 사실이 아닌 것으로 밝혀졌다. 하지만 과학자들이 고의로 허위 사실을 발표한 것은 아니었다. DNA 분석 실험은 매우 정교해야 하는데 이때 자칫 잘못하면 현대 DNA가 섞여 들어갈 수 있다. 과학자들이 이 현대 DNA를 고대 DNA로 착각한 것이다. "명성은 한순간에 사라지고 동료들은 거짓말쟁이를 용서하지 않습니다." 맥피의 말이다. 과학자들이 가장 많이 저지르는 실수는 송진이 굳어 만들어진 호박 속에 갇힌 곤충의 DNA를 분석했다거나 공룡의 뼈에서 DNA를 찾아냈다고 하는 것이다. DNA는 산을 만나면 이내 부식하게 되고 활성 산소는 DNA를 이루는 염기쌍을 공격하여 부패시킨다. 과학자들은 아무리 화학 작용이 느린 영구 동토층 밑에 묻혀 있었더라도 10만 년 이상 된 DNA를 폴리머라아제 연쇄 반응PCR으로 분석하다보면 형체를 알아볼 수 없을 만큼 훼손되는 일이 생길 수 있다고 말한다. PCR 반응은 DNA 감정이나 유전자 진단에서 빠질 수 없는 기술이다. 이 PCR 반응에는 탐침探針이 사용되는데 이 탐침이 한 효소에 의해 수백만 번이나 복제를 거듭한 DNA를 분석하는 역할을 한다. 문제는 이 탐침에 묻어 있을 수 있는 현대 DNA가 실험을 망친다는 데 있다. 탐침에 현대 DNA가 아주 소량만 묻어 있어도 실험은 실패로 끝난다. 실험이 실패하는 것보다 더 큰 일은 과학자들이 현대 DNA를 고대 DNA라고 착각해버리는 일이다. 그린우드와 맥피는 자신들이 신중하게 실험했다는 것을 알고 있었다. 그린우드는 "매머드 DNA는 조금만 잘못해도 쉽게 다른 물질에 의해 오염돼버립니다. 따라서 전 과정을 아주 조심스럽게 진행해야 합니다"라고 말했다.

고대 DNA 연구가들은 이 문제를 해결하기 위해 새로운 방법을 고안해냈다. 세포핵 안에 들어 있는 수억 개의 염기서열을 분석하는 일은 무척 어려운 일이다. 따라서 과학자들은 핵이 아닌 미토콘드리아에 들어 있는 염기에 주목했다. 미토콘드리아에는 1만 6천 개 정도의 염기쌍이 존재한다. 얼핏 생각하면 이것은 무척 터무니없는 것처럼 들린다. 동물의 DNA를 분석하려고 하는데 왜 핵이 아니라 미토콘드리아를 분석하는 것일까? 하지만 굳이 쉬운 방법을 두고 어려운 방법을 택할 필요는 없다. 핵에 들어 있는 DNA는 이중나선 구조의 한쪽 사슬만 봐도 수만 개의 유전자가 배열돼 있다. 따라서 폴리머라아제 연쇄 반응을 일으키려면 수 마일에 이르는 염기를 한 줄로 나열해야 한다. 하지만 미토콘드리아에 들어 있는 유전자는 소량이기 때문에 복제도 쉽고 한 세포 안에는 수천 개의 미토콘드리아가 들어 있기 때문에 실험 기회도 그만큼 다양하다는 장점이 있다. 다시 말해 세포에 들어 있는 고대 DNA가 대부분 손상됐어도 미토콘드리아는 그 수가 많기 때문에 적어도 몇 개는 손상되지 않고 그대로 남아 있을 확률이 있다. 또한 미토콘드리아의 DNA는 종에 따라 다르며 같은 종의 개체는 모두 같은 미토콘드리아 DNA를 갖고 있다. 따라서 미토콘드리아 DNA를 분석함으로써 현대 종과 고대 종 간의 분자적 모계 가계도를 그릴 수 있다. 이 분자적 모계 가계도는 논란의 여지는 있지만 뼈의 형태를 비교해서 그리는 가계도를 보충해줄 수 있다고 믿고 있다.

그러나 핵 DNA에 포함된 유전자들은 그 개체의 생김새나 행동 방식을 결정하는 역할을 한다. 눈의 색깔 같은 외부 형질뿐만 아니라 수학이나 음악의 천재와 같은 개인의 차이도 핵에 들어 있는 유전자가 결정한다. 오래된 핵 DNA를 복구하는 것은 '거의 불가능한 일'이라고 그린우드는 말한다. 핵의 DNA가 품고 있는 유전자는

PCR 실험에서 훼손될 수도 있고 어떤 유전자는 발견되지 않을 수도 있다. 하지만 그린우드가 아주 포기한 것은 아니었다. 그는 자신의 훌륭한 스승인 파아보와 다른 두 명의 과학자들과 함께 매머드 세포에서 처음으로 DNA를 추출해낸 경험이 있었다.

그린우드는 알래스카의 엔지니어 항만에서 가까운 영구 동토층에서 발굴한 매머드 어금니 두 개와 중앙 시베리아 해안에서 조금 떨어진 북극해의 노보시비르스키에 군도에서 찾아낸 턱뼈를 가지고 실험을 시작했다. 그는 제일 먼저 실험실 구석구석을 자외선으로 살균했다. 이는 어떤 DNA도 표본에 떨어지지 않게 하기 위해서였다. 표본 DNA는 사람 몸에서 떨어져나간 비듬이나 우연히 만진 손가락의 피지에 의해서도 오염될 수 있다. 실험실 소독을 끝낸 그린우드는 실험에 쓰일 뼈를 가루로 만들었다. 그런 다음 이 뼈를 EDTA가 섞여 있는 용액에 부어 무기물을 모두 걸러냈다. EDTA는 용액 속에 담긴 무기물질에 붙어 용액 밖으로 석출시키는 화학 물질이다. 무기물질이 제거되자 그린우드는 남은 용액에 프로테이나제 K proteinase K(곰팡이에서 분리한 단백질 분해 효소/옮긴이)를 넣어 뼈가루에 들어 있는 단백질을 분해시켰다.

그린우드의 앞에 고대 DNA가 모습을 드러냈다. 동물이 죽으면 세포 내부에서는 독특한 화학 작용이 일어난다. 그린우드는 "조직이 부패하면 살아 있을 때는 없었던 화학 물질들이 생겨난다"고 말했다. 그 중에서 가장 골치 아픈 것은 혈액이 부패하면서 생기는 화합물이다. 가끔 죽은 조직에서 추출한 DNA에 페놀을 처리하면 색이 자줏빛이나 옅은 갈색으로 변할 때가 있다. 그린우드는 그것이

'아주 나쁜 징조'라고 말한다. 이것은 표본이 손상됐거나 추출된 DNA의 양이 거의 없다는 것을 의미했다. 그러나 표본을 제대로 추출해낸 경우도 있었고 그럴 때면 다음 단계로 넘어갈 수 있었다. 다음 단계는 분해된 DNA 단백질에 규사와, DNA와 규사를 연결해줄 염기 다리salt bridge인 구아나디니움 이소시오시아네이트guanadinium isothiocyanate를 첨가하는 것이다. 이 단계가 끝나면 알코올로 씻어내는 과정이 남는다. 모래성이 쓸려 내려가는 것처럼 소량의 알코올은 제 역할을 다한 염기 다리를 녹인다.

그린우드는 PCR 프라이머(primer, 복제에 쓰이는 짧은 DNA 사슬/옮긴이)가 두 개의 유전자, 즉 척추동물의 전체 게놈 중 수백 개의 유전자를 복제해 지니고 있는 28S 리보솜 DNA와 모든 세포에 공통적으로 들어 있는 폰 빌레브란트 인자 유전자von Willebrand factor gene의 특정 위치에 작용하도록 처리했다(폰 빌레브란트 유전자에 이상이 생겨 발생하는 병이 혈우병이다). 그린우드는 매머드 DNA에서 두 유전자를 찾아내는 데 성공했다. 그는 날아갈 듯이 기뻤다. 아프리카코끼리와 아시아코끼리의 유전자에서 같은 염기서열을 찾아내 매머드와 비교해본 그린우드는 매머드가 아프리카코끼리보다는 아시아코끼리와 더 가까운 사촌이라는 것을 밝혀냈다.

맥피는 랭겔 섬에서 가져온 표본으로 치명적인 질병을 일으켰을지도 모를 병원균을 찾지는 못했으나 흥미로운 바이러스성 DNA를 찾아내는 데는 성공했다. 그들이 찾아낸 것은 내생 레트로바이러스(RNA 종양 바이러스로 에이즈나 암을 유발하는 바이러스를 포함한다/옮긴이)와 비슷한 종으로 이 바이러스의 유전자는 고등 생물의 게놈

사이에 몰래 들어가 그곳에서 증식하는 특징이 있다. 그러나 심각한 병을 유발할 것 같지는 않았다. 화석에 들어 있는 바이러스에 주목한 사람은 그린우드가 처음이었다. 그는 랭겔 섬에서 찾아낸 가장 최근에 묻힌 화석—4,590년 된 매머드의 매끄러운 정강이뼈—과 알래스카의 엔지니어 항만에서 찾아낸 13,780년 된 매머드 턱뼈를 갈아 실험해보았다. 그곳에서 찾아낸 이 유사 레트로바이러스는 현대 코끼리가 지니고 있는 유사 레트로바이러스와 똑같은 종이거나 적어도 비슷한 종으로 밝혀졌다. 이 유사 레트로바이러스는 생물의 조직에 아무런 이득도 주지 않으며 보통 게놈이 밖으로 밀어내는 종이라는 것을 생각해보면 매머드와 코끼리 조직에서 이 바이러스가 공통적으로 발견된다는 것은 이상한 일이다. 그러나 왜인지는 몰라도 이 바이러스는 전세계적으로 여러 종 안에서 수천 년 동안 살아왔다.

이 DNA로 이루어진 유사 레트로바이러스가 '치명적인 질병'을 일으킨다는 것을 맥피가 입증하기 위해서는 이 바이러스가 매머드 안에 머물고 있을 때 매머드가 죽었다는 증거를 찾아내야 했다. 어떻게 하면 찾을 수 있는지 그는 알고 있었다. 따라서 매머드를 죽인 바이러스가 있기만 하다면 반드시 찾아낼 수 있었다. 그가 시베리아로 돌아갈 수만 있다면 말이다.

도약

1974년 6월, 한 통의 전화가 래리 아젠브로드의 인생을 바꿔놓았다. 며칠 전 조지 핸슨George Hanson이라는 남자가 사우스다코타 주 남서쪽에 위치한 블랙 힐의 핫 스프링스 변두리에서 주택을 건설하기 위해 땅을 갈다가 커다란 뼈를 몇 개 발견했다. 핸슨의 아들은 그 뼈가 매머드의 뼈라는 것을 알았다. 핸슨의 아들은 그 길로 가까운 곳에 살고 있던 매머드 연구가에게 달려갔고 그 연구가가 당시 북부 애리조나 대학의 지질학 교수로 있던 아젠브로드에게 연락한 것이었다. 다음달 초 그곳에 도착한 아젠브로드는 그 뼈들이 적어도 네 마리의 매머드 뼈라는 것을 알고 흥분을 감추지 못했다.

다음해 여름, 그 땅의 주인인 필 앤더슨Phil Anderson은 아젠브로드와 지원자들이 자기 땅을 파는 것을 허락해주었다. 땅을 파던 사람

중 한 명이 엄니가 그대로 붙어 있는 두개골을 찾아내자 아젠브로드는 자신들이 뭔가 대단한 것을 발견했다는 것을 알았다. 아젠브로드는 과학의 발전을 위해 이 장소가 꼭 필요하다고 생각했다. 그래서 그는 집주인의 동의와 주민들의 협조를 구하고 백만 달러의 기금을 만들었다. 그 돈으로 땅을 사들인 아젠브로드는 그곳에 발굴 기지를 세웠다. 아젠브로드는 "만약 매머드 뼈가 발견되지 않았다면 이 땅은 그대로 묻혀버렸을 것"이라고 말한다. 미국에서 매머드가 발견되는 곳은 1천5백 군데 정도이지만 핫 스프링스처럼 많은 수의 매머드 뼈가 발굴된 곳은 처음이었다. 핫 스프링스 매머드 유적지의 총감독을 맡은 아젠브로드는 이전까지는 배수구였던 곳에서 매머드 뼈를 52구나 찾아냈다.

딕 몰은 1990년대 초반, 두 해 여름을 핫 스프링스에서 보내면서 아젠브로드와 가까워지게 되었다. 그래서 딕 몰은 타이미르 반도에서 매머드 발굴 현장을 촬영하려던 디스커버리 채널 관계자가 미국 청중을 사로잡을 만한 매머드 연구가를 소개해달라고 부탁하자 주저 없이 아젠브로드를 소개해주었다. 몰은 핫 스프링스 발굴 현장에서 여러 지원자들이 이 매력적인 지질학자를 무척 숭배하는 모습을 직접 눈으로 확인했었다. 그는 이 열정적인 지식인인 아젠브로드가 미국 청중들을 충분히 사로잡을 수 있다고 생각했다.

1999년 3월, 디스커버리 채널의 연출가 모리스 팔로우Maurice Paleau가 아젠브로드를 만나기 위해 북애리조나 대학 깃발이 나붙은 그의 겨울 은신처로 찾아왔다. 아젠브로드는 자신을 찾아온 팔로우에게 사무실에 있는 매머드 넓적다리뼈 두 개를 보여주면서 이렇게 말했다. "정말 기막힌 물건 아닙니까?" 그 매머드 넓적다리뼈 두 개는 아주 기이한 짝을 이루고 있었다. 하나는 마치 거대한 컬럼비아매머드의 것처럼 보였는데 적어도 90센티미터는 되는 것 같았다. 다른 하나는 작은 피그미매머드의 것처럼 60센티미터가 채 안 됐다. 아젠브로드는 그 연출가에게 명함을 한 장 내밀었다. 매머드 그림이 그려져 있는 명함에는 이런 글귀가 씌어 있었다.

'매머드가 뭐냐구요??? 여기로 오세요!!!!'

아젠브로드야말로 자신들이 찾던 사람이라고 생각한 팔로우는 그에게 5월에 열리는 '로테르담 국제 매머드 회의'에서 뷔게와 함께 만나자고 제안했다.

그때 몰은 매머드 회의 개최 준비를 잠시 접고 지난봄, 예비 발굴 작업 때 뷔게가 발굴한 매머드 위아래 턱뼈와 이빨을 보기 위해 하탕가로 날아가 있었다. 뷔게는 그에게 그 전해 여름에 발견된 매머드 표본을 보내왔다. 그 표본을 방사성 탄소 연대측정법으로 실험해본 결과, 약 2,380년 된 매머드라는 것을 알 수 있었다. 뷔게가 보내준 사진에 나온 엄니는 아주 크고 무거워 보였다. 몰은 그 엄니를 보고 발굴된 매머드는 무게가 적어도 1만 5천 파운드 이상 나가는 수컷이라고 생각했다. 그는 매머드를 직접 보고 좀 더 자세한 정보를 얻기 위해 직접 하탕가로 찾아온 것이었다.

몰이 하탕가에 도착하자 뷔게가 엄니를 보여주었다. 몰은 그 엄니가 '정말 아름답고' 그가 본 것 중 '가장 보존이 잘 된 것'이라고 말했다. 그는 또한 턱뼈를 살펴보았다. 턱뼈에 나 있는 어금니는 모두 여섯 쌍이었다. 매머드의 어금니는 여섯 쌍이 자란다. 따라서 발굴된 매머드는 다 자란 매머드였다. 몰은 치아의 마모 상태와 치석의 양을 아프리카코끼리와 비교해봄으로써 죽을 당시의 나이를 추정해 볼 수 있다고 한다. 그는 발굴된 매머드가 한창 나이인 47세 때 죽었다는 사실을 알아냈다.

매머드 협회는 뷔게에게 그가 발굴한 매머드의 이름을 발굴지의 명칭을 따서 지으라고 명령했다. 그러나 타이미르 매머드와 하탕가 매머드는 벌써 있었기 때문에 뷔게는 볼사야 발라흐냐 강의 이름을 따서 매머드의 이름을 지어야 했다. 하지만 그 이름이 마음에 들지 않았던 뷔게는 불편한 심기를 감추지 않았다. 비록 발굴한 매머드를 타이미르 반도에서 가지고 나가지 않겠다는 서약을 한 뒤 모든 발굴 권한을 타이미르 지방 정부로부터 위임받은 그였지만, 사실 뷔게가 그 매머드를 발견한 것은 아니었다. 따라서 뷔게의 이름은 붙일 수 없었다. 하지만 매머드에게 발견된 곳의 이름을 붙여주는 것은 반드시 따라야 하는 규정 사항이 아니었다. 예외라면 얼마든지 있었다. 애덤스 매머드는 발견자의 이름을 따서 지었다. 또 1988년에 어떤 선장이 북부 시베리아의 야말 반도에 있는 유리베테야하 강둑에서 발견한 어린 매머드도 지형 이름을 따지 않았다. 보존 상태가 양호했던 유명한 매머드 '디마'와는 달리 바싹 말라붙어 있던 이 어린 매머드에게는 알렉세이 티호노프의 어린 딸 마샤의 이름이 붙여졌다. 뷔게가 이름 때문에 힘들어하자 몰이 모두가 만족할 만한 이름을 제안했다. 바로 뷔게를 발굴 현장까지 안내한 가족의 이름을 따서 짓자는 것이었다. 그렇게 해서 이 타이미르 매머드는 '자코프 매머드'가 되었다.

6주 후 하탕가에서 돌아온 몰은 심각한 재정난에 직면하게 되었다. 다음 탐사를 위한 지원을 얻기 위해 그달 말 개체한 매머드 회의에서 동료들을 설득하는 일은 결코 쉬운 일이 아니었다. 그의 메일함에는 이미 흥미는 나타냈지만 회의적인 반응을 보이는 메일 몇 통이 도착해 있었다. "모든 사람이 제 프로젝트에 대해 들었습니다. 하지만 그들은 어떤 돈 많은 미친 프랑스인이 매머드를 발굴하고 싶어한다는 정도로만 이해했습니다." 몰이 말했다. 그는 암스테르담 공항에서 안드레이 셰르를 만났을 때를 잊을 수 없다고 했다. 셰르는 그때 이렇게 말했다. "당신이 아주 불합리한 매머드 탐사에 대해 이야기할 거라고 들었습니다. 그때 나는 아무도 내 계획을 진지하게 받아들이지 않는다는 것을 알았습니다." 몰이 말했다.

로테르담 자연사박물관에서 열린 회의에는 백 명도 넘는 매머드 연구가들이 세계 곳곳에서 참석했다. 회의에서 다뤄진 주제는 '매머드 DNA의 유전자 분석'에서부터 '털북숭이매머드가 전세계로 퍼져 나갔을 때 지나간 경로'까지 매우 다양했다. 토론은 매머드에게 한정되지 않았다. 과학자들은 매머드와 동시대에 살았던 동물들에게도 흥미를 나타냈다. 가령 현재 코뿔소의 싸움을 털북숭이코뿔소의 싸움과 비교해보는 식이었다. 그러나 과학자들의 관심을 가장 많이 끈 것은 자코프 매머드에 관한 것이었다. 몰은 뷔게가 두개골을 발굴하는 비디오 장면도 함께 공개했다.

셰르는 그때 많은 사람들이 몰의 프로젝트에 대해 안심하게 됐다고 했다. 몰의 발표는 중요한 정보를 제공했다. 과학자들은 뷔게의 발굴 장소가 볼사야 발라흐냐 강이라는 것에 주목했다. 그곳은 대빙하기 때 빙하로 덮여 있지 않던 곳이었다. 따라서 볼사야 발라흐냐 강은 초기 매머드 스텝 지역일 가능성이 있었다. 만약 그것이 사실이라면 볼사야 발라흐냐 강 부근에는 다량의 매머드 뼈뿐만이 아니라 사향소, 플라이스토세 말을 비롯한 여러 멸종된 동물들이 묻혀 있을 가능성이 있었다. 또한 과학자들은 발굴한 매머드를 녹여서 운반하지 않고 얼어붙은 그대로 비행기에 실어 운반한다는 계획에 깊은 인상을 받았다. 그렇게 하면 매머드가 가지고 있는 정보를 보호할 수 있었다. 그때까지는 얼어붙은 땅을 뜨거운 물로 녹인 다음 운반했다. 그러나 그렇게 되면 중요한 정보를 지니고 있을지도 모르는 침전물이 물에 쓸려갈 염려도 있었고 무엇보다도 매머드가 망가질 염려가 있었다.

많은 과학자들이 안심하게 된 또 다른 이유는 이 탐사를 이끌 과학자가 이베스 코펜스Yves Coppens였기 때문이었다. 그는 최초의 인간, 루시의 뼈를 함께 발굴한 고인류학자였으며 유제류(긴 근육성 주둥이가 특징인 동물들, 코끼리를 비롯한 매머드, 마스토돈 등이 있다/옮긴이) 전문가이기도 했다. 무엇보다도 설득력이 있었던 것은 이 탐사의 목적이 일부 언론에서 떠드는 것처럼 매머드를 복제하는 것이 아니라 매머드의 생태와 멸종 원인을 밝히는 데 있다는 것이었다. 물론 매머드의 DNA는 무척 귀한 것으로 많은 과학자들이 찾고 싶어했다. 뷔게의 탐사팀은 탐사와 관계없는 사람이라도 매머드 DNA를 원한다면 언제라도 나눠줄 준비가 되어 있었다. 왜냐하면 DNA를 받은 과학자들이 털북숭이매머드와 가까운 친척들, 즉 코끼리나 매너티 같은 동물들의 진화적 관련 여부를 밝혀줄 거라고 기대했기 때문이었다. 또한 만약 뷔게가 대빙하기 말에 죽은 매머드를 찾아낸다면 얼어붙은 DNA를 통해 멸종 원인을 밝혀낼 수도 있을 거라는 기대도 생겼다. 식물 군락이 급격한 날씨 변화로 자주 바뀌었기 때문에 매머드의 유전적 다양성이 줄어들었다는 증거가 나오면 '이상 기후설'을 주장하는 과학자들을 만족시킬 수 있을 것이다. 반면 고대 병원균이 발견되면 '치명적인 질병설'을 주장하는 과학자들의 환영을 받게 될 것이다.

그러나 DNA 분석 결과는 어느 한쪽의 일방적인 승리를 가져다주지는 않을 것 같다. 자코프 매머드의 털과 주변 침적물에 묻은 식물의 화분과 다른 조직을 가지고 분석해본 결과 타이미르 반도는 빙하기를 겪었던 시기가 있음이 밝혀졌다. 식물 중에는 강수량이 많은 지역보다 춥고 건조한 매머드 스텝 지역 같은 곳에서 더 잘 자라는 것도 있다. 자코프 매머드 위장에 있는—이 매머드가 마지막으로 먹은—음식을 분석해보면 대빙하기 전후에 타이미르 반도에서 자라고 있던 식물을 알 수 있다. 대빙하기에서 다음 세기로 넘어가는 시기에 일어난 식물들의 변화에 맞춰 매머드의 개체수가 감소했느냐 아니면 새로운 개체들이 다시 태어났느냐에 따라 '이상 기후설'이 맞는지 틀린지를 알 수 있게 된다.

아젠브로드가 프로젝트에 열의를 보이는 또 한 가지 이유가 있었다. 그는 자코프 매머드가 죽게 된 원인과 과정, 그리고 당시 환경이 미친 영향에 대해 다른 견해를 갖고 있는 과학자들을 한데 모이게 할 수 있다는 생각에 흥분하고 있었다. 아젠브로드는 과학의 한 학파에 속해 있다는 것은 어두운 밀실에서 필름을 현상하는 것과 같다고 말한다. 밀실에서 보이는 영상은 아주 희미할 수밖에 없다. "다른 사람의 의견을 무조건 배척한다면 전체를 볼 수 없습니다."

몰과 뷔게는 탐사에 대한 국제적인 관심을 불러일으키고 러시아 정부와 국민들의 협조를 얻기 위해 탐사팀에 젊은 러시아 과학자를 영입하기로 했다. 평소 상트페테르부르크의 동물학 박물관 소속 과학자들과 친분이 있던 몰은 그 유명한 베레시차긴의 연구를 도왔던 알렉세이 티호노프에게 탐사에 동참해달라고 요청했다. 그때까지 뷔게는 아젠브로드를 만날 수 없었다. 왜냐하면 아젠브로드가 다리를 다쳐 매머드 회의에 참석하지 못했기 때문이었다. 그래서 그해 6월, 뷔게와 몰은 디스커버리 채널 촬영팀과 함께 아젠브로드가 여름 동안 매머드를 발굴하기 위해 머물고 있는 핫 스프링스를 찾아왔다. 그곳에서 뷔게는 래리 아젠브로드와 그의 아내 완다가 훌륭하게 발굴 작업을 하는 것을 보았다. 완다를 본 뷔게는 뜻밖의 제안을 했다. 그녀만 원한다면 타이미르 발굴 작업을 도와달라는 것이었다. "그의 초대를 받은 완다는 무척 기뻐했습니다. 그녀는 탐사팀에서 유일한 여성이었습니다." 그 거친 음성의 지질학자는 이렇게 말했다.

래리 아젠브로드와 완다 아젠브로드는 벌써 은혼식을 앞두고 있었지만 아직도 서로에게 장난을 거는 폼이 마치 신혼부부처럼 보였다. 완다는 교사직을 은퇴한 뒤 남편의 발굴 작업을 도와주고 있었다. 하지만 래리는 고등학교 시절부터 연인이었던 두 사람 사이에도 갈등은 있었다고 했다. 1950년대, 래리가 모로코에 있는 해군 부대에서 근무할 때였다. 그곳으로 완다의 편지 한 통이 전해졌다. "이 사람은 나를 잊겠다고 하더군요. 그러더니 정말 나를 떠나 스튜어디스가 돼버렸어요." 래리가 말했다. 래리는 두 사람 사이가 끝났다고 생각했다. 그러나 3년 후 군 복무를 마친 래리가 미국으로 돌아왔다. "나는 뉴욕에 있는 이 사람에게 전화를 했습니다. 그러자 이 사람이 뭐라고 했는지 아십니까? '오늘 결혼식에 세울 들러리를 부탁했어' 라고 하더군요. 나는 정말 살아갈 방법만 있으면 모로코로 돌아가려고 했어요. 아시다시피 모로코에선 아내를 네 명까지 얻을 수 있잖아요." 그렇게 말하면서 래리는 완다를 다독여주었다. 완다도 그를 보고 미소지었다.

군 복무가 끝난 아젠브로드는 애리조나 대학에서 지질공학 석사 학위를 따고 석유 회사에 들어갔다. 그곳에서 그는 전세계를 돌아다니면서 석유가 묻혀 있을 만한 곳을 측량하는 일을 담당했다. 그는 여행하는 것을 좋아했지만 석유 탐사는 '무척 지루한 일'이었다고 말한다. 결국 대학으로 다시 돌아온 아젠브로드는 고고학 석사 학위를 받은 다음 지질학으로 박사 학위를 받았다. 그의 첫번째 연구는 매머드를 사냥했던 북아메리카 원시 사냥꾼에 대한 것이었다. 그러나 연구가 진행될수록 그의 관심은 사냥꾼이 아니라 사냥감으로 바뀌어갔다. 그는 매머드 화석을 연구하여 그들의 생활상과 진화 경로를 밝히고 싶었고 그들이 살았을 당시의 환경을 재현해보고 싶었다.

1999년 9월 16일, 모스크바에 내린 아젠브로드는 날씨가 따뜻한 것을 보고 무척 걱정했다. 시베리아 지역도 이렇게 따뜻하다면 매머드가 묻혀 있는 동토층을 통째로 파내지 못할 뿐 아니라 얼어 있는 상태가 유지될 수도 없었다. 다음날 저녁, 일행은 하탕가로 출발하기 위해 군 항공 기지로 갔다. 7시간 동안 총 3천2백 킬로미터를 날아가야 하는 일행은 뷔게가 전세 낸 일류신 폭격기를 탈 예정이었다. 일류신 폭격기는 1950년대 미국에 대항하기 위해 만든 전략 폭격기였다. 기지에 도착한 일행은 비행기에 사람들이 꽉 차 있는 것을 보았다. 이 사람들은 승무원들과 개별적으로 계약을 맺고 비행기에 오른 사람들이었다. 2년 전 고토가 경험한 것과 비슷한 상황이었다. 전투기는 무단 탑승객들과 그들이 가져온 짐 때문에 탐사대가 탈 공간이 남아 있지 않았다. 뷔게의 일행 중에는 매머드 탐사 다큐멘터리 판권을 소유하고 있는 디스커버리 채널의 제작진도 끼어 있었다. 아젠브로드는 이때 처음으로 뷔게가 화내는 것을 보았다. "그는 이렇게 소리쳤어요. '이게 무슨 장난이야? 대체 이게 뭐야. 이건 우리가 전세 낸 거잖아? 자리가 날 때까지 절대 떠나지 않겠어'라고 말입니다." 아젠브로드는 당시를 회상하며 이렇게 말했다. 그러나 뷔게의 말은 아무 소용이 없었다. 결국 일행은 승무원들이 타는 좁은 공간에 처박히듯 들어갈 수밖에 없었다. "우리는 짐 때문에 눌릴 것 같았습니다. 안전벨트도 없었고 의자도 없었죠. 미국에서는 전혀 상상도 할 수 없는 일이었습니다."

일행은 극도로 피로해질 무렵 비행기에서 내릴 수 있었다. 하탕가에 도착한 일행은 그 지역 관리와 함께 한 식당에서 저녁을 먹었다. "그 식당은 열고 싶을 때만 여는 곳이었죠." 아젠브로드의 말이다. 그들은 매일 밤 순록 고기와 생선, 감자만 먹고 지내야 했다. 하지만 빈약한 음식이 아젠브로드의 열정을 꺾을 순 없었다. 그는 기상 캐스터가 오늘밤 날씨가 영하로 떨어질 거라고 보도했을 때 느낀 감정을 잊을 수 없다고 했다. "모든 사람이 환호했습니다. 우리는 이제 탐사를 시작할 수 있었습니다."

이틀 후 일행은 헬리콥터를 타고 북쪽으로 30분 떨어진 툰드라 지대로 날아갔다. 그곳은 북극권에서 정확히 북쪽으로 767,493킬로미터 떨어진 지점이었다. 그러나 막상 러시아 노동자들이 매머드가 묻혀 있는 영구 동토층을 통째로 파내는 모습을 본 아젠브로드는 심장이 멎는 것 같은 충격을 받았다. 매머드가 묻힌 얇은 도랑으로 흙탕물이 스며들고 있었던 것이다. 이 물은 매머드를 싸고 있는 토양을 녹여 매머드를 밖으로 드러낼 염려가 있었다. 그러나 물 때문에 녹은 흙 사이로 매머드의 검고 긴 털이 보이자 아젠브로드는 흥분을 감출 수 없었다. 그는 그 털을 어루만졌다. 그는 "마치 갓 태어난 제 아이를 보고 있는 것 같았습니다"라고 말했다.

일행의 머리 위로 첫눈이 내렸다. 이것은 좋은 징조인 것 같았다. 그러나 발굴 속도는 느리게 진행되었다. 뷔게가 가져온 발전기가 제 구실을 하지 못했기 때문에 압축 공기식 휴대용 소형 착암기를 사용할 수 없었기 때문이었다. 따라서 일꾼들은 영하 25도까지 떨어진 추운 날씨 속에서 삽과 곡괭이로 콘크리트처럼 단단한 얼음 땅을 조금씩 파내야 했다. 아젠브로드는 일주일은 매머드 발굴 지역에서 보냈고 일주일은 하탕가에서 독서를 하거나 식사를 하고 지냈으며 몰과 뷔게와 함께 대화를 나눌 때도 있었다. 그는 미국에서는 볼 수 없는 순수한 원주민 아이들에게 애정을 느꼈다. 아젠브로드는 "어느 날 아홉 살이나 열 살 정도로 보이는 어린 돌간족 여자아이가 제 뒤를 졸졸 쫓아오는 게 아니겠습니까? 내가 뒤돌아보자 그 아이는 '전 안나예요' 라고 말하더군요"라고 말했다. 그 아이가 할 수 있는 영어는 그게 다였다. 몇 주 후 그 아이는 새로운 말을 배워서 아젠브로드를 찾아왔다. "아저씨 이름은 래리예요." 아젠브로드는 아이가 너무 귀여워서 자신의 인명 구조 상자를 선물로 주었다.

하루는 하탕가 사향소 연구 센터에 있을 때였다. 한 돌간족 여인이 경쾌한 노래를 부르고 있었다. 그 노래는 아젠브로드에게 아메리카 원주민들의 노래를 떠오르게 했다. 그는 돌간족의 언어를 이해할 수 없었지만 그 여인이 부르는 몇 곡의 구슬픈 노래를 듣고 있을 때는 자신도 모르게 순수해지는 감정을 느꼈다. 툰드라 지대를 떠나 하탕가에 사는 돌간족은 대부분 낡아빠진 오두막에 살고 있었다. 유목 생활로 돌아간 돌간족은 순록을 치며 살아가야 했다. 그들은 순록을 소중하게 생각했다. 툰드라에 겨울이 찾아오면 돌간족은 썰매 위에 만든 이동 가옥인 발로키baloki를 순록에게 끌게 했다(뷔게도 자신이 직접 만든 발로키를 가지고 있었다. 발로키는 나무로 만든 뼈대에 순록의 가죽을 덮어 만든다).

하탕가에서는 야생 순록이 보고 싶어서 썰매를 타고 멀리까지 나갈 필요가 없었다. 아젠브로드는 "순록은 어디에나 있었습니다"라고 말한다. 그는 자코프와 함께 순록 사냥을 나간 적이 있었다. 이 원주민 사냥꾼은 순록 한 마리를 총으로 쏘더니 그 자리에서 사냥감을 다듬었다. 그런 다음 두 사람은 순록 세 마리가 끄는 자코프의 썰매를 타고 마을로 돌아왔다. 썰매는 아젠브로드가 몰았다. 자코프는 그에게 막대기를 건네주었다. 이것은 아젠브로드가 '순록 가속 장치'라고 부르는 것으로 그 끝에는 둥근 상아가 박혀 있었다. "순록이 천천히 가면 이 막대기로 엉덩이를 쿡 찌릅니다. 그러면 순록은 움

찔거리다가 뛰어가기 시작하고 몸은 중심을 잡지 못해 크게 흔들립니다. 그 중 한 놈이라도 빨리 달리기 시작하면 굴러 떨어질 수도 있습니다." 이렇게 아젠브로드가 하탕가에서의 생활을 즐기고 있는 동안 뷔게는 탐사에 필요한 물자를 마련하느라 정신이 없었다. 가장 큰 문제는 16톤이나 나가는 얼어붙은 땅덩어리를 들어올려 321.8킬로미터나 떨어진 하탕가까지 실어올 헬리콥터를 구하는 것이었다. 분명 이 일을 하려면 지구상에서 가장 큰 헬리콥터가 필요할 것 같았다. 헬리콥터를 빌리기 위해서는 아에로플로트 사에 막대한 금액을 지불해야 하는 것은 물론 허가서를 얻기 위해서는 다른 일도 해야 했다. 뷔게가 해야 하는 일은 이런 일이었다. 헬리콥터 사용 허가서를 구하기 위해서는 빌릴 헬리콥터로 러시아 하원의 부의장인 아투르 칠린가로프Artur Chilingarov와 그의 친구들을 60세 생일인 9월 25일에 맞춰 북극까지 데려다주어야 했다. 칠린가로프는 몇 차례의 러시아 북극 탐사를 이끌었고 남극에서는 러시아 탐사 기지 한 곳의 국장을 지낸 적이 있는 인물이었다. "러시아에서는 관리를 대접하는 것이 관례입니다. 그렇지 않으면 허가서를 얻을 수 없습니다." 아젠브로드가 말했다.

헬리콥터에는 부의장과 친구들이 타고도 몇 자리가 남았다. 그래서 아젠브로드와 몰도 함께 탑승할 수 있었다. 그러나 그 여행에서 아젠브로드는 그리 큰 감동을 받지 못했다. 하늘은 온통 잿빛 구름으로 가득 차 있었고 북극해를 덮고 있는 얼음은 너무 얇아 헬리콥터가 안전하게 착륙할 수 있는 곳이 없었다. 헬리콥터가 착륙 지점을 찾아 몇 차례 선회하고 있는 동안 부의장과 친구들은 보드카를 마시며 이리저리 돌아다니고 있었다. 아젠브로드가 감동받은 것은 다시 하탕가로 돌아올 때였다. 헬리콥터 안에서 아젠브로드는 20세기 북극의 마지막 일몰을 바라보고 있었다. 앞으로 3월이 되기 전까지 해는 떠오르지 않을 것이다.

북극에 해가 떨어지자 그때부터는 시간이 없었다. 잔혹한 북극 겨울은 아주 빠르게 다가오고 있었다. 빨리 발굴 작업이 이루어지지 않는다면 매머드는 그대로 두고 하탕가를 떠나야 했다. 아젠브로드가 마지막으로 발굴 장소를 찾은 9월 30일, 뷔게는 극적으로 발전기를 돌릴 수 있었다. 그리고 이제 착암기를 사용할 수 있었다. "우리는 지난 2주 동안 한 일보다 훨씬 많은 일을 그날 오후에 해냈습니다." 강의를 위해 대학으로 돌아온 아젠브로드가 말했다.

일주일이 안 되어 과학자들은 매머드가 묻혀 있는 도랑을 파낼 수 있었다. 그런 다음 파낸 얼어붙은 땅덩어리 밑으로 강철봉을 밀어 넣는 작업을 진행했다. 헬리콥터로 동토층을 나르는 동안 그 땅덩어리를 받쳐줄 받침대를 만들기 위한 작업이었다. 하지만 그것으로 모든 문제가 해결된 것은 아니었다. 이번에는 헬리콥터를 띄울 연료가 모자랐다. 그해 가을, 하탕가로 들어오는 연료가 바닥났기 때문이었다. 언제나 석유를 실어 나르던 바지선이 그해는 하탕가 강이 얼어버렸기 때문에 내륙까지 들어올 수 없었다. 그 배는 어쩔 수 없이 핵쇄빙선이 얼음을 깨뜨리기 전까지 강 하류에 머물고 있었다. 뷔게는 디스커버리 채널 제작자에게 도움을 구했다. 그러자 그 제작자는 기꺼이 하탕가에서 남서쪽으로 몇백 마일 떨어져 있는 노릴스크의 북극 광업 도시에서 연료를 공수해올 수 있도록 수십만 달러를 뷔게에게 건네주었다.

뷔게가 연료를 마련하기 위해 노릴스크로 가 있는 동안 몰이 발굴 작업의 지휘를 맡았다. 그러나 디스커버리 채널 촬영팀과 러시아 일꾼 사이에 생긴 친밀함이 몰과의 사이에서는 생기지 않았다. 러시아 일꾼들은 몰을 비웃고 있었다. 뷔게가 노릴스크로 떠나기 전의 일이었다. 사람들은 저녁을 먹으면 식탁 주위에 몰려 앉곤 했다. 모두 말은 통하지 않았지만 보드카를 마시고 담배를 함께 피우면서 즐겁게 담소를 나눌 수 있었다. 하지만 몰은 그저 혼자서 조용히 앉아 있었다. 평소 그는 술이나 담배는 하지 않았지만 말이 많은 유쾌한 사람이었다. "나하곤 맞지 않아." 그저 몰은 이렇게 말하고 혼자 지냈다. 더 안 좋은 조짐은 러시아 일꾼들이 그의 지시를 받는 것을 꺼린다는 사실이었다. 몰도 그 사실을 알고 있었다. 그는 발굴 작업을 진행하려면 이 문제를 해결해야 한다고 생각했다. 그는 담배를 입에 물었다. 그전까지 한 번도 담배를 피워본 적이 없는 그였다. 건강을 건 도박이었다. 러시아 일꾼들은 비로소 그의 지휘를 인정했다.

발굴팀이 뷔게를 기다리는 동안 날씨는 더욱 악화되었다. 강한 눈보라가 점점 더 심하게 몰아쳤다. 바람이 불 때마다 텐트는 세게 흔들렸다. 사람들은 텐트가 바람에 날아가버릴지도 모른다는 두려움에 떨었다. 그렇게 되면 차가운 바람을 그대로 맞아야 한다. "언제 그 커다란 헬리콥터가 도착할지 알 수 없었습니다." 몰이 말했다. "우리는 기다리고 또 기다렸습니다." 아침마다 매머드가 놓여 있는 도랑에 눈이 쌓였다. 발굴팀은 누군가가 매머드 위에 방수포를 덮자고 제안할 때까지 매일 삽으로 도랑에 쌓인 눈을 치워야 했다. 이렇게 혹독한 날씨 속에서도 몰은 도랑을 돌아다니며 수생식물들의 잔재를 모으러 다녔다. 그는 그곳에서 녹색 광채가 나는 5~8센티미터 되는 수생식물을 찾아냈다. 그 식물은 대략 2만 년 정도 된 것 같았다. 식물이 발견된 곳은 당시 호수나 개울의 둑이었다. 아젠브로드는 매머드 멸종 가설 중에 "물가에서 물을 먹다가 빠져 죽었다"는 가설이 있음을 상기시켰다.

그러나 방송국 사람들은 호수에 떨어진 식물 따위로는 만족할 수 없었었다. 뷔게가 노릴스크에서 돌아오자 영화 제작자인 장-찰스 드니오는 얼어 있는 진흙을 녹여 매머드의 윗부분을 살짝 공개하자고 말했다. 그러나 뷔게는 자코프 매머드가 더 이상 훼손되는 것을 원치 않았기 때문에 반대했다. 하지만 결국 헤어드라이기로 머리 부분만 녹이기로 했다. 사흘 동안 작업한 끝에 동토층 윗부분이 지름이 90센티미터 정도 되는 크기로 녹아내렸다. 그러자 길고 빳빳한 조모와 비단처럼 부드러운 회색을 띤 노란 털 그리고 황갈색 솜털이 모습을 드러냈다. 몰은 매머드의 털을 쓰다듬어보았다. "마치 살아 있는 매머드를 만지고 있는 것 같았습니다." 몰이 말했다. 또 하나 특징적인 것은 그 오묘한 냄새였다. 털은 자극적인 냄새를 풍기고 있었다. 동물의 배설물처럼 역한 냄새였다. "어쨌든 그 털들은 피부에 붙어 있었습니다." 몰이 말했다.

영화 제작자는 매머드를 완전히 들어내기 전에 금속 칼라를 이용해서 엄니를 매머드 몸에 붙이고 싶어했다. 발굴 작업을 방영할 때 엄니가 없는 것보다 있는 것이 훨씬 더 근사하게 나온다는 것이 제작진의 설명이었다. 뷔게는 그렇게 하도록 허락했다. 훗날 연출된 상황에 대한 비난이 일자 그는 매머드의 자존심을 지켜주기 위해서 그랬다고 말했다. 뷔게는 "엄니도 없이 새로운 곳에 도착하는 것은 매머드에 대한 예의가 아니라고 생각했다"고 말했다.

다음날인 10월 17일은 일요일이었다. 전날 밤 맹렬하던 폭풍이 잠잠해지고 그날은 화창하고 따뜻했다. 아침 10시경 몰은 하탕가에서 걸려 온 전화를 받았다. 몰은 "결코 그날을 잊을 수 없을 겁니다"라고 말했다. 헬리콥터가 연료를 채우고 발굴 장소를 향해 출발했다는 내용이었다. 마치 그 전날 밤 텐트가 부서진 것을 알고 있는 것 같았다.

3시간 후 MI-26기가 도착했다. 몰은 이 헬리콥터가 "아주 엄청난 기계더군요. 길이는 30미터에 회전 날개는 각각 28미터는 되는 것 같았습니다. 소음도 엄청 났지요"라고 말했다. 헬리콥터가 하강하면서 땅 위의 눈발을 날렸기 때문에 땅에서는 앞이 전혀 보이지 않았다. 땅덩어리를 들어올릴 쇠사슬을 고안한 크리스티앙 드 마를리아브가 헬리콥터 밑에 있는 케이블을 움켜잡았다. 케이블 끝에는 갈고리 모양을 하고 있는 걸림쇠가 있었다. 백 톤이나 되는 헬리콥터가 호버링(헬리콥터가 공중에 정지해 있는 상태/옮긴이)하는 밑으로 기어들어간 드 마를리아브는 케이블을 땅덩어리에 단단히 고정시킨 후 조종사에게 신호를 보냈다. 모두 숨죽이고 지켜보고 있었다.

육중한 헬리콥터가 땅에서 얼음 땅덩어리를 들어올리기 위해 애쓰고 있었다. 그것은 적어도 16톤 이상 나가는 화물이었다. 땅에서 그 모습을 지켜보던 뷔게는 "도저히 들어올릴 수 없을 것 같다"는 생각을 했다고 한다. 헬리콥터에게 지시를 내리는 뷔게의 손가락은 헬리콥터가 일으키는 바람 때문에 얼어붙는 것 같았다. 그 뒤 몇 분 동안 헬리콥터는 매머드를 들어올리기 위해 노력했지만 전혀 소용이 없었다. 몰은 헬리콥터가 추락할지도 몰라 무척 걱정했다. 조종실에 있던 디스커버리 채널의 조연출, 더크 훅스트라Dirk Hoogstra도 걱정되긴 마찬가지였다. 훗날 더크는 디스커버리 채널에 방영된 방송을 통해 이렇게 말했다. "땅덩어리는 꼼짝도 하지 않았고 오히려 우리를 끌어당기고 있는 것 같았습니다. 그 순간이 영원히 계속될 줄 알았습니다." 작은 사고만 나도 엄청난 비난이 쏟아질 터였다. 몰은 이렇게 말했다. "사람들은 이렇게 말하겠지요. '저 투기꾼에 아마추어 좀 보라고. 타이미르에서 미친 짓을 하고 있군' 이라고 말입니다." 그것은 러시아에서 직접 발굴 작업을 하고자 하는 서방의 다른 고생물학자들의 기대를 무참히 짓밟아버리는 것이었다.

거의 10분 가까이 땅덩어리와 씨름하던 헬리콥터가 마침내 서서히 위로 올라가기 시작했다. 맑은 하늘은 황혼이 지면서 옅은 자주색을 띠어갔다. 몰은 숨을 죽이고 그 장면을 지켜보았다. 30톤을 견딜 수 있게 제작된 철물 구조가 휘기 시작했다. 그러다 갑자기 땅에서 땅덩어리가 솟구치더니 하탕가를 향해 날아가기 시작했다. 작은 헬리콥터에 올라탄 몰과 발굴팀은 MI-26기를 앞질러 먼저 하탕가에 도착했다. 그들이 도착하고 얼마 안 돼 지평선 너머로 커다란 땅덩어리가 대롱대롱 매달려 오는 모습이 보였다. 여전히 엄니는 제자리에 붙어 있었다. 조종사는 나중에야 그 화물의 무게가 23톤이었다는 것을 알았다. 적정 중량보다 3톤이나 초과된 무게였다.

"활주로에 내려앉는 매머드를 보자 우리는 새로운 역사를 수립했다는 것을 깨달았지요." 몰이 그때를 회상하며 말했다. 털북숭이매머드가 멸종된 동물이라는 것이 밝혀진 지 2백 년 만에, 그리고 애덤스 매머드가 발견된 후 최초로 베르나르 뷔게가 얼어붙은 빙하기 생물을 천천히 녹일 수 있는 안전한 장소로 운반한 것이다. "이것은 고생물학의 새로운 지평을 연 사건입니다. 사람들은 백 년이 지나고 2백 년이 지나도 이 사건을 이야기할 겁니다." 몰이 말했다.

그러나 돌간족은 아무도 기뻐하지 않았다. 그들은 매머드를 파헤친 것은 재앙을 불러올 거라고 걱정했다. "그들은 베르나르에게 순록으로 고사를 지내라고 했죠." 탐사 기간 동안 하탕가에서 뷔게를 도왔던 블라디미르 아이스너의 말이다. 돌간족은 고사를 지내야만 나쁜 재앙도 피해갈 것이며 매머드의 뼈도 무사히 뷔게의 손에 남게 될 거라고 했다. 그러나 뷔게는 순록을 재물로 삼고 싶지 않았다. 돌간족은 그러면 개를 바치라고 했다. 하지만 그것도 내키지 않았다. 뷔게 팀은 벌써 타이미르에서 태풍으로 아끼는 개를 한 마리 잃어버린 후였다. 그러자 돌간족은 마지막으로 뷔게에게 발굴 장소에 동전을 몇 개 던져 넣으라고 말했다. 뷔게는 그렇게 했다. 하지만 결국 돌간족이 뷔게가 조상의 재앙을 불러일으켰다고 생각하는 사건이 일어났다. 2000년 초, 뷔게가 매머드 뼈와 엄니를 사고 매머드에 대한 정보를 수집하던 노보리브노예라는 돌간 마을에서 이유도 없이 몇 명이 죽어나갔다. 마을 사람들은 주민의 죽음을 뷔게 탓으로 돌리고 그에게 발굴을 즉시 중단하라고 요청했다. "그들은 뷔게에게 '제발 발굴을 멈추어달라' 고 했습니다. 사람들이 죽어간다고요." 그 때를 떠올리며 아이스너가 말했다. "뷔게는 돌간족과 6, 7년 동안 알고 지낸 사람이었습니다. 더구나 그는 그들이 필요하다면 자기가 입고 있는 외투도 기꺼이 내줄 사람이었죠. 돌간족이 그에게 그런 행동을 했다는 것은 그만큼 공포가 컸다는 말입니다."

불신을 나타낸 것은 돌간족만이 아니었다. 2백만 달러를 소비한 탐사를 마치고 귀환한 그들 앞에 함께 발굴 작업에 참여했던 과학자가 의문을 제기하고 나섰다. 그는 발굴한 매머드는 그렇게 크지 않았다고 주장했다. 의문을 제기하고 나선 사람은 티호노프였다. 그는 1999년 10월 발굴 현장에서 일주일을 머물렀었다. 그는 제대로 보존된 조직은 뷔게가 발굴한 땅덩어리의 윗부분, 고작 60센티미터 정도였을 거라고 주장했다. 그곳은 모래로 덮여 있었기 때문에 조직이 보존될 가능성이 크다. 하지만 나머지 부분은 얼음 쐐기에 들어 있었다. 따라서 그 안으로 들어간 물과 눈 때문에 균열은 해마다 더 커졌을 것이고 그런 상황에서는 사체가 보존될 수 없다. 또한 매머드를 이동하기 전에 찾아낸 뼈는 모두 깨끗했다. 뼈에는 근육이 한 점도 붙어 있지 않았다고 주장했다. 티호노프는 "그곳에서 찾아낸 뼈는 중요하지도 않으며 과학사에 도움도 되지 않는다"고 말했다.

그러나 다른 사람들은 그가 틀렸다고 한다. 아젠브로드는 "티호노프가 타이미르 반도를 떠난 후 나머지 발굴팀들이 개울을 좀 더 파들어갔다. 그곳에서 그들은 자갈층이 매머드의 나머지 부분을 감싸고 있는 것을 알아냈다. 그곳은 얼음 쐐기가 아니었다"고 말했다.

서방에서 온 팀원 중 한 명은 러시아 사람들이 고의로 자코프 매머드의 가치를 비하시키는 것이라고 말했다. "나 같아도 외국인이 우리나라에 들어와 맘대로 휘젓고 다니다가 내가 발견하지 못한 것을 발견하면 배가 아프겠지요." 논쟁을 가라앉히는 길은 하나밖에 없었다. 자코프 매머드가 정말 가치가 있는 것인지 직접 해동시켜보는 것이었다.

DNA 동물원

뷔게와 함께 탐사했던 딕 몰이나 다른 사람들과 달리 아젠브로드는 매머드를 복제한다는 생각을 강하게 지지하고 있었다. 그는 매머드가 21세기에 되살아나도 잘 보살피기만 한다면 현세에도 훌륭하게 적응할 것이라고 생각했다. "사람들은 〈쥐라기 공원〉을 너무 많이 봤어요. 하지만 매머드는 조금도 위험한 동물이 아닙니다." 아젠브로드는 말한다. "지금 우리가 말하고 있는 것은 털이 달린 조그만 코끼리입니다. 채식주의자가 아니라면 전혀 걱정할 것이 없습니다."

1997년 생물계는 성체의 핵을 이용해 '복제 양 돌리'를 탄생시키는 데 성공함으로써 생물 복제에 새 장을 열었다. 이로써 매머드를 비롯한 멸종된 동물들도 충분히 다시 살릴 수 있게 되었다. 인디애나 대학의 존 크리처는 "현재 보유한 과학기술과 앞으로의 발전을 생각하면 결코 불가능한 일이 아닙니다"라고 말한다. 그는 또한 '생존 능력이 있는 난자나 정자를 발견하면' 복제는 수월하게 진행될 수 있다고 주장한다. 하지만 그의 의견에 반박하는 과학자들도 많다. 저명한 생식생물학자 가운데 한 명은 이렇게 말했다. "크리처 같은 과학자는 기어다니지도 못하는 것을 날라고 하는 것이나 마찬가집니다."

게다가 완벽한 DNA를 얻을 수 있는 사람이라도 복제 프로그램을 시행하는 동안 무수히 많은 장애를 겪어야 할 것이다. 복제 양 돌리와 다른 동물들의 복제 실험을 통해 과학자들은 아무리 양이나 소, 쥐 같은 연구가 많이 된 동물들이라도 복제하는 것은 쉽지 않다는 것을 알게 되었다. 복제된 배아는 배 속에서 죽는 경우가 많았으며 태어나더라도 심장이나 허파 같은 외부 기관이 불완전하여 금방 죽게 되는 경우가 많았다. 이와 같은 실패는 복제 과정에서 유전자 각인 현상(genetic imprinting, 한 쌍의 유전자가 동시에 작용하는 것을 막기 위해 모계나 부계 중 한쪽의 유전자의 기능을 억제하는 현상/옮긴이)이 제대로 기능을 하지 못하기 때문이라는 학설이 대두되고 있으나 아직까지 정확한 원인을 찾지 못하고 있다. 난자가 수정되면 난자 안에 있는 유전 물질은 부계 유전자와 모계 유전자의 형질 중 한 가지만 작동하도록 지시한다. 만약 모계와 부계 중 한쪽의 유전자가 없으면 이 과정은 일어나지 않는다. 각인이 제대로 되지 않으면 기형적인 태반이 형성되고 결국 태아의 성장을 방해한다.

그러나 복제 기술은 발전도 거듭해왔다. 그 중 한 예가 멸종 위기에 처한 동물의 복제 배아를 다른 종의 자궁에 착상시키는 데 성공한 것이다. 2000년 초, 과학자들은 동남 아시아에 살고 있는 들소인 가우어의 배아를 암소의 자궁에 착상시키는 데 성공했다. 2001년 1월, 노아Noah라는 이름의 송아지가 태어났다. 태어난 다음날 송아지는 설사를 하기 시작했다. 설사는 새로 태어난 송아지에게서 흔히 볼 수 있는 질병이었다. 수의사는 설사의 원인이 세균에 의한 감염 때문이라고 보고 항생제를 투약했다. 하지만 송아지는 그 다음날 죽었다. 비록 오래 살지는 못했지만 이 실험은 멸종 위기에 처한 동물을 보호하고 이미 멸종된 동물을 부활시킬 수 있다는 희망을 갖게 했다. 이 실험을 성공시킨 회사는 매사추세츠 주 워체스터에 위치한 생명공학 회사인 어드밴스트 셀 테크놀로지Advanced Cell Technology 사였다.

멸종 위기에 처한 동물을 더 늦기 전에 복제한다는 생각은 현명한 생각이다. "현재 알려진 노아의 방주는 잘못된 것이다. 단 한 쌍의 동물만으로는 종족을 유지할 수 없기 때문이다." 보존생물학자 토머스 푸즈Thomas J. Foose는 그의 저서 『마지막 방주의 탑승자들*Riders of the Last Ark*』에서 이렇게 말했다. 그는 많은 고대 문서에서 대홍수 때 노아가 방주에 태운 동물의 쌍은 각 종마다 일곱 쌍이라는 기록이 나온다고 했다. 만약 그의 주장이 옳다고 한다면 노아는 개체군 생물학을 잘 알고 있던 셈이다. 과학자들은 최소 일곱 쌍은 되어야 한 종이 가지고 있는 전체 유전자 풀의 90퍼센트 이상을 확보할 수 있다고 한다. 따라서 일곱 쌍만 되면 유전적 다양성이 보장되어 자연도태되지 않고 종이 번성할 수 있다. 마찬가지로 동사한 동물의 DNA를 이용하여 만든 클론이 계속해서 번성하려면 종의 유전적 다양성을 보장받아야 한다. 그러기 위해서는 한 마리가 아닌 여러 마리의 클론을 만들어내야 한다.

유전적 다양성을 증가시키기 위해 복제를 시도한 첫 동물은 자이언트팬더였다. 현재 자이언트팬더의 서식지는 보호 구역으로 지정되어 개별적으로 살아가는 천 마리 가량의 야생 팬더를 보호하고 있다. 그러나 중국 정부는 보다 더 확실한 보존 계획을 세우고 싶어한다. 중국 정부는 팬더의 개체수를 보다 많이 증가시키기 위해 시험관 수정을 계획하고 있다. 이 계획은 2004년에 실시될 예정이다. 이 복제 계획을 이끌고 있는 유전학자는 중국 과학협회의 첸다위안陳大元이다. 그는 자신이 일정을 앞당길 수 있을 거라고 주장하고 있다. 1999년 6월, 첸다위안의 연구팀은 자신들이 과학사에 획기적인 이정표를 세웠다고 발표했다. 그들은 죽은 팬더 암컷의 골격 근육 세포와 젖샘 세포에서 핵을 추출해 핵을 제거한 일본 토끼의 난자에 이식했다고 했다. 그 결과 초기 배 단계인 포배기 상태의 배를 얻을 수 있었다고 했다.

현재 첸다위안의 연구팀은 어드밴스트 셀 테크놀로지 사와 함께 미국 흑곰의 난자를 가지고 같은 실험을 진행중이다. 만약 수정에 성공해서 난할이 진행된다면 이 수정란은 대리모인 흑곰의 자궁에 착상시킬 예정이다. 이 방법이 성공하면 지금까지 팬더의 생식률이 떨어진다는 악평을 듣고 있는 동물원에게도 희소식이 될 것이다. 한 마리 팬더의 클론을 열 마리 만들어 그 클론들을 각기 다른 팬더와 교배시키면 팬더 유전자의 95퍼센트가 보존될 수 있을 것으로 예상된다.

팬더 프로젝트는 성공할 확률이 높다. 왜냐하면 지금까지 팬더에 대한 생식생리학적 연구가 많이 진행돼 있으며 팬더의 문제점을 잘 알고 있기 때문이다. 예를 들어 과학자들은 수정을 방해하는 암컷의 생리 불순도 알고 있고 정소가 쪼그라든 것과 같은 수컷의 일반적인 문제점도 파악하고 있다. 또한 그들은 앞으로 복제된 팬더를 키울 흑곰의 생리에 대해서도 잘 알고 있다. 복제 실험에서는 클론의 생리를 아는 것도 중요하지만 보다 더 중요한 일은 대리모의 생식적 약점을 정확하게 파악하는 것이다. 결국 과학자가 클론의 배아를 언제 어디서 착상시킬 것인가를 정확히 알지 못하면 그 실험은 실패하게 된다. 지금까지 생식 기작에 대해 밝혀진 동물이 별로 없기 때문에 대리모를 결정하는 것은 아주 중대한 일이다. 따라서 수마트라코뿔소나 강돌고래처럼 멸종 위기에 처한 동물들도 복제를 통해 유전자를 보전하려면 적합한 대리모의 생식 기작이 밝혀질 때까지 기다려야 한다.

전체 유전자 조합이 그대로 남아 있고 염색체를 한 줄로 배열할 수만 있다면 죽은 동물의 세포보다는 살아 있는 생물의 세포가 복제 성공률이 더 높다. 왜냐하면 죽은 동물의 DNA는 보통 망가져 있기 때문이다. 아무리 시베리아의 추운 기후라도 죽은 동물의 DNA는 높은 고층 빌딩에서 추락한 것처럼 박살나 있을 확률이 높다. 화학적인 보호제가 없으면 얼어 있는 DNA는 망가지게 된다. "만약 이제 막 언 매머드라도 기본적으로 세포 전체가 망가졌을 겁니다. DNA는 말할 것도 없지요." 미국 자연사박물관의 알렉스 그린우드의 말이다. 그의 동료인 로스 맥피는 이렇게 말한다. "DNA가 완전하게 보존돼 있다면 매머드 복제는 가능합니다. 그건 확실합니다. 하지만 DNA는 망가지게 됩니다."

그러나 저명한 매머드 연구가인 야나기마치 류조柳町隆造는 매머드 정자를 이용해 매머드를 복제할 수 있을 거라고 생각한다. 그는 자신의 연구팀과 함께 1998년 성체의 체벽 세포를 이용해 복제 쥐를 만들어내는 데 성공했다. 같은 해 그의 연구팀은 매머드 복제에 희망을 안겨주는 실험에 성공했다. 그는 얼어 죽은 쥐의 정자를 추출해 DNA를 복원시킨 다음 그것을 암컷의 난자와 수정시키는 데 성공했다.

시베리아 어딘가에는 보존 상태가 양호한 정자가 반드시 있을 것이다. 대빙하기 시절, 북부 시베리아는 건조하고 추운 평원인 매머드 스텝으로 덮여 있었다. 그곳의 날씨는 한겨울이면 영하 100도까지 내려간다. 당연히 그곳에서 죽은 어린 수컷 매머드도 있을 것이다. 이렇게 추운 날씨 속에서 어린 매머드가 죽으면 그 사체는 그 즉시 얼어붙었을 것이다. 그렇게 되면 매머드의 정소는 정액이나 정소를 감싸고 있는 조직이 썩기 전에 얼어붙었을 확률이 높다. 만약 사체가 노출된 채 육식동물의 공격을 받지 않았다면 차츰 말라붙었을 것이다. 아마도 바람이 세게 부는 스텝 지역에서 이 과정은 아주 빨리 진행됐을 것이다. 매머드는 마치 건조한 남극 대륙에서 죽어 묻힌 것처럼 바싹 말라버렸을 것이다.

야나기마치 류조는 뷔게가 선발한 사람이었다. 그에게 맡겨진 임무는 완벽한 DNA나 얼어 죽은 매머드의 정자를 발견하면 매머드 클론을 만드는 것이었다.

멸종된 동물을 부활시키려는 계획은 매머드가 처음이 아니다. 지금 전세계적으로 오래 전에 멸종된 동물들을 되살려 동물원을 만들려는 계획이 한참 진행중이다. 아마도 제일 먼저 부활되는 동물은 염소의 아종인 부카도bucado일 것이다. 부카도 산양은 한때 피레네 산맥을 활보하고 다녔다. 이 산양의 마지막 개체는 2000년 1월, 스페인의 오데사 국립공원에서 기이한 사고를 당해 죽게 되었다(쓰러지는 나무에 깔려 죽었다). 스페인의 과학자들은 그 전해 그 암양의 세포 조직을 조금 떼어내 보관하고 있었다. 양이 죽었을 때도 그 세포는 배양액에서 안전하게 살아 있었다. 현재 스페인 과학자들은 어드밴스트 셀 테크놀로지 사와 함께 복제 양을 만들기 위해 노력하고 있다. 이들의 노력은 결실을 맺을 확률이 높다. 왜냐하면 부카도의 세포가 아직 살아 있으며 부카도의 복제 양을 대신 품어줄 대리모가 비교적 많기 때문이다.

오스트레일리아와 뉴질랜드에도 복제시킬 동물들이 여럿 있다. 이 두 곳에서는 천 년간의 식민지 시절을 거치면서 거의 20종 이상되는 동물들이 사라져버렸다. 그 가운데 가장 근래에 멸종된 동물은 복제에 성공할 확률도 그만큼 높다. 그 중 가장 유력한 후보는 타이라신thylacine이라고도 하고 태즈메이니아호랑이 혹은 유대늑대라고 부르는 개 비슷한 동물이다. 이 유대 동물은 등에 선명한 줄무늬가 나 있고 길고 빳빳한 꼬리가 특징이다. 최근 사람을 극도로 경계하는 이 동물을 보았다는 목격자가 빅토리아나 다른 오스트레일리아주와 지방에서 나오고 있지만 공식적인 마지막 개체는 1936년 태즈메이니아의 호바트에 있는 동물원에서 죽었다. 태즈메이니아 주 정부가 이 동물을 보호 종으로 지정한 뒤 몇 주 후의 일이었다.

그러나 시드니에 있는 오스트레일리아 박물관은 1866년 죽은 어린 타이라신의 사체를 포름알데히드에 보관하고 있다. 이 어린 사체가 복제 프로젝트에 쓰일 수 있을 것이다. 2000년 4월, 오스트레일리아 박물관의 진화생물학부 부장 돈 콜건Don Colgan이 이끄는 연구팀은 타이라신 표본의 심장과 간, 근육과 골수에서 손상되지 않은 DNA를 추출해냈다고 발표했다. 그러나 이 DNA의 염기서열을 완벽하게 짜 맞추고 제대로 된 염색체를 만드는 기술은 현재 개발되지 않고 있다. 콜건은 이 기술이 개발되어 타이라신이 복제되려면 적어도 10년은 더 있어야 한다고 했다. 만약 가능한 일이라면 말이다. 그는 또한 대리모는 타이라신의 먼 사촌인 태즈메이니아 데빌tasmanian devil이 가장 적합할 것이라고 말했다. 이 의견은 몇몇 사람의 공감을 얻고 있다.

매머드를 부활시키기 위해 사용한 신기술은 뉴질랜드에서 사라진 새를 살리는 데도 유용할 것이다. 한때 후이아huia 새는 선명한 하얀색과 검은색이 조화롭게 배열된 깃털로 몸값이 아주 많이 나가는 새였다. 20세기 초, 특히 유럽 상류층 사람들 사이에서 모자에 이 새의 깃털을 장식하는 것이 유행했다. 결국 1920년대가 되자 더 이상 이 아름다운 새는 지구상에서 그 모습을 볼 수 없었다.

복제 양 돌리와 영화 〈쥐라기 공원〉을 본 뉴질랜드 헤이스팅스의 헤이스팅스 남자고등학교 학생들은 학교의 상징인 후이아 새가 되살아날 수 있을지 궁금해졌다. 학교에는 복제에 필요한 표본도 있었다. 학교 강당에 박제된 후이아 새 한 쌍이 있었던 것이다. 학생들은 자신들의 계획을 토의하기 위해 회의를 주체했다. 1999년 7월에 열린 회의에는 학생뿐만 아니라 윤리주의자와 뉴질랜드 원주민인 마오리족 사람들까지 참석했다. 그곳에 모인 사람들은 과연 후이아 새 복제 프로젝트가 윤리에 어긋나는가에 대해 토론을 벌였다. 마오리족의 한 부족인 느가티 후이아족의 대표는 1900년대 초에 후이아 새가 멸종되는 것을 막기 위해 노력했던 사람이다. 그는 인간이 후이아 새를 멸종시켰으니 당연히 복제를 통해 다시 되살려야 한다고 주장했다. 그의 주장은 압도적인 지지를 얻었다. 뉴질랜드 오타고 대학의 다이애나 힐Diana Hill이 이끄는 연구팀이 후이아 새 복제 프로젝트를 맡게 되었다.

힐은 복제 프로젝트에 넘기 어려운 장애가 많다는 것을 깨달았다. 복제에 쓰일 DNA는 뼈 조각이나 헤이스팅스 고등학교에 있는 것처럼 박제된 표본에서 추출하거나 아니면 그보다 보존 상태가 양호한 뉴질랜드 박물관에서 가져와야 할 것이다. 그 말은 DNA가 산산이 부서져 있다는 것을 의미했다. 후이아 새를 복제하기 위해서는 그 DNA를 모두 제자리에 맞춰야 했다. 하지만 후이아 새의 게놈은 6만 개나 되는 유전자로 이루어져 있다. 힐은 정확히 유전자를 배열하지 않으면 머리 위로 날개가 나오거나 다리에 깃털이 자라는 이상한 새가 나올 수 있다고 했다. 그녀는 이 프로젝트를 자신의 정규 연구 과제와는 다른 아주 흥미로운 주제라고 말하고 있다. 후이아 새를 복제하는 것은 불가능해 보인다. 그러나 힐은 유전자공학이 비약적인 발전을 한다면 몇몇 종은 복제에 성공할 수 있다고 생각했다. DNA의 염기서열을 제자리에 배열하는 것은 몇 조각이 사라져버린 깨진 페니키아 항아리를 맞추는 것과 비슷하다(과학자들 중에는 흩어진 DNA를 복원하는 것은 불가능한 일이라고 주장하는 사람들도 있다. 이 사람들은 단 한 개의 염기서열만 바뀌어도 치명적인 병을 일으키는 것을 예로 들고 있다).

힐은 후이아 새를 복제하는 데 도움이 될 전략을 제시했다. 그것은 현재 살아 있는 후이아 새의 사촌 종, 즉 닭이나 칠면조의 염기서열을 참고하는 것이다. 이 사촌 종들의 염기서열과 비슷한 모습으로 후이아의 염기도 배열돼 있을 거라는 것이 힐의 주장이다. 만약 후이아 새의 염기를 제자리에 배열하여 완벽한 게놈을 만들어냈다면 과학자들은 그 게놈을 인공 염색체 안에 집어넣을 수 있다. 그런 다음 대리모의 난자에 이 염색체를 집어넣으면 모든 것이 끝난다. 대리모는 까치나 찌르레기를 이용해도 될 것이고 아니면 뉴질랜드 토종인 투이tui나 코카코kokako를 이용할 수도 있을 것이다. 그녀는 또한 6백 년 전 사냥 때문에 사라진, 날지 못하는 새 모아도 함께 살릴 수 있기를 바라고 있다. 그녀의 연구팀은 중세 시대 뉴질랜드 늪지에 빠져 죽은 모아 새의 대퇴부에서 추출한 유전자를 갖고 있었다. 하지만 그 유전자는 많은 부분이 소실된 불완전한 것이었다. "이 프로젝트의 가장 중요한 성과 가운데 하나는, 학생들과 지역 사회 그리고 원주민에 이르기까지 많은 사람들이 이 문제를 놓고 토론을 벌이게 됐다는 것이죠. 그들은 '과연 할 수 있을 것인가?'와 '굳이 해야 하는가?'를 놓고 토론을 벌입니다"라고 힐이 말했다.

오랫동안 복제가 논의돼오던 동물 중에는 흰코끼리가 있다(이 계획은 매머드를 되살리려는 계획과 비슷할 것이다). 눈 주위와 코가 밝은 색을 띠고 있는 아시아흰코끼리는 복제에 성공할 확률이 높았다. 현재 흰코끼리의 표본은 알코올에 담겨져 보관되어 있다. 이 코끼리는 1824년에서 1851년까지 태국을 통치하던 왕 라마 3세가 기르던 동물이다. 마히돌 대학의 과학자들은 10년 안에 복제 기술이 대단히 발전하여 흰코끼리는 물론 매머드도 부활될 수 있기를 바라고 있다(태국 사람들 중에는 털북숭이매머드의 후손인 긴 털을 가진 코끼리가 태국 북부에 있는 삼림지대에 살아 있다고 믿는 사람도 있다. 2000년 12월, 랑스리노파도른 유콜이라는 왕족이 이끄는 자연보호론자들이 이 환상적인 동물을 찾기 위해 탐사에 나선 적이 있었다. 이 사람들은 이 신비로운 아시아코끼리가 세상에서 가장 환상적인 동물이라고 믿고 있다).

매머드를 복제하고자 하는 사람들에게는 또 하나 넘기 어려운 문제가 있다. 바로 코끼리의 생식 체계가 무척 복잡하게 이루어졌다는 것이다. 스미스소니언 협회의 자연 보존 및 연구 센터의 과학자들은 스트레스를 받은 암컷 코끼리들이 불임에 걸린다는 것을 알아냈다. 이 코끼리들은 배란을 하지 않았다. 일부 과학자들은 이 코끼리들이 향후 50년 동안 출산하지 못할 거라고 했다. 동물원으로서는 심각한 소식이 아닐 수 없었다. 부활한 매머드 암컷도 이 같은 문제를 충분히 겪을 수 있다.

그러나 해결책은 있었다. 이 복잡한 코끼리의 생식 체계를 해결하기 위해 존 크리처는 '호튼, 알을 품다'라는 독창적인 전략을 개발했다. 미국의 동화작가 수스 박사Dr. Seuss가 쓴 책에는 호튼Horton이라는 코끼리가 나온다. 이 코끼리는 속아서 새의 알을 품는다. 그러나 크리처는 쥐를 속여서 코끼리 난자를 자라게 했다. 1998년 그는 아프리카코끼리의 냉동된 난소 조직을 쥐의 난소에 이식시켰다. 쥐의 난소에 이식된 코끼리 난소는 아무 문제 없이 코끼리 난자를 생산해냈다. 이 방법은 가느다란 광학 섬유를 이용하여 코끼리 난소에서 난자를 추출하는 방법을 대신할 수 있을 것이라 생각된다. 이 미세관을 이용한 난자 추출법은 코끼리의 배란일을 모르면 사용할 수 없다는 단점이 있다. 크리처의 방법은 시험관 수정에 쓰일 난자를 다량 얻을 수 있기 때문에 코끼리 증식에 그만큼 유리하다. 또한 언젠가는 매머드를 부활시키는 데도 적용할 수 있을 것이다.

코끼리의 온전한 난자는 액화 질소에 냉동시키면 완전히 파괴돼 버리기 때문에 크리처의 이 방법은 더욱 중요한 의미를 갖는다. 난소 조직은 난자보다 훨씬 더 적응력이 강하다. 정자는 보통 냉동 상태에서 잘 보존된다. 따라서 난소 조직을 냉동시킴으로써 과학자들은 암수 생식세포를 모두 저장할 수 있게 되었다. 크리처는 자신이 개발한 난자 생산 방법이 털북숭이매머드 정자와 수정시켜 잡종을 만드는 데 기여하거나 매머드의 DNA를 이식하여 완벽한 클론을 만드는 데 기여하기를 바라고 있다.

세계 전역에서 희귀 동물의 정자와 조직 표본을 모으고 있는 연구소와 동물원은 현대판 노아의 방주라고 할 수 있다. 서식지가 좁은 공간으로 제한된 동물들을 위해 과학자들이 할 수 있는 일은 정자와 조직을 채취해둠으로써 훗날 기술이 발달했을 때 다시 부활시킬 수 있게 준비하는 것이다. 가능한 한 많은 유전 물질을 비축해두는 것만이—그것을 얼린 상태라 하더라도—한 종의 생존에 유리하다. 동물원처럼 한 곳에 적은 개체수가 서식하는 곳은 그만큼 유전자 풀도 적을 수밖에 없다. "개체군이 감소하거나 분산되면 유전자 풀이 유전자 퍼들로 바뀌기 때문에 문제가 됩니다(풀pool은 작은 못이라는 뜻이고 퍼들puddle은 그보다 더 작은 웅덩이를 의미한다/옮긴이). 유전자 퍼들은 쉽게 사라져버립니다"라고 토머스 푸즈가 말했다.

『타임스케이프*Timescape*』나 『밤의 나락 끝으로*Beyond the Fall of Night*』 같은 과학소설로 유명한 물리학자 그레고리 벤포드Gregory Benford는 좀 더 급진적인 방법을 제안한다. 그는 동물원뿐만 아니라 야생에 사는 동물들의 표본도 모아야 한다고 했다. 그는 모든 표본을 생명의 도서관으로 가져와야 한다고 주장한다. 1992년 11월에 발표한 논문 「국립과학협회에 보내는 고발문」에서 그는 열대 우림 지역처럼 사라져가는 서식처의 동물들의 표본도 모아야 한다고 주장했다. 멸종되어가는 동물들을 나중에 부활시키려면 유전적 다양성을 확보해야 한다. 그래야만 그 종의 멸종을 궁극적으로 막을 수 있다. 그는 자신의 주장을 입증하기 위해 이렇게 말했다.

> 지금 우리는 고대 알렉산드리아 도서관에서 이곳저곳을 구경하고 다니는 사람과 같다. 우리가 책을 살펴보고 있을 때 불이 난 것을 알았다. 벌써 한쪽 모퉁이는 불타오르고 있었고 바깥에 모인 군중 때문에 소방관은 들어올 수 없다. 그럼 어떻게 해야겠는가? 지금 천천히 책들을 살펴보면서 아리스토텔레스의 논문집은 가져오고 알렉산드로스 대왕의 세탁물 목록은 남긴다는 식으로 분류할 시간이 없다. 우리는 아직 불타지 않은 책들을 그저 아무렇게나 바구니에 담고 뛰어나와야 한다. 그래야 더 많은 책을 구할 수 있을 테니 말이다.

과학자들은 테네시에 있는 그레이트 스모키 산맥과 노스캐롤라이나를 포함한 전세계 모든 지역에서 생물 종의 표본을 모으기 시작했다. 하지만 벤포드의 냉동 생명 도서관을 채우려면 아직도 많은 시간이 흘러야 할 것이다.

현존하는 동물의 몸에 고대 생물의 유전자가 남아 있다면 오래 전에 멸종한 동물을 되살리는 것도 쉬울 것이다. 지금은 사라져버린 콰거quagga가 그 예가 될 수 있다. 콰거는 얼룩말의 일종으로 갈색 피부에 궁둥이와 뒷다리의 옅은 줄무늬가 특징이다.

콰거는 19세기에 사냥으로 멸종되기 전까지 남부 아프리카의 평원에서 흔히 볼 수 있는 동물이었다. 마지막 남았던 콰거 암컷은 1883년 암스테르담의 동물원에서 죽었다. 그 뒤 백 년 후 케이프타

운의 남아프리카 박물관 소속 박제사 레인홀드 라우Reinhold Rau가 어린 쾨거 박제를 다시 설치하던 중 피부 밑에 말라붙은 살점을 발견했다. 그는 이 쾨거 조직을 캘리포니아에 있는 DNA 연구소로 보냈다. 라우는 오래 전부터 쾨거가 남부 아프리카를 누비고 다니는 얼룩말의 아종이라는 확신을 가지고 증거를 찾고 있었다. 이제 그 증거가 나타난 셈이었다. 1987년 그는 몇 명의 산림 감시원과 함께 쾨거와 가장 비슷한 모습을 하고 있는 야생 초원 얼룩말 몇 마리를 찾아냈다. 그 얼룩말들은 갈색 피부에 옅은 줄무늬를 하고 있었다. 그들은 이 얼룩말들을 번식장으로 몰아넣었다. 이들 사이에서 태어난 자손 2대는 모두 얼룩말보다는 쾨거와 닮은 모습이었다. 대가 거듭될수록 후손에게서는 얼룩말의 형질이 사라지고 쾨거의 형질이 나타났다. 쾨거의 게놈이 되살아난다는 증거였다. 마찬가지로 개의 사라진 형질을 찾아내는 일도 쾨거를 되살리는 것만큼이나 흥미로운 작업이 될 것이다. 이것은 멸종한 동물을 되살리는 것보다 훨씬 더 쉬운 일이다.

생식생물학의 신기술 개발은 인류가 지구의 동물을 마음대로 조작할 수 있다는 것을 의미한다. 현재 인류는 훨씬 육질이 좋은 암소를 생산할 수도 있고 스스로 털이 빠지는 양도 만들어냈다. '자연선택'과 '적자생존'의 원리를 뛰어넘어 사람들은 농장에 있는 동물들을 마음대로 변형할 수 있게 되었다. 그렇다면 멸종해가는 동물을 비롯하여 야생 동물들도 충분히 조작할 수 있지 않을까? 그렇다면 제일 먼저 우리는 어떤 종을 살리고 어떤 종을 없앨 것이지 결정해야 할 것이다. 하지만 이것은 동물들, 특히 사람이 특별한 관심을 보이는 동물들에게는 멸종만큼이나 비참한 일이 될 것이다. 예를 들어 팬더가 야생에서 자취를 감춘다고 생각해보자. 살아남은 약간의 생존자들은—아마도 죽은 팬더의 클론들이겠지만—대나무 숲에 갇혀 살아야 할 것이다. 포식자들이 서식처에 들어오지 않는 대신 과학자들이 끊임없이 그들을 감시하면서 영양 상태를 점검하고 새끼들을 데려가서 대신 길러낼 것이다. 이런 생활이 편하고 행복하다고 생각하는 사람들도 있을 것이다. 하지만 자기 자신이 이런 상황에 처했다고 생각해보라. 정말 행복한 느낌이 들겠는가?

살아 있는 생물을 복제하는 것보다 이미 멸종한 생물을 복제하는 것이 훨씬 더 윤리적으로 잘못된 것이라고 생각하는 사람들도 있다. 몇몇 작가들은 멸종된 동물의 복제를 아마겟돈에 비유한다. "성서에는 세상에 종말이 올 때 죽은 형상이 그의 무덤에서 일어나리라는 비유가 많이 나온다. 따라서 종교 단체 중에는 멸종한 동물이 부활하는 것을 요한계시록의 시작으로 보는 곳도 있다." 코리 샐즈버그 Corey A. Salsberg는 최근 『스탠포드 기술법 개관*Stanford Technology Law Review*』에서 이렇게 밝혔다.

그러나 고토 가즈후미는 매머드처럼 멸종된 동물을 되살리는 것은 도덕적으로 아무 문제가 없다고 주장한다. 그는 사냥꾼들이 매머드를 멸종시켰기 때문에 살려야 한다고 주장해서 사람들이 죄의식을 느끼게 할 수도 있다고 말했다. 그러나 그는 그런 방법을 쓰고 싶지 않다고 했다. 왜냐하면 일단 매머드가 부활하면 사람들은 아직까지 지구상에 남아 있는 이 거대한 동물에게 애정을 느끼게 될 것이 당연하기 때문이다. 사람들은 이 동물이 가지고 있는 진정한 가치를 깨닫게 될 것이다. 이것이 고토의 생각이었다.

2000년 여름, 고토는 아직도 자신의 생각을 증명해줄 기회를 기다리고 있었다. 그의 복제 실험은 1997년 첫발을 내디딘 후로 계속 제자리걸음을 하고 있다. 일본 연구팀이 최근 찾아낸 표본은 실망스러울 정도였다. 그는 이 매머드라고 생각한 표본을 일본으로 가져오기 위해 러시아 통관 절차를 밟는 데만 넉 달이 걸렸다. 이것은 수건 크기의 피부 조직이었다. 일본에 가져온 표본을 검사해본 결과 약 3만 년 전에 살았던 동물로 과학자들의 예상대로 피부 세포가 모두 망가져 DNA도 쓸 수 없었다. 더구나 이 피부 조직은 털북숭이매머드가 아닌 털북숭이코뿔소의 것이었다.

완전히 실망한 고토는 그때서야 세르게이 지모프가 처음에 한 말을 이해할 수 있었다. "당신이 매머드를 찾는 게 아니다… 매머드가 당신을 찾아오는 것이다." 일본팀은 2000년 진행하기로 한 매머드 탐사 계획을 전면 취소했다. 대신 북부 시베리아에 사는 사람에게 복제 실험에 쓸 수 있는 완벽한 매머드가 발굴되면 알려달라고 했다. 고토는 그 대가로 1백만 엔을 제공했다. 달러로는 약 1만 달러에 해당하는 금액이었다. 그리고 자코프 매머드가 세상에 드러나자 타이미르 반도에서 매머드를 직접 발굴한 사람들처럼 일본인들도 흥분에 휩싸였다. 그들은 이 영구 동토층에서 나타난 괴물이 무척 보고 싶었다.

플라이스토세 공원

작은 새끼 매머드가 갑자기 우리 세계로 걸어 들어왔다고 생각해보자. 아직 인류는 매머드를 부활시킬 유전자를 찾지 못했다. 이것은 루드야드 키플링Rudyard Kipling의 시 「웅 이야기The Story of Ung」의 한 구절을 떠올리게 한다. 이 시는 석기 시대를 소재로 한 것으로 웅은 동굴 예술가였다. 그는 "거대한 매머드를 그리고 있다. 털북숭이, 화가 난 외톨이 매머드를". 한번 상상해보라. 과학자들이 동료를 되살리지 못한다면 얼마나 쓸쓸해하겠는가? 친구도 없이 동물원에 감금되어 평생을 살아야 하다니 정말 끔찍할 것이다.

매머드 부활에 있어 가장 큰 문제는 서식처가 사라져버렸다는 것이다. 오늘날 춥고 건조한 초원지대를 꼽으라면 티베트 평야가 있지만 그 어디에도 매머드 스텝 같은 넓고 광활한 대지는 찾아볼 수 없다. 시베리아 전역을 뒤덮었던 그 광활한 대지는 플라이스토세가 끝나던 1만 1천 년 전에 지구상에서 영원히 자취를 감췄다. 따라서 매머드를 살리려면 먼저 새로운 서식처를 조성해야 한다. 매머드 복제를 꿈꾸는 과학자들이 다행스럽게도 그런 시도를 시작하고 있다. 세르게이 지모프가 그다. 두반니 야르에서 고토와 그의 동료들을 도왔던 러시아 생태학자인 지모프는 북동부 시베리아에 널따란 매머드 스텝을 조성할 계획을 세우고 있다. '플라이스토세 공원'을 세우겠다는 그의 계획은 매머드가 야생에서 살았으면 하는 바람에서 시작되었다.

상쾌한 8월의 한낮에 그는 나를 데리고 공원이 조성되고 있는 체르스키 근교로 갔다. 그는 영구 동토층이 여름이 되어 녹자 그곳에 뿌리를 내린 사초류 식물들을 헤치고 마치 개구리가 수련 잎 사이를 뛰어다니는 것처럼 덤불 사이를 돌아다녔다. 가끔 덤불의 질퍽한 곳을 미처 발견하지 못해 무릎까지 늪에 빠지면서도 앞을 향해 계속 나아갔다. 몇 분 후 지모프는 높은 둔덕에 올랐다. 그곳은 이끼와 지의류, 자작나무 수풀과 버드나무가 자리잡고 있었다. 드문드문 낙엽송도 한 자리를 차지하고 있었다. 둔덕 위에는 북극권 위쪽에 위치한 시베리아 북부의 기후적 특징이 모두 나타나 있었다. 이곳은 툰드라 지대와 타이가 지대가 절묘하게 혼합된 곳이었다. 둔덕의 정경은 정말 아름다웠다. 이 거침없는 야생의 땅은 세이지 향기로 가득 차 있었다. 그러나 지모프는 이 땅을 완전히 파헤쳐 사람들이 찾아오게 만들려 하고 있었다.

그는 몇백 미터 떨어져 있는 한 지점을 가리켰다. 자작나무와 지의류가 가득 차 있는 그곳에는 앞으로 그의 원대한 꿈을 실현시켜줄 두 마리 정령이 산등성이를 서성이고 있었다. 그것은 어린 야쿠티야 산 말 수컷 두 마리였다. 두 마리의 털 색깔은 모스크바 간선도로에서 볼 수 있는 눈 색깔처럼 회색이 섞인 흰색에 검은 반점이 군데군데 나 있었다. 지모프는 야쿠티야 산 말 수십 마리와 말코손바닥사슴과 순록을 비롯해 들소 무리를 캐나다에서 수입해올 예정이었다. 이 초식동물들이 거친 이빨과 발굽으로 이끼와 관목을 짓밟아 없애면 그 뒤에는 풀밭을 만들 계획이었다. 그는 수년 안에 방목시킨 동물들이 맨해튼보다 세 배나 큰 면적을 가진 이곳을 예전 매머드가 살던 플라이스토세의 환경으로 바꿔놓기를 희망하고 있다. "각 지역의 환경을 그대로 보존하는 것만이 능사가 아닙니다. 필요하다면 바꿔야 합니다"라고 지모프는 말한다.

플라이스토세 공원은 지모프를 위시해 부부 생태학자인 알래스카 대학의 테리 채핀Terry Chapin과 미미 채핀Mimi Chapin, 그리고 캐나다와 러시아 야생 동물 학자들의 모임인 페어뱅크스Fairbanks가 함께 추진하고 있었다. 그들은 야심 찬 계획을 세웠다. 그들은 물리적인 힘이 생태계를 만들고 유지하며 궁극적으로는 오래 전에 사라진 생태계를 복원시킬 수 있다는 가설을 실험중이다.

그러나 오늘날의 플라이스토세 공원은 매머드가 살기에 그리 적합해 보이지 않는다. 그곳은 수백 개의 호수가 흩어져 있고 각 호수의 거리도 8백 미터가 채 안 된다. 지난 수천 년 동안 범람으로 인해 퇴적물이 쌓인 공원의 북쪽 절반은 사초류 식물들과 키 작은 관목이 드문드문 있는 지의류의 천국이었다. 오직 한줌의 북극풀들만이 한

때 이곳에 매머드 스텝이 있었다는 것을 말해주고 있다. 호수에는 사향뒤쥐가 한가롭게 노닐고 있었고 북극토끼와 들쥐는 풀숲에서 정신없이 굴을 파고 있었다. 이들은 곰과 늑대, 스라소니, 오소리, 북극여우와 붉은여우, 검은담비, 족제비 같은 다양한 포식자들의 먹이가 되었다. 해마다 봄이 되어 눈이 녹으면 이곳은 약 2주 동안 물이 넘쳐흘렀다. 그래서 봄마다 동물들은 대부분 높은 곳, 즉 숲이 우거진 둔덕이 있는 남쪽으로 이동한다.

공원의 남쪽은 좀 더 고대의 모습을 간직하고 있었다. 플라이스토세 당시 이곳은 언덕과 단지(段地, 층이 진 땅/옮긴이)로 되어 있었다. 북쪽 범람원에 있는 호수가 빗물과 개울물이 들어와 생긴 것이라면 남쪽에 있는 호수는 열성 카르스트 호수였다. 매년 여름 해가 지표면을 비칠 때 지표면 바로 밑에 있는 얼음 쐐기가 조금씩 녹는다. 얕은 지하의 얼음이 녹으면 결국 표면의 토양은 붕괴되고 그 결과 호수가 생기게 된다. 이렇게 생긴 호수가 열성 카르스트 호수이다. 지난 30년 동안 발생한 몇 번의 화재로 공원의 남쪽 전역에 서식하던 낙엽송이 4분의 3 이상 소실되었다. 숲에선 비옥한 자리를 빼앗긴 낙엽송 묘목들이 영양분을 얻기 위해 관목과 버드나무들과 한판 힘겨운 경쟁을 벌이고 있었다.

날씨도 빼놓을 수 없는 논쟁 대상이다. 과학자들은 대부분 플라이스토세의 시베리아는 지금보다 훨씬 건조했다고 주장한다. 그들은 플라이스토세 지층에서 나온 풀 화석과 꽃가루를 근거로 들고 있다. 이 식물들은 건조한 지역에서 자라는 것들이다. 매머드를 포함한 대형 초식동물, 즉 평원들소나 말, 말코손바닥사슴, 순록, 털북숭이코뿔소 등이 이 식물을 먹었을 것이다. 지모프는 "이곳은 사바나 대평원만큼이나 흥미진진한 곳이었을 겁니다"라고 말했다. 매머드 스텝은 한때 북극을 에워싸고 있는, 시베리아와 캐나다. 알래스카에 이르는 거대한 지역을 덮고 있었을 것이다. 대빙하기가 끝나자 이 넓은 초원은 툰드라와 타이가 지역으로 변하고 영구히 얼어 있는 비옥한 토지—모래와 진흙, 옥토를 포함한—는 지구 표면적의 7분의 1로 줄어들었다.

과학자들 중에는 플라이스토세 말기에 갑작스럽고 심각한 기후 대변동이 있었다고 믿는 사람들도 있다. 20년 사이에 기온은 섭씨 5도 이상 올라가고 비와 눈이 상당히 많이 내렸다. 갑작스러운 기후 변화로 모든 것이 뒤바뀌었다. 토종 식물들이 사라지고 그 자리를 습지를 좋아하는 이끼와 사초류 식물들이 차지했다. 그러나 지모프와 그의 동료들은 이런 이상 기후설을 받아들이지 않는다. 그들은 20년 동안 북동부 과학 연구소에 근무하면서 플라이스토세 지층을 연구했다. 이를 근거로 그들은 다음과 같이 주장한다. 플라이스토세 토양은 지금보다 건조했던 것은 분명하다. 그러나 그것은 비가 적게 왔기 때문이 아니라 풀이 풍부했기 때문에 이끼보다 물을 훨씬 더 많이 빨아들이고 공기 속으로 내뱉는 증산 작용이 활발했기 때문이다. 지모프는 현재 북동부 시베리아의 기후가 매우 건조하다고 했다. 그가 살고 있는 체르스키만 보더라도 1년 강우량 중 약 18센티미터 정도를 빨아들인다. 따라서 그는 플라이스토세 토양은 과학자들이 생각하는 것보다 훨씬 더 많은 양을 빨아들였기 때문에 건조한 것이라고 주장했다.

이끼를 없애고 풀밭을 조성하기 위해 1989년 지모프는 공원에서 387킬로미터 정도 떨어진 체르스키에서 야쿠티야 산 말 스무 마리를 들여왔다. 플라이스토세 때 살았던 말의 가장 가까운 후손인 야쿠티야 산 말들은 여름과 가을 동안 두꺼운 지방질을 몸 안에 축적해놓는다. 매서운 겨울을 나기 위해서다. 처음에 지모프는 이 망아지들을 작은 방목장에서 2주 동안 기른 다음 반경 10킬로미터 이내에서 자유롭게 돌아다닐 수 있도록 풀어놓았다. 그 뒤 3년 동안 말들을 관찰한 결과, 지모프는 말들이 거니는 땅이 덤불이 우거진 관목 숲에서 초원으로 바뀌는 것을 확인했다. 그래서 이번에는 말들을 아예 자유롭게 풀어주었다. 지모프는 결과를 낙관하고 있었다. 그는 말들이 타이가 지역을 짓밟고 다니면서 풀들이 자랄 수 있는 여건을 만들기를 바라고 있다. 그렇게 되면 들소나 다른 거대 초식동물들이 나머지 타이가 식물을 제거하고 결국 풀이 우거진 스텝 지역이 조성될 것이다.

1991년 오리건 주에서 지모프와 처음 만난 테리 채핀는 그의 생각을 듣고 흥미를 나타냈지만 그 이상은 아니었다. 그러자 지모프는 컴퓨터 그래픽을 통해 다양한 생태 및 기후적 조건에 의해 스텝 지역과 이끼로 가득한 늪이 어떻게 바뀔 수 있는가를 보여주었다. 그러자 테리는 그를 믿게 되었다. 지모프와 채핀 부부, 그리고 다른 세 명의 과학자는 〈어메리컨 내추럴리스트*American Naturalist*〉지에 논문을 발표했다. 그들은 논문에서 매머드 스텝이 있던 플라이스토세 때 강우량은 늪으로 둘러싸인 오늘날 타이가의 강우량과 별반 차이가 없다고 주장했다.

그렇다면 어째서 스텝 지역에는 이끼 대신 풀이 들어차 있는가? 그들은 그 이유가 거대 초식동물들 때문이라고 주장한다. 들소나 다른 거대한 초식동물들이 스텝 지역을 휘젓고 다녔기 때문에 뿌리가 없는 이끼들은 자랄 수 없었다. 초식동물의 배설물은 풀이 자랄 수 있는 거름이 되었고 풀은 반대로 초식동물의 먹이가 되었다. 그러다 초식동물이 사냥으로 인해 자취를 감추자 토양의 거름이 사라지고 황폐해졌다. 그 결과 이끼가 무성하게 자라게 되었고 먹이가 없어진 초식동물은 점점 더 빠르게 사라졌다. 지모프는 오늘날에도 강가나 개울가같이 영양분이 풍부한 곳에는 매머드 스텝에서 자라던 식물들이 자라고 있다는 것을 그 증거로 들었다. 하지만 그런 지역도 건물이나 길이 조성되고 불이 나는 등 인간이 살기 시작하면 이끼의 서식지로 바뀌었다. "매머드 스텝을 볼 수 없는 이유는 간단합니다. 매머드 스텝을 만들 만한 동물들이 부족하기 때문이죠." 지모프의 말이다.

공원 계획을 세우던 초기에 야쿠티야 산 말을 가지고 실험에 성공한 지모프는 말을 이용해 플라이스토세 공원을 만들려 했다. 하지만 지금은 계획이 수정되어 들소를 이 지역에 풀어놓기로 했다. 그러나 북부 시베리아의 날씨는 북미 평원들소나 유럽들소가 살기에는 너무 거칠었다. 따라서 지모프는 북부 캐나다에 서식하는 좀 더 강인한 들소인 수풀들소*Bison bison athabascae*를 공원에 방목하기로 했다. 매일 많은 물을 마시는 들소는 눈을 먹으면 되기 때문에 공원에서 살아가는 데 아무 문제가 없을 것이다. 플라이스토세 공원의 1월 기온은 평균 영하 33도이다. 수풀들소는 이렇게 추운 지역에서도 별 다른 어려움 없이 살아갈 수 있다. 또한 날씨가 아무리 추워도 눈은 40센티미터 이상 쌓이지 않는데다 얼어붙지도 않기 때문에 눈을 헤치고 그 밑에 있는 사초와 풀을 쉽게 뜯어 먹을 수 있다. 5월이 되면 눈은 더 이상 내리지 않는다. 그 뒤 3개월은 영상의 포근한 날씨가 계속된다. 다시 영하로 떨어지는 것은 가을이 시작되는 9월 말이다.

남쪽에 서식하는 사촌보다 훨씬 몸집이 크고 털색이 어두운 것이 특징인 수풀들소는 원래 멸종된 것으로 알려져 있었다. 그러다 1959년 캐나다 북부의 우드 버팔로 국립공원 안에 있는—북서부 지역과 앨버타로 갈라지는—니아링 강 근처에서 수풀들소 몇 마리가 발견되었다(멸종된 거대 동물들이 사람이 들어갈 수 없는 오지에 아직까지 살고 있는지도 모른다. 아마 매머드도 살아 있을지 모른다. "주의를 집중하고 찾아다니면 캐나다 북부에 살고 있는 매머드를 찾을 수도 있지 않겠는가?" 대량 학살설을 주장하는 폴 마틴의 말이다).

털북숭이 수풀들소는 현재 살아 있는 들소 중 가장 스텝들소와 닮은 종이다. 스텝들소는 플라이스토세의 매머드 스텝 지역에서 가장 번성한 포유동물이다. 시베리아에서 스텝들소가 사라진 원인은 아직까지 밝혀지지 않고 있다. 이 동물의 가장 최근 화석은 5천 년 전에 죽은 들소의 화석이다. 하지만 남부 야쿠티아에서 발견된 바위그림의 들소는 약 2천 년 전에 그린 것이다. 분명히 이 동물은 역사 시대까지 살아남아 인간의 주요 식량이 되었을 것이다.

지모프와 채핀 부부는 시베리아로 수풀들소를 데려오는 것을 모두 세 단계 과정으로 나눴다. 첫번째 단계는 캐나다의 자연보호 구역인 앨버타 엘크 아일랜드 국립공원에서 비행기로 스무 마리 정도의 들소를 체르스키로 옮겨온다. 그런 다음 플라이스토세 공원의 일부에 울타리를 치고 이 들소들이 공원 내 환경에 익숙하게 한다. 캐나다 정부는 지모프 일행이 운반 비용만 댄다면 들소를 옮겨가도 좋다고 허락했다. 체르스키와 북부 캐나다의 기후는 아주 비슷하기 때문에 날씨도 문제될 게 없었다. 먹이도 훨씬 더 풍부했다. 들소가 좋아하는 사초류 식물과 버드나무, 풀들의 비율이 10퍼센트인 엘크아일랜드 국립공원에 비해 플라이스토세 공원은 약 70퍼센트가 이런 식물들로 덮여 있었다. 옮겨오는 들소들은 대부분 어린 암소였고 어린 수소도 몇 마리 있었다. 지모프는 "모두 최고의 생식 조건을 갖춘 소들입니다"라고 말한다. 몇 년 안에 공원은 자유롭게 돌아다니는 들소로 가득 찰 것이다.

시베리아로 들소를 보내는 것은 캐나다로서도 이득일 수 있었다. 만약 자연재해라도 나서 캐나다에 있는 들소가 모두 사라진다면 시베리아에 있는 들소를 다시 데려올 수 있었다. 지모프는 "캐나다에 들소가 모두 사라지면 우리가 몇 마리를 다시 보내줄 수 있겠지요"라고 말한다. 시베리아로 들어오는 들소는 모두 브루셀라병과 결핵 검사를 해야 했다. 플라이스토세 공원의 들소가 브루셀라병이나 결핵에 걸릴 확률은 높지 않다. 공원 근처에 있는 체르스키에는 여덟 마리의 젖소가 있는데 모두 건강했다. 또한 양이나 염소처럼 이 병을 옮길 수 있는 가축에게서 병이 발견됐다는 기록도 전혀 없다. 공원에서 북쪽으로 80킬로미터 떨어진 곳에 있는 길들인 순록에게서 브루셀라균의 변종이 감염됐다는 기록이 있으나 이 세균은 들소에게 전염되지 않는다.

지모프의 공원 조성 프로젝트가 시작되면 몇십 년 후엔 시베리아의 콜리마 강과 인디기르카 강 사이에 놓인 프랑스 크기의 대평원은 들소 떼로 가득 찰 것이다. 들소 한 마리가 먹어치우는 풀의 양은 하루에 4킬로그램 정도이다. 콜리마 강과 인디기르카 강 사이의 분지에서 자라는 풀은 매년 5천만 톤이 넘는다. 따라서 이 분지는 매년 백만 마리의 들소를 먹여 살릴 수 있다. 또한 들소는 토종 동물들과 경쟁하지 않아도 된다. 왜냐하면 이 시베리아 분지는 남극 대륙을 제외하면 가장 동물이 적은 곳이기 때문이다. 실제로 거의 텅 빈 공간이라고 생각하면 된다. 그 지역의 인구도 2만 4천 명을 넘지 않는다. 그 중 반은 야쿠티아에서 살고 있으며 나머지는 순록과 말을 기르며 여기저기 흩어져 살고 있다.

어떤 과학자들은 플라이스토세 공원을 사라진 생태계를 연구하기 위한 하나의 분기점이 될 수 있을 거라고 생각한다. "정말 흥미로운 생각이지요." 마틴의 말이다. 그는 이 실험이 "자연을 어떻게 구성해야 하는가를 보여주는 획기적인 실험이 될 것"이라고 했다. 또한 지모프의 계획이 무척 심미적인 분야라고 평가하는 과학자들도 있다. 산타크루즈 캘리포니아 대학의 플라이스토세 포유동물 연구가 폴 코크Paul Koch는 이렇게 말했다. "그의 계획은 얼마 전에 인간의 사냥이나 서식처 잠식으로 인해 사라진 생물을 다시 되살리는 것으로 이해해야 합니다. 바로 지구를 치료하는 일이죠."

매머드 스텝을 되살린다는 계획을 처음 세운 사람은 지모프가 아니다. 1970년대 영구 동토층 연구자인 사벨리 토미르디아로는 추코츠카에 있는 커다란 호수의 물을 모두 빼냈다. 추코츠카는 알래스카에서 베링 해협을 가로지르는 체르스키 동쪽에 위치한 지역이다. 그는 호수 바닥의 비옥한 옥토 층에서 풀이 자라날 거라고 생각했다. 그러나 실제로 제일 먼저 자라기 시작한 것은 사초류 식물들이었고 말과 순록은 이 사초류 식물을 먹이로 삼았다. 그러나 몇 년 되지 않아 사초류 식물들은 이끼류에게 자리를 내주고 말았다. 모스크바에 있는 세베르초프 생태 및 진화 연구소의 플라이스토세 전문가 안드레이 셰르는 실험에 동물을 이용했다는 점에서 "지모프의 대담한 계획이 토미르디아노의 계획보다 훨씬 더 효과적일 것이다. 토미르디아노는 그저 사라진 툰드라 스텝 초원을 만드는 시늉만 한 것이다"라고 말했다.

과학자들은 플라이스토세 공원이 조성되는 데는 찬성하지만 공원이 조성되기 위해서는 많은 어려움이 있다고 생각하고 있다. 플라이스토세 공원을 만들겠다는 원대한 계획은 단지 필수 요소 중 몇 가지만 어긋나도 실패로 돌아갈 수 있다. 그 요소란 물론 살아 있는 매머드가 있어야 하고 플라이스토세 기후가 조성되어야 한다는 것이다. 기후 조건은 좀 더 추운 기온, 적은 이산화탄소, 그리고 아마도 낮은 강수량 정도가 될 것이다. "만 년 전에 사라진 생태계를 재현한다는 것은 결코 쉽지 않습니다. 당시 기후는 오늘날과 매우 달랐을 겁니다." 코크의 말이다. 또한 예상치 못했던 병으로 들소가 죽을 수도 있었다. 1980년대 미국에서 일어난 일이다. 당시 메인 주는 박스터 주립공원에 산림지대순록(caribou, 북아메리카 산 순록을 말한다. 지금까지 나온 순록은 유라시아 산으로 reindeer라고 부른다/옮긴이)을 다시 방목했다. 그러나 몇 달 안에 방목한 순록이 모두 죽어버렸다. 원인은 흰꼬리사슴이 옮긴 뇌 나선균 때문이었다. 이 질병은 종을 뛰어넘어 전염되는 병이다.

플라이스토세 공원을 만드는 것은 매우 급진적이라고 느껴진다. 하지만 코크나 다른 사람들은 그렇게 생각하지 않는다. 코크는 "지모프가 자신의 계획을 현실로 만들려면 자연 생태를 파괴할 수 있는 좀 더 확실한 방법을 찾아야 할 겁니다"라고 말했다. 그는 들소나 다른 방목된 동물들은 이끼류를 완전히 없애지 못할 거라고 했다. "매머드 스텝을 만드는 일은 결코 쉬운 일이 아닙니다."

코크는 경치를 바꾸고 눈을 치우며 식물을 자라게 할 수 있는 동물, 관목과 작은 나무를 쓰러뜨릴 수 있는 동물, 그 동물은 매머드와 털북숭이코뿔소뿐이라고 주장했다. 우크라이나의 수도 키예프에 있는 동물학 연구소의 파벨 푸시코프는 야쿠티야 산 말과 들소는 목장이 형성될 수 있도록 이끼를 제거하는 데 실패할 가능성이 크다고 말한다. 만약 이들의 주장이 맞다면 매머드는 매머드 스텝을 유지하는 데 없어서는 안 될 존재다. 따라서 매머드가 시베리아에서 사라졌기 때문에 결국 초식동물들이 사라지게 됐다는 주장이 근거를 갖게 된다. 푸시코프는 이 같은 가설 아래 플라이스토세 공원을 건설하려면 매머드 대신 "목초지가 수풀이 되는 것을 막아줄 새로운 불도저가 필요하다"고 말한다.

코크는 "플라이스토세 공원을 실현시키려면 지모프는 매머드와 털북숭이코뿔소와 가장 가까운 동물을 공원으로 데려와야 할 것이다. 즉 아시아코끼리나 아프리카코뿔소 같은 동물들을 말이다"라고 말한다. 코크는 계속해서 "하지만 이런 동물들이 시베리아의 혹독한 추위에 적응할 수 있다 해도 현대 생태학자와 자연보호론자들은 이렇게 거대한 외국 종을 시베리아에 풀어놓고 서식지 환경을 바꾼다는 생각에 불같이 화를 낼 것이 뻔하다"고 말했다. "물론 아직 멸종된 동물에 대해 완벽한 지식이 없는 상태에서 플라이스토세 공원 같은 것을 만드는 것은 무모한 일인지도 모른다. 하지만 지금이 아니라면 다시는 이런 기회를 만들 수 없을 것이다." 코크의 말이다.

마틴은 코크의 말에 동의하고 있다. 1999년 그와 그의 동료인 포드햄 대학의 데이비드 버니David Burney는 한 편의 논문을 통해 야생 코끼리를 플라이스토세 공원에 데려오는 데 찬성한다고 말했다. 마틴과 버니는 이렇게 질문하고 있다. "그 야생 동물에게 경의를 표하는 것이 과연 이교도적인 생각인가?" 그들은 자신들의 질문에 스스로 답을 하면서 장비목 동물들, 즉 매머드나 마스토돈, 그리고 곰포테레스gomphotheres라고 불리는 초기 코끼리의 사촌 종이 북미 대륙에 번성하고 있었다는 것을 상기시켰다. 이 동물들은 플라이스토세 말엽 모두 멸종되었다. 두 사람은 북미 대륙 사람들이 지금 '유령의 대륙'에서 살고 있다고 했다. 장비목 동물의 잔해는 모두 화석이 되어버렸고 장비목을 유혹하던 머스키트mesquite, 쥐엄나무honey locust, 원숭이귀나무monkey ear 같은 관목들의 달콤한 과일은 모두 사라지고 씨는 산산이 흩어져버렸다. 래리 아젠브로드는 "우리의 생태계는 완전히 똑같을 수 없습니다. 식물 중에는 매머드의 위장을 통과해야만 번식할 수 있는 종이 있기 때문입니다." 그는 특히 쥐엄나무가 그 예라고 했다. 이 쥐엄나무는 야생에서는 완전히 사라져버렸는데 이는 매머드가 씨를 퍼트려주지 않았기 때문이라고 했다.

마틴은 사람들이 장비목 동물들을 부활시킨다는 생각에 동의해야 한다고 말하고 있다. 장비목 동물들은 한때 북미 생태계를 지탱하는 힘이었다. "이들은 생태계의 정점에 있던 동물입니다. 장님거미나 과일파리와는 분명히 다른 힘을 가지고 있었죠." 그는 계속해서 근래에 미국 남서부에 늑대와 곰을 다시 풀어준 것을 예로 들었다. 결과는 성공적이었다. 늑대와 곰은 역사 시대에도 그곳에서 먹이를 찾아 배회하던 동물들이었다. 마틴은 멸종된 동물을 되살리기 위해서는 역사적 사실을 잘 살펴봐서 북미 전역을 활보하던 그 동물들이 실제 살았던 장소로 되살릴 방법을 찾아내야 한다고 했다. 자이언트땅늘보는 사라졌다. 아마도 그 자리를 코뿔소가 대신 차지했을 것이다. 매머드도 마찬가지다. 매머드가 사라진 자리는 코끼리가 대신 차지할 수 있다.

마틴은 자신이 〈와일드 어스*Wild Earth*〉지에서 "나는 녹색 애국자"라고 했다. "나는 내 나라가 공매도(空賣渡, 주가 하락에서 생기는 차익금을 노리고 실물 없이 주식을 파는 행위. 주권을 실제로 갖고 있지 않거나 또는 갖고 있더라도 상대에게 인도할 의사 없이 신용 거래로 환매還買하는 것/옮긴이)하는 모습을 보고 싶지 않습니다." 그는 또한 수정론자들은 오래된 미국 노래를 되짚어볼 필요가 있다고 했다. 그 노래는 〈자연의 집Home on the Range〉이란 곡이었다. "내게 집을 주오. 마스토돈이 유유히 거니는 곳, 땅늘보와 글립토돈이 노니는 곳에 말이오"(글립토돈glyptodont은 대빙하기 말에 사라진 동물로 아르마딜로armadillo를 닮은 커다란 동물이다). 그는 논문에서 코끼리와 들소가 "진지한 생태적 미뉴에트"를 추며 북미 전역을 누비는 모습을 생생하게 묘사했다. "저는 자연보호 지역에 코끼리를 상징적으로 데려다놓을 겁니다. 코끼리는 멸종된 동물들이 돌아올 수 있도록 생태적 토대를 만들어놓을 겁니다." 마틴의 말이다. 그러나 목장주와 정치인들 대부분은 서부에 늑대를 다시 들여오는 것을 반대했었다. 그러니 아프리카코끼리나 아시아코끼리를 대초원에 풀어놓는다는 생각도 분명 격렬한 반대에 부딪힐 것이다. 마틴은 "이 나라 사람들이 모두 들고일어나서 이렇게 말할 겁니다. '이봐 국립공원에서 볼 수 있는 것보다 훨씬 근사한 유산이 우리나라에는 아주 많단 말이야.' 과학에 관심이 없고 감정적인 대다수 국민들은 분명 이 실험을 반대할 겁니다." 마틴이 말했다.

아젠브로드는 매머드 서식처로 가장 적합한 지역은 캘리포니아에 있는 아일랜드 해협이라고 생각한다. 한때 북부 아메리카에 살았던 거대한 컬럼비아매머드*Mammuthus columbi*는 진화를 거치면서 가장 작은 매머드로 변해갔다. 컬럼비아매머드는 유라시아에서 신대륙으로 이주해온 남반구매머드의 후손이다. 4만 년보다 훨씬 전에 신대륙에 나타난 컬럼비아매머드는 10킬로미터 이상을 헤엄쳐 남부 캘리포니아 본토와 산타로사 섬으로 갈라져 들어갔다. 이 매머드들을 산타바바라 해협에 뛰어들도록 유인한 것은 아마도 서쪽에서 불어오는 미풍에 실려 온 과일과 식물의 향기였을 것이다. 산타로사 섬에 이주한 매머드들은 시간이 지나면서 점점 더 작아져갔다. 소형화는 섬 같은 특수한 고립지에서 자주 나타나는 현상이다. 1미터도 안 되는 피그미코끼리가 나타난 지중해의 시실리나 다른 섬들처럼 산타로사 섬에서도 소형화 현상이 일어난 것이다.

산타로사의 컬럼비아매머드는 피그미매머드*Mammuthus exilis*로 진화해갔다. 피그미매머드는 키가 1.8미터가 채 되지 못했다(다 자란 어른 피그미매머드 중에는 셰틀랜드조랑말보다도 작은 것도 있었다). 산타로사 매머드는 난쟁이매머드가 아니라 피그미매머드라고 부른다. 왜냐하면 피그미매머드는 피그미매머드만 낳지만 난쟁이매머드는 커다란 매머드도 낳을 수 있기 때문이다. 피그미매머드는 아일랜드 해협에서 약 3만 년 동안 살았다. 가장 최근에 묻힌 걸로 추정되는 피그미매머드의 뼈는 약 1만 1천 년 전 것으로 밝혀졌다. 인간의 이주는 그후 몇 세기 뒤의 일이다.

아젠브로드는 매머드가 산타로사에 다시 나타나기를 바란다. "매머드를 조금 데려다놓고 무슨 일이 일어나는지를 관찰하는 겁니다." 매머드가 작아지지는 않을 것이다. 소형화가 일어나려면 적어도 몇백 년은 흘러야 한다. 대신 아젠브로드는 매머드가 산타로사에서 번성하게 될 것이라고 생각했다. "산타로사는 매머드 먹이가 아주 풍부합니다." 비록 매머드 스텝은 사라졌지만 매머드가 즐겨 먹던 식물은 북반구 여러 곳에서 소규모로 서식하고 있다. 따라서 부활한 매머드가 아무 문제 없이 살아가기 위해서는 이런 소규모 식물 군락을 대규모로 경작할 필요가 있다. 만약 매머드의 식사량이 현대 코끼리의 식사량과 비슷하다면 약 6톤 가량 나가는 어른 털북숭이 매머드는 하루에 11만 4천 칼로리를 섭취해야 할 것이다. 이것은 건초가 약 2백 킬로그램 정도 필요하다는 말이 된다. 단 하루에 말이다. 전 생애의 4분의 3을 먹고 마시는 매머드가 하루에 배설하는 배설물의 양만 해도 수십 킬로그램은 될 것이다.

아젠브로드는 매머드가 주로 먹었던 식물을 구하지 못해도 다른 대안이 있다고 한다. "소 여물을 만들고 양 여물, 염소 여물을 만드는 사람들이 있습니다. 그들은 매머드 여물도 만들 수 있을 겁니다." 하지만 매머드 사육 실험을 시작하기 전에 반드시 해야 할 일이 있다. 바로 산타로사를 관리하고 있는 미국 국립공원 관리부의 허가를 받는 일이다. 승인을 받는 일은 쉽지 않을 것이다. 아젠브로드는 자신의 걱정을 드러내며 "공원 관리부에서 허락할 리가 없지요"라고 말했다.

게다가 캐나다 들소를 시베리아로 들여온다는 단순한 생각도 사람들의 눈살을 찌푸리게 했다. 전문가들 중에는 플라이스토세 공원이 북극 지역을 파괴할 것이라고 생각하는 사람도 있었다. 특히 과학자들은 야쿠티야를 감독하고 있는 사하 공화국 정부가 지모프의 계획을 다른 지역으로 확장할 경우 문제는 더욱 커질 것이라고 생각했다. 들소나 그 밖의 다른 초식동물들이 매머드 스텝을 만드는 데 성공한다면 영구 동토층의 80퍼센트를 차지하는 얼음 층이 녹기 시작할 것이다. 그러면 어떤 일이 발생할 것인가? 시베리아가 받을 타격은 1950년대 북부 알래스카가 입은 타격과 비슷할 것이다. 50년 전 알래스카의 툰드라 지대는 차를 탄 사람들이 마음대로 누빌 수 있었다. 그 결과 50년이 지난 지금도 타이어가 녹인 얼음 땅이 마치 하수도 도랑처럼 군데군데 남아 있다.

단기적으로 보면 툰드라의 이끼 지대가 사라지면 지면이 물에 넘쳐 풀밭이 형성되는 것을 막아 들소와 말의 수가 줄어들 수도 있다. 하지만 불과 몇십 년 안에 북부 시베리아 전역에 펼쳐져 있는 플라이스토세 공원은 영구 동토층 안에 갇혀 있던 다량의 이산화탄소를 외부로 방출하여 지구 온난화를 가속화할 것이다.

코끼리와 코뿔소가 등장하지 않아도 지모프의 대담한 계획은 계속해서 침체기에 빠져 있는 러시아 경제 상황에 비추어 볼 때 충분히 공상에 지나지 않는다는 인상을 줄 수 있다. 러시아의 마가단 북쪽에 있는 생물학 문제 연구소의 곤충학자 다니일 베르만Daniil Berman은 이렇게 말한다. "세르게이는 이런 어려운 상황에서도 플라이스토세 공원을 만들기 위해 혈안이 되어 있습니다." 그러나 베르만을 비롯한 다른 사람들은 지모프가 장애를 극복해가는 것을 보고 감탄을 금치 못했다. 1990년 예기됐던 인플레이션이 시작되자 루블화의 가치는 바닥까지 떨어졌다. 그러나 지모프는 기둥을 만들 목재를 사 모으고 울타리를 치고 땅을 갈아엎을 중장비들을 구입하기 시작했다. "그는 재기 넘치는 사색가입니다. 하지만 행동가이기도 하지요." 그를 가리켜 안드레이 셰르는 이렇게 말했다.

또한 지모프는 사하 정부의 협조를 얻어내는 데도 성공했다. 사하 정부는 모스크바 중앙 정부의 경제 지원도 기대할 수 없었고 풍부하지만 채취하기 어려운 광물—금이나 다이아몬드, 석유, 천연가스 등—도 수입에 도움이 안 된다는 것을 알고 있었다. 공화국 경제를 위해 미하일 니콜라에프Mikhail Nikolaev 사하 대통령은 국민들의 식량이 되고 관광객들의 지갑을 열 수도 있는 야생 생물의 보호자가 되기로 했다. "야쿠티아에는 동물들이 별로 없습니다." 지모프가 말한다. "앞으로 야쿠트족 사람들은 대체 뭘 먹고 살아야 할까요?" 그는 몇 년 안에 매머드 스텝을 건설해서 그곳에 있는 들소와 다른 초식동물들이 지역 주민의 식량 자원이 되기를 바라고 있다.

지모프는 러시아의 군사 기밀 때문에 아직까지 체르스키가 외국인에게는 개방되지 않지만 미래에는 많은 관광객들이 이곳을 찾아올 것이라고 말한다. 그는 아프리카에 사는 사자를 그 예로 들었다. 아프리카에 있는 사자를 보기 위해 찾아오는 관광객들에게 거둬들이는 소득은 매년 백만 달러가 넘는다. "제 소원은 플라이스토세 공원에 있는 동물 수가 20년 안에 탄자니아의 세렝게티 공원과 비슷해지는 겁니다." 지모프는 이렇게 말했다. 그는 알래스카와 일본에서 관광객을 싣고 날아오는 전세 비행기를 계획하고 있다. 하바로프스크의 세관을 얼마나 빠르게 통과할 수 있는가에 두 여행의 성공이 달려 있었다. 지모프는 플라이스토세 공원은 자신과 다섯 명의 러시아 생태학자들로 구성된 플라이스토세 공원 연합에서 운영하게 될 것이지만 영리 추구를 목적으로 하지는 않겠다고 말했다. 공원 연합에게 플라이스토세 공원의 권리를 양도해준 사하 공화국은 그 외에도 들소가 방목된 후 들소를 보호하기 위해 공원 가장자리에 설치하는 울타리 비용을 비롯해 풀이 자라기 전까지 들소가 먹어야 하는 건초, 동물 병원, 방문 과학자들을 위한 숙박 시설 등 기타 제반 시설에 들어가는 비용으로 개장 후 5년에 걸쳐 백만 달러를 지원하기로 약속했다. 또한 지모프는 겨울에 동물들을 관찰하기 위해 공원을 찾는 과학자들이 편리하도록 30미터 높이의 전망 탑을 탑재한 바지선을 만들 계획도 세우고 있다. 이 바지선은 공원을 흐르는 강 가운데 가장 적당한 지역에 세워질 예정이다.

1997년 지모프의 공상을 현실로 실현시키기 위해 니콜라에프 대통령은 캐나다를 방문했다. 그는 그곳에서 북극 동물들과 생태계를 위한 주요 보존 계획의 일환으로 캐나다 산 들소를 시베리아로 보내 달라고 부탁했다. 그가 강조한 것은 "훗날 국지적 혹은 국제적인 들소 보존 운동이 벌어졌을 때 시베리아의 들소 떼가 큰 역할을 할 것"이라는 것이었다. 몇 달 후 캐나다에서 답을 보내왔다. 캐나다 환경부장관 크리스틴 스튜어트Christine Stewart는 지모프의 계획이 아주 건전한 과학적 근거를 담고 있다고 극찬하면서 기꺼이 시베리아로 들소를 보내겠다고 했다.

1998년 봄, 지모프는 사하 정부가 제공한 자금으로 32마리의 야쿠티야 산 말을 사들였다. 그는 이 말들을 공원의 동쪽 약 4백 킬로미터 떨어진 곳으로 데려갔다. 영화 〈꿈의 구장〉에 나오는 주문, "세우라. 그러면 올 것이다"를 마음속에 새기면서 지모프는 들소가 새로운 환경에 적응할 수 있도록 초지 주변에 울타리를 쳤다. 아직 지모프와 그의 동료들에게는 들소가 살 수 있는 초지를 조성하고 들소를 운반하고 길들이는 데 쓸 비용, 또한 플라이스토세 공원에 온 들소가 적응할 때까지 몇 주 동안 그들을 돌봐줄 수의사를 고용할 비용 등 적어도 33만 달러 이상이 더 필요했다.

과학자들은 몇 년 안에 들소 떼가 이끼류를 모두 없애고 공원을 풀밭으로 만들 것이라고 기대하고 있다. 심지어 지모프는 지금도 말과 순록 그리고 들소 수백 마리가 먹을 수 있는 풀과 맛있는 버드나무, 사초류 식물들이 충분하다고 생각한다. 하지만 추운 겨울이나 예기치 못한 상황이 닥칠 수 있기 때문에 몇 년간 150마리의 거대 초식동물들이 먹을 수 있는 식물을 비축해야 한다는 것이 지모프의 주장이었다.

그는 들소가 공원 환경에 완전히 적응하면 다음에는 공원 생태계가 균형을 유지하고 스스로 제 기능을 다 할 수 있도록 다른 동물들을 들여올 거라고 말했다. 그 첫번째 동물은 사향소가 될 것이다. 1974년 이 빙하기 시대의 생존자는 냉전 당시 화해의 표시로 시베리아의 타이미르 반도와 랭겔 섬에 들어와 있었다. 빙하기 당시 사향소는 매머드 스텝 전역에 서식하고 있었으나 1974년 현재, 캐나다 북부와 알래스카 일부 지역에서만 모습을 볼 수 있었다. 지모프는 공원에 포식자도 함께 들여올 계획이다. 벌써 공원에는 늑대 가족 한 무리가 살고 있었지만 그는 시베리아호랑이나 아무르호랑이 같은 고양이과 동물들이 이곳을 활보하기를 원한다. 그는 이 큰 고양이과 동물들이 빙하기 때 사라진 동굴사자의 대리모가 될 것이며 늑대도 견제할 것으로 기대했다. 현재 호랑이들은 서식처 감소와 먹이 부족으로 멸종 위기에 처해 있다. 공원에 들어온 호랑이들은 플라이스토세 때 그랬던 것처럼 늙고 병든 개체들을 제거하는 역할을 할 것이다(지모프는 늑대 가족은 말과 순록의 씨를 말려버릴 염려가 있다고 말했다).

지모프와 그의 동료들은 동물들을 적자생존의 원칙에 따라 그대로 방목하는 대신 처음에는 플라이스토세 공원의 각 구역을 세분화하여 여러 개의 연구 기지를 조성하기로 했다. 즉 각 지역을 분리하여 어떤 지역은 종별로 따로 분리하여 방목하고 어떤 곳은 다양한 종을 한꺼번에 집어넣는다. 또 어떤 곳은 커다란 동물이 들어가지 못하게 울타리를 친다. 과학자들은 자신들이 직접 들어가 초식동물들이 하는 것처럼 땅을 파헤칠 구역도 몇 개 정해놓았다. 그 가운데 한 곳에서 그들은 소변과 대변을 비료 대신 뿌릴 계획이다. 또한 원래 모습 그대로 놔둘 곳도 있었다. 실험이 끝나 동물 개체수가 우리에 가두지 못할 정도로 불어나면 모든 울타리는 제거될 것이다.

과학자들은 풀밭이 조성될 때까지 동물들에게 먹이를 줄 예정이다. 또한 공원에는 풀밭을 조성할 풀이 적기 때문에 씨도 뿌리기로 했다. 생태계의 균형을 맞추기 위해 딱정벌레도 풀어놓을 예정이다. 딱정벌레는 배설물 속에 들어 있는 영양분을 식물이 쉽게 흡수하도록 도와준다. 또한 과학자들은 땅다람쥐도 함께 들여올 예정이다. 땅다람쥐는 풀의 씨앗을 널리 퍼뜨리는 역할을 한다. 이 두 동물은 현재 야쿠티야에도 서식하고는 있지만 그 수는 얼마 되지 않는다. 과학자들은 들소와 호랑이뿐만 아니라 공원에 들여온 모든 동물이 번성하기를 바라고 있다. 언젠가는 매머드를 포함해서 말이다.

그러나 과연 호랑이가 어린 매머드나 코끼리, 코뿔소(흰코뿔소와 털북숭이코뿔소 구별 없이)를 쓰러뜨릴 수 있을 만큼 충분한 힘을 가지고 있을까? 이것은 중요한 문제였다. 코크는 만약 호랑이가 그 역할을 못 한다면 생태계의 균형을 맞추기 위해 그 거대한 초식동물들을 사람들이 사냥해야 할 거라고 말했다.

지모프는 자신이 만든 공원에서 수많은 매머드들이 뛰노는 모습을 볼 수 없을지도 모른다는 것을 알고 있었다. 오히려 그와 그의 동료들은 살아 있는 매머드가 플라이스토세 공원을 이상하게 만들지도 모른다고 걱정한다. "한 동물의 클론들이 공원을 차지하고 있는 것은 위험한 일입니다." 이리타니 아키라는 이렇게 말했다. 되살린 동물의 죽음을 막기 위해서 과학자들은 매머드의 개체군을 최소 단위로 유지할 계획이다.

과학자들은 왜 노아가 자신의 방주에 종마다 일곱 쌍씩 태웠는지를 생각해봐야 할 것이다. 매머드를 부활시키려는 사람들은 암수의 비율을 다르게 할 수도 있다. 암컷 여러 마리와 그보다 적은 수컷들을 만드는 것이 좋을 것이다. 각 개체는 모두 독특한 유전자 군을 가지고 있어야 한다. 한 개체의 여러 클론을 만드는 것은 해롭거나 치명적인 유전자를 발현시킬 위험이 있다. 그렇게 되면 자손이 치사할 확률이 높아지고 다른 개체는 환경에 적응하기 어려워진다. 이런 악성 유전자는 다른 개체의 건강한 유전자와 섞이게 되면 자연히 없어지거나 활동이 억제된다.

매머드를 지모프의 플라이스토세 공원에서 놀게 하려면 무엇보다도 먼저 매머드를 되살려야 한다. 그것은 이리타니와 고토의 소망이기도 했다. 두 사람은 뷔게와 그의 동료들이 자코프 매머드를 해동시키려는 과정을 지켜보고 있었다.

얼음 동굴 속으로

나는 몇 달 동안 딕 몰이나 래리 아젠브로드 같은 뷔게 연구팀의 팀원으로부터 발굴 내용을 간접적으로 전해 듣고 있었다. 하지만 나는 하탕가로 날아가 뷔게와 그의 동료들의 발굴 작업을 직접 보고 싶었다. 그러나 뷔게의 발굴 작업을 처음부터 끝까지 카메라에 담고 싶었던 디스커버리 채널 제작진은 발굴 모습이 사전에 공개되는 것을 원하지 않았다. 디스커버리 채널은 발굴 현장을 완전히 봉쇄하고 다른 언론사 관계자들이 자코프 매머드를 싣는 장면을 찍을 수 없게 막았다.

따라서 나는 어쩔 수 없이 천만 명의 시청자들과 함께 디스커버리에서 찍은 다큐멘터리를 볼 수밖에 없었다. 2000년 3월 12일에 방영된 그 방송은 약 146개국에서 동시 방영됐고 대성공을 거두었다.

시청자들은 HBO의 드라마 〈소프라노〉와 레슬링 프로그램 〈WWF 펀치 쇼〉보다 훨씬 더 흥미로워했다.

뷔게는 발굴 필름에 대한 모든 권리를 디스커버리 채널에 양도한다는 계약에 합의한 후였다. 따라서 디스커버리 채널은 발굴의 가장 흥미로운 부분—자코프 매머드의 해동 장면—을 남겨두고 방영했다. 내가 하탕가로 가지 못한 또 다른 이유는 군사적인 문제 때문이었다. 러시아 정부는 북극권에 위치한 마을에 외국인이 들어오는 것을 달가워하지 않았다. 따라서 해당 정부 허가서가 없으면 하탕가로 들어갈 수 없었다. 그것은 뷔게의 도움 없이는 불가능한 일이었다.

2000년 4월 뷔게와 몰이 드디어 나를 초청했다. 벌써 뷔게와 몰은 다시 한번 새로운 매머드를 찾아 타이미르 반도 전역을 헤매고 있었다. 두 사람은 타이미르 정부에게 내 방문을 허락받기 위해 노력하고 있었고 나는 러시아 행 비자를 신청했다. 7월 중순이 되어 나는 모스크바 행 비행기 표를 예약했다. 하지만 몰에게서 계획이 변경됐다는 메일이 날아왔다. 디스커버리 채널이 또 다시 거부권을 행사한 것이다. 그들은 다른 언론인은 발굴 현장에 들어올 수 없다고 했다. 디스커버리 채널 제작자는 발굴지에 대한 정보를 자신의 웹사이트에 독점적으로 올리고 싶어했다. 2001년 3월에 방영될 새로운 매머드에 관한 다큐멘터리에 방영될 중요 정보를 다른 곳에 흘리고 싶지 않았기 때문이었다. 그러자 나에게 하탕가를 취재하고 기사를 작성해달라고 요구한 〈디스커버 *Discover*〉지에서 제작자와 직접 협상에 들어갔다. 결국 디스커버리 채널 제작자는 물러날 수밖에 없었다.

나는 발굴 현장에 있는 몰과 그의 동료들을 찾아갈 수 있게 되었다. 9월이 되자 놀랍게도 디스커버리 채널은 발굴 현장을 몇몇 언론인에게 공개하기로 결정했다. 단, 하탕가로 가는 언론인들은 디스커버리 채널의 대변인인 팀 디클레어Tim Declaire와 동행해야 했다. 어쨌든 나는 자코프 매머드를 내 눈으로 직접 볼 수 있게 된 것이다.

10월 16일, 우리 세 사람—〈모스크바 타임스*Moscow Times*〉의 그레고리 페이퍼Gregory Feifer, 〈아웃사이드*Outside*〉의 아담 굿허트Adam Goodheart, 〈디스커버〉의 나—은 모스크바에서 디클레어를 만났다. 그곳에서 우리는 로스 맥피를 비롯한 발굴에 참여한 과학자 세 사람을 만날 수 있었다. 맥피는 봄에 몰이 발굴에 참가해달라고 요청한 사람이었다. 그는 하탕가로 돌아갈 수 있는 기회만 엿보다가 지금에야 돌아가게 되었다. 뷔게는 벌써 하탕가에 도착하여 우리가 오기만 기다리고 있었다.

우리는 노릴스크를 경유해서 하탕가로 들어갔다. 노릴스크는 노릴스크 니켈 광산 주식회사가 상주해 있는 북극 내륙 도시였다. 1990년대 환경 단체가 노릴스크를 세상에서 가장 오염된 도시 가운데 하나라고 발표하자 유명해진 곳이었다.

일박용 비행기 표가 있었지만 우리는 모스크바에 있는 세레메티에포 원Sheremetyevo One 공항을 그냥 나올 수밖에 없었다. 비행기 이륙이 취소되었기 때문이었다. 들려오는 소문에 의하면 이 항공사의 재정이 극도로 악화되어 노릴스크에서 모스크바로 돌아오는 연료를 구할 수 없었기 때문이라고 한다. 우리는 노릴스크가 위치한 크라스노야르스크 지역에 기반을 둔 크라스에어KrasAir기를 타려고 했다. 자정이 다 되어가는 시간이었기 때문에 그날 밤 노릴스크로 가는 비행기의 좌석이 거의 남아 있지 않았다. 하지만 비행기를 탈 수 없는 것은 아니었다. 항공사 관계자들은 우리가 그날 밤 반드시 출발하려 한다는 것을 알고 있었다. 뷔게의 모스크바 대리인인 영리한 그루지야인 주랍 흐브티시아시빌리Zurab Khvtisiashvili는 휴대전화를 이용해 항공사와 협상을 벌였다. 이윽고 그가 비행기에 올라 일행 한 명당 백 달러씩을 더 얹어주자 승무원들은 우리를 위해 기꺼이 자리를 내주었다.

우리가 노릴스크에 내린 것은 동이 트고 조금 시간이 지나서였다. 거리에는 눈발이 날리고 있었다. 승무원은 러시아어로 바깥 기온이 화씨 영하 12도라고 말한 뒤 영어로는 영하 13도라고 말했다. 곧 기장이 나와 러시아어로 영하 14도라고 정정했다. 그러더니 웅얼거리는 영어로 영하 40도라고 말했다(forty를 fourteen으로 잘못 발음한 것이다/옮긴이). 모스크바의 따뜻한 날씨에 안심하고 있었기 때문인지 예상하지 못한 시베리아의 매서운 추위는 참기 어려웠다. 비행기가 착륙을 시도하면서 강한 바람에 흔들리는 동안 나는 추위로 몸을 와들와들 떨고 있었다.

하탕가로 떠나기 전까지 아직 몇 시간이 더 남아 있었다. 과학자들과 디스커버리 채널의 대변인 몇 사람은 비행기가 출발할 때까지 공항 라운지에서 잠시 눈을 붙이기로 했다. 공항 라운지는 짙은 황색 벽토로 벽을 바르고 바닥은 1980년 모스크바 올림픽 로고가 희미하게 남아 있는 타일이 깔려 있었다. 하지만 우리 언론인들은 노릴스크를 볼 수 있는 절호의 기회를 놓치고 싶지 않았다. 또한 타이미르 반도의 야생 생활로 들어가기 전 마지막 문명의 혜택을 누리고 싶기도 했다.

우리는 택시를 타고 45분간 달려 시내로 들어갔다. 도로는 많은 부분 기찻길과 나란히 접해 있었다. 그 기찻길은 지구에서 가장 북쪽에 위치한 선로였다. 노릴스크 광산 조합에서 제련된 철은 이곳을 통해 공항까지 운반되었다. 선로는 영구 동토층도 녹이는 태양열에 녹아 조금 뒤틀려 있었다. 영구 동토층에서는 전신주도 똑바로 서 있지 못하고 보통 비딱하게 옆으로 기울어져 있다. 바람이 점점 잠잠해지고 해가 낮은 천정天頂 위로 떠오르고 있었다. 북극권에 위치한 북쪽의 낮은 아주 빨리 짧아진다. 공기 속에는 얼음 알갱이들이 떠다니고 있었다. 다이아몬드 더스트diamond dust라고 하는 이 얼음 알갱이는 햇빛을 받아 아름답게 반짝이고 있었다. 하늘에는 두 개의 작은 무지개가 둥근 원을 이루고 있었고 태양 빛은 지평선과 만나 반짝이고 있었다.

까는 이불처럼 생긴 눈 덮인 툰드라 언덕을 지나가는 동안 다이아몬드 더스트를 볼 수 있었다. 택시 운전사는 비포장 도로에서 갑자기 속력을 올렸다. 보통 비포장 도로에서는 차가 갑자기 기울 수 있기 때문에 속력을 낮추는 것이 상식이었다. 훗날 북극 전역을 여행해본 뷔게는 자신의 여행 가운데 가장 힘들었던 여행은 공항에서 노릴스크 시내로 들어가는 택시 여행이었다고 말했다.

나데즈다Nadezhda라는 작은 마을을 반쯤 지났을 때였다. 그 마을 이름은 '희망'이라는 뜻이었다. 나는 문득 이 마을 사람들이 바라는 희망이란 무엇일까 하는 생각이 들었다. 이 쓸쓸한 마을은 마을 한가운데 러시아 정교회 성당 건물이 있고 그 주위를 별로 특별할 것도 없는 아파트들이 들어서 있었다. 좀 더 가자 스탈린 시대에 죄수 수용소로 쓰였던 작은 부락이 나왔다. 그 마을의 이름은 듣기에도 섬뜩한 것이었다. 러시아어로 카에르칸Kayerkan, 즉 '죽음의 계곡'이란 뜻이었다.

우리는 몇 개의 문을 통과해 노릴스크 시내로 들어왔다. 각 문마다 도시의 상징이 그려진 방패꼴 가두리 장식판이 걸려 있었다. 도시의 상징은 이제 막 역기를 들어올린 역도 선수처럼 머리 위로 커다란 열쇠를 들어올린 북극곰이었다. 우리는 7.5미터 높이의 이중 철문과 투광 조명등으로 둘러싸인 죄수 수용소를 볼 수 있었다. 이곳 노릴스크는 니켈이 풍부한 곳이었다. 하지만 그에 못지않게 중요한 자원도 풍부하게 묻혀 있는 곳이었다. 바로 이곳은 백금 산지였다.

도시 외곽에서 바라본 노릴스크는 옛 소련 시대 세워진 칙칙한 건물들이 들어차 있는, 다른 러시아의 대도시와 별반 차이가 없는 평범한 도시 같았다. 그러나 도시로 들어오자 다른 도시와 확연히 차이가 있었다. 대부분 파스텔 색조인 건물 바닥은 영구 동토층에서 어느 정도 떨어진 위쪽에 지어져 있었다. 마치 지상에 설치한 지하실 같은 건물의 벽은 통풍을 위해 구멍이 뚫려 있었다. 이 구멍을 통해 공기가 순환했다. 건물과 땅 사이에 공간을 만든 것은 영구 동토층이 녹으면서 침전될 때 건물에 줄 피해를 막기 위해서였다. 어떤 건물은 좀 더 이상했다. 한 슈퍼마켓의 이름이 베가못 혹은 하마라고 씌어 있었다. 하마는 북극에 살지 않는 동물이다. 이 이름은 우리에게 행운을 불러올 것 같았다. 처음 서방 여행자가 시베리아에 온 것은 1600년대의 일이었다. 그들은 매머드를 보고 성서에 나오는 베헤못의 뼈라고 생각했다. 이 베헤못에서 따온 이름이 베가못이었다.

우리가 중심가로 들어서자 다시 바람이 불기 시작했다. 아직 시베리아의 거친 기후에 적응하지 못한 우리의 몸으로 옷을 뚫고 거센 바람이 들이닥쳤다. 대로 끝에는 위풍당당한 노릴스크 니켈 본사 건물이 희미하게 보였다. 검은색 유리창으로 뒤덮인 이 건물은 영화 〈스타트렉〉에 나오는 거대한 우주선처럼 보였다. 건물 위에는 커다란 시계 전광판이 걸려 있었다. 니켈 본사 건물 근처에 있는 건물 옥상에는 "야금가冶金家에게 영광을!"이라는 선전 문구가 크게 걸려 있었다. 그러나 우리 발밑을 보면 노릴스크 주민들에게 실제로 영광을 가져다주는 것이 무엇인지 알 수 있었다. 사방이 엄지 손톱만 한 석탄 덩어리를 비롯해 석탄 먼지투성이였다. 이제 막 내리기 시작한 눈이 석탄 가루와 섞여 거뭇거뭇하게 변했다.

지구상에서 가장 오염이 심한 도시 가운데 한 곳에서 오후를 보낸 우리는 이제 툰드라로 떠날 준비를 서둘렀다. 비행기가 노릴스크를 출발한 지 세 시간 만에 하탕가에 도착한 걸로 기억한다. 우리를 맞은 것은 국경 수비대였다. 그들은 일행의 여권을 검사했다. 함께 도착한 뷔게의 러시아 협력자 가운데 한 명이 우리를 위해 대신 나섰다. 그는 우리가 자신과 일행이기 때문에 하탕가에 머물 이유가 충분하다, 또한 하탕가 정부가 이들의 체류를 허락해주었다고 설명했다.

그날 밤 우리는 물결 모양의 금속 장식 간판을 단 하탕가 레스토랑에서 저녁을 먹었다. 래리 아겐브로드와 다른 과학자들은 맛없는 순록 고기를 먹을 준비를 하라고 했다. 그들은 이 식당에서는 보통 순록 고기를 밑에 깔고 그 위에 한쪽만 익힌 계란이 나온다고 했다. 하지만 놀랍게도 식사로 나온 음식은 아주 맛있었다. 순록 고기말고도 프렌치드레싱을 친 버섯과 소금에 절인 생선이 함께 나왔다. 모두 러시아 사람들이 즐겨먹는 음식이었다. 거기다 내일 있을 결혼식 연주 연습을 하는 밴드의 음악도 함께 들을 수 있었다. 그들은 작은 소리로 〈하탕가, 하탕가〉를 불렀다. 이 노래는 세계 어디에서 들어도 친근할 것 같은 그런 곡조를 갖고 있었다.

저녁을 먹은 후 우리는 뷔게가 기다리고 있는 자폴야리에Zapolyar'ye('북극으로'라는 뜻) 호텔로 갔다. 그는 우리를 따뜻하게 맞아주었다. 그는 나를 보자 살짝 눈을 깜박였다. 그는 내가 하탕가를 방문하려는 시도가 디스커버리 채널 때문에 여러 번 좌절됐다는 것을 알고 있었다. 디스커버리 채널 제작자와 호텔을 나서기 전, 뷔게는 특유의 독특한 말투로 우리 세 명의 기자들에게 이렇게 말했다. "과학에 대한 건 몰에게 물어보시오. 여자와 사랑에 관해서라면 나를 찾아오고 말이오."

그 다음 며칠 동안 디스커버리 채널 제작진은 우리—기자들—를 촬영 장소에서 떼어놓으려고 무척 애를 썼다. 우리는 뷔게와 다른 과학자들 곁으로도 갈 수 없었다. 이것은 우리뿐만 아니라 우리와 자신의 회사 모두에게 애정을 가지고 있던 디클레어를 놀라게 했다. 이유는 사람들이 지켜보고 있으면 뷔게가 제대로 작업을 할 수 없기 때문이라고 했다. 이 뜻하지 않은 사건 때문에 시간이 남은 우리는 하탕가를 둘러보았다. 하탕가는 사람보다도 금속 저장 창고가 훨씬 더 많아 보였다. 전기 공장과 중공업 공장에서 나오는 석탄 먼지 때문에 이곳도 노릴스크처럼 거뭇거뭇한 눈이 거리를 가득 메우고 있었다. 거리에는 지나다니는 자동차도 거의 없었다. 얼어붙은 내리막길에서는 아이들이 마분지 상자를 납작하게 접어서 썰매를 타고 있었다. 그곳 사람들은 우리와 마주치면 따뜻하게 웃으면서 인사를 건넸다. 정말 이상한 일이었다. 보통 그런 거리에 사는 사람들은 인상을 쓰며 다니는 것이 정상 아닌가? 어떻게 그렇게 명랑할 수가 있을까? 우리는 이해할 수 없었다. 마치 1975년에 상영된 영화 〈스텝포드 와이프The Stepford Wives〉를 보고 있는 것 같았다. 영화에 나오는 여자들은 모두 명랑하고 고분고분하도록 입력된 로봇들이었다. 옆모습이 니컬러스 케이지를 닮은 굿허트는 하탕가를 스텝포드 스텝이라고 불렀다.

그러나 우리는 이내 하탕가에서 만난 사람들이 대부분 행복해 보이는 이유는 실제로 행복을 느끼기 때문이라는 것을 알 수 있었다. 하탕가의 경제 사정은 다른 북극 지방의 도시들보다 훨씬 나은 편이었다. 뷔게도 지역 경제에 한몫 하고 있었다. 그는 그 지역 헬리콥터를 사용하는 대가로 한 시간에 1천5백 달러가 넘는 돈을 지불하고 있었다. 하지만 하탕가를 이끌어가는 원동력은 단연 노릴스크 니켈이었다. 이 회사는 1970년대부터 하탕가가 다이아몬드와 석유 시굴자들의 전초 기지가 되면서부터 이곳에서 광산을 운영하고 있으며 끊임없이 다른 천연자원을 찾아다니고 있다. 노릴스크 니켈은 수입의 일부를 학교나 다른 기간 시설을 설립하는 비용으로 쓰고 있다.

"젊은 사람들은 하탕가에 오고 싶어하지요. 근사한 인생이 기다리고 있으니까요." 북극에서 가장 큰 러시아의 천연 산림지인 자포베드니크 타이미르 천연 보호지구의 보안 책임자 세르게이 판케비치Sergei Pankevich의 말이다. 그는 우리를 천연 보호지구 안에 있는 아파트 1층으로 데려갔다. 그곳은 방 한 칸으로 되어 있는 박물관이었다. 판케비치는 하탕가에는 범죄 조직이 없다고 자랑했다. 러시아 마피아가 전국적으로 퍼져 있었음에도 불구하고 말이다.

그때 자그마한 돌간족 여인이 방으로 들어오더니 판케비치의 낙관론을 뒤집어엎었다. "하탕가에서 사는 게 점점 더 힘들어져요." 판케비치는 그 여인이 박물관장인 이브도키야 악세노바Yevdokiya Aksenova라고 소개했다. 악세노바는 검은색 털 코트를 입고 있었는데 어찌나 칼라가 큰지 마치 그녀의 턱을 받치고 있는 것처럼 보였다. 머리에는 귀까지 내려오는 북극여우 털로 만든 샤프카shapka(러시아의 전통 모자/옮긴이)를 쓰고 있었다. "정말 어떻게 살아야 할까요?" 그녀는 깊고 낮은 목소리로 계속 그 말만 하고 있었다. "정말 어떻게 살 수 있겠어요?" 하지만 전시되어 있는 돌간족 전통 의상에 대한 설명을 시작하자 그녀의 얼굴은 밝게 변했다. 돌간족 겨울 의상은 면으로 만든 두꺼운 긴 상의와 색색의 구슬로 장식하고 붉은여우 털로 가장자리를 덧댄 바지였다. 여름 의상은 순록 가죽으로 만든 바지와 신발이었다. 여름 의상도 물론 구슬이 많이 달려 있었다. 내 시선을 끈 것은 한쪽 벽면이었다. 그곳에는 하탕가 출신 작가들이 쓴 시를 비롯한 오려낸 기사가 붙어 있었다. 그 중 하나는 블라디미르 코스튜첸코Vladimir Kostyuchenko의 「하탕가의 노래Song of khatanga」란 시였다. 그 시구는 다음과 같았다(허가 없이 번역한 것에 대해 작가에게 사죄하는 바이다).

내 마음속의 하탕가
하얀 눈의 땅.
반짝이는 햇빛과 매서운 서리,
멀리서 반짝이는 별빛들,
바람이 불고 폭풍이 몰아치는,
푸른색 눈이 소복이 쌓이는 땅.
희망의 불빛
밤길을 밝히네.

나는 비로소 사람들이 이곳에서 살고 싶어하는 이유를 알 수 있었다. 나도 눈을 미칠 듯이 좋아했고 추운 겨울밤, 별을 바라보는 것을 좋아했다.

내 공상은 악세노바의 갑작스러운 웃음 때문에 멈출 수밖에 없었다. 그녀는 방 한구석으로 가더니 매머드 뼈 조각 몇 개를 들고 와 자랑스럽게 펼쳐보였다. 두개골과 허리뼈, 등뼈가 있었고 놀랍게도 연골 조직과 근육이 그대로 붙어 있는 목뼈도 있었다. 악세노바는

1700년대 이후 하탕가가 매머드 상아 거래의 중심지가 되었다고 설명했다. 그녀는 지난 수백 년 동안 타이미르 반도에서 팔려 나간 상아만 해도 대략 5만 구가 넘을 거라고 했다. "뷔게 씨가 오기 전까지 뼈에 신경 쓰는 사람은 아무도 없었어요." 악세노바가 말했다.

이 뼈들은 파란만장한 역사를 담고 있었다. 1999년 박물관에서 이 뼈들을 처음 본 딕 몰은 뷔게의 동료인 하탕가 출신의 블라디미르 아이스너에게 뼈의 출처를 물어보았다. 아이스너는 1987년 여름에 어떤 산림 감시원이 발견했다고 했다. 상류 타이미르 강 삼각주의 퇴적층이 조금 녹아 밖으로 튀어나와 있는 매머드의 머리와 어깨 일부분을 발견했다는 것이다. 그 감시원은 엄니만 잘라내 그 지방 사업가에게 팔아버리고 나머지는 그냥 썩도록 내버려두었다. 다행히도 사체의 대부분은 얼어붙은 땅 속에 그대로 있었기 때문에 나머지 부분은 무사할 수 있었다.

훗날 알렉세이 티호노프는 이 매머드가 1992년 러시아를 떠들썩하게 했던 그 매머드가 아닐까 하는 생각을 했다. 일본에서는 매머드의 해로 축하하는 그해 가을, 미츠비시 사가 후원하는 촬영팀이 매머드를 찾아냈다. 그들은 매머드 머리 부분을 도끼로 쳐서 약 10킬로그램 정도 되는 매머드 살점을 떼어냈다. 티호노프는 일본인들의 행동이 "정말 야만적인 행위였다"고 말했다. 더구나 일본인들은 러시아 매머드 협회로부터 발굴 허가증을 받지도 않은 상태였다. 러시아에서 매머드를 발굴하려면 반드시 매머드 협회의 허가를 받아야 했다. 일본으로 항의 편지가 쇄도했다. 결국 일본 팀은 다음해 여름, 매머드의 나머지 부분을 찾기 위한 발굴 작업에 참여하기로 합의했다. 그러나 그해 삼각주의 수위가 너무 높았기 때문에 매머드 사체는 물속에 잠겨버렸다. 결국 탐사는 중단될 수밖에 없었다.

2000년 4월 말, 아주 우연히 매머드가 발견되었다. 당시 판케비치는 뷔게를 위해 매머드 잔해를 찾아다니고 있었다. 그는 삼각주에서 일본인들이 놔두고 간 매머드의 나머지 부분을 찾아내고 싶었다. 그러나 아무리 찾아도 매머드는 좀처럼 나타나지 않았다. 지친 판케비치는 개울가에 앉아 낚시를 하기로 했다. 그는 낚싯줄을 개울로 던지고 끌어당기는 것을 반복했다. 그런데 그의 낚싯바늘에 황갈색 매머드 털이 걸려 나오는 것이 아닌가? 맥피는 이 두 번 발견된 매머드에게 후크(낚싯바늘)란 이름을 붙여주었다.

다음날 오후 나는 맥피와 몰이 탐사를 위한 실험실 겸 작업실로 만든 임시 숙소에서 일하는 모습을 지켜볼 수 있었다.

몰은 탁자 위에 매머드의 정강이뼈 조각을 올려놓더니 "구멍을 뚫어봅시다"라고 말했다.

드릴이 정강이뼈를 파고들자 연기가 피어올랐다. 열을 식히기 위해 뚫린 구멍에 물을 부어봤지만 쉬운 일이 아니었다. 맥피는 방 안 가득 콜라겐의 자극적인 냄새가 퍼지자 "마치 불이 난 것 같군"이라고 말했다. 이것은 매머드의 보존 상태가 아주 양호하다는 것을 의미했다.

작업실 선반 위엔 온갖 잡다한 뼈들이 다 모여 있었다. 활처럼 생긴 매머드 갈비뼈부터 멸종된 말의 암갈색 턱뼈, 심지어 개 이빨처럼 보이는 것이 달려 있는 늑대의 두개골까지 없는 게 없었다. 이것들은 모두 8월과 9월에 11명으로 구성된 두 팀의 러시아 탐사대가 타이미르 반도 전역을 돌아다니며 모은 것이었다. 여름 내내 탐사대는 천 가지 이상의 표본을 모아왔다. 임시 숙소는 매우 안전해 보였다. 전에 저축은행이었던 건물답게 쇠창살이 창유리를 마치 낚시 그물처럼 덮고 있었다. 회색 고양이 마샤가 뼈가 놓인 선반 주위를 어슬렁거리고 있었지만 과학자들은 그다지 신경 쓰지 않았다.

맥피는 주머니가 많이 달린 자신의 조끼 주머니에서 플라스틱 샘플 튜브를 꺼냈다. 그는 붓 뒤꼭지를 이용해 드릴에 쑤셔 박혀 있는 뼈를 빼더니 튜브에 담았다. 그는 전부 50개의 매머드, 사향소, 들소, 말의 뼈에서 표본을 두 개씩 채취했다. 하나는 각 표본 당 650달러 하는 분광기 분석을 통해 뼈에 포함되어 있는 정확한 방사성 탄소 원자량을 측정하기 위한 것이고 다른 하나는 치명적인 질병을 유발하는 병원균의 유무를 검사하기 위해서였다.

그의 동료인 알렉스 그린우드가 연약한 DNA 사슬의 상태를 면밀히 검사할 예정이었다. "지금 우리는 무엇을 좇고 있는지도 알지 못합니다. 어두운 곳에서 화살을 쏘는 기분과 똑같지요." 맥피가 말했다. 그린우드는 가장 까다로운 문제는 "우리가 찾고자 하는 고약한 바이러스들은 보통 DNA가 아니라 RNA를 핵산으로 가지고 있는 것"이라고 했다. 병원균을 차례차례 찾다보면 다 분리해내는 데만 몇 년이 걸릴지 모르며 그것도 성공하리라는 보장이 없었다. 따라서 과학자들은 일단 홍역처럼 여러 종에게 전염되는 바이러스부터 집중적으로 찾아보기로 했다. 그런 바이러스 중에는 여러 종에 동시에 전염되는 개 디스템퍼 바이러스라든가 20세기 초부터 아시아의 가축뿐만 아니라 누, 사슴영양, 봉고스bongos 같은 아프리카 유제류들을 공포에 몰아넣었던 우역牛疫 바이러스가 있다. "이런 바이러스는 아프리카코끼리와 아시아코끼리에게 전염되어 심각한 질병을 유발합니다. 코끼리들은 이런 바이러스에 면역성이 거의 없습니다." 맥피가 말했다. 그러자 그린우드는 "만약 멸종 시기에 감염된 바이러스가 예전에는 전혀 찾아볼 수 없었던 종이라면 우리는 '치명적인 질병설'을 입증할 수 있을 겁니다"라고 말했다.

그러나 증거를 찾아내는 것은 쉬운 일이 아니다. 왜냐하면 RNA가 DNA보다 훨씬 더 망가지기 쉽기 때문이다. 그린우드는 RNA는 매우 쉽게 망가지기 때문에 매머드 조직에서 바이러스의 RNA를 찾아내는 것은 그 바이러스의 외피 단백질 상태에 달려 있다고 했다. 바이러스의 외피는 RNA를 둘러싸고 있는 아주 단단한 주머니를 말한다. 또한 과학자들이 매머드 조직에서 RNA 바이러스나 DNA 바이러스를 발견했다 하더라도 멸종 당시 살았던 다른 매머드에게서 같은 바이러스를 발견하지 못하면 아무 소용이 없었다.

맥피의 연구팀은 샌프란시스코에 있는 캘리포니아 대학의 면역학자 제럴드 로웬스타인Jerold Lowenstein과 공동으로 작업하기로 했다. 로웬스타인은 아기 매머드 디마의 혈액에서 독특한 단백질을 추출한 연구팀의 일원이었다. 그린우드는 매머드에 숨어 있는 바이러스를 찾아내기 위해 항체를 사용하자고 제안했다. 이 제안에 응한 과학자는 로웬스타인 한 명뿐이었다. 맥피는 뼈 조각 사이에 숨어 있을지도 모르는 바이러스를 전자현미경으로 찾아볼 예정이다. "치명적인 질병을 유발하는 바이러스는 몸 전체에 다량 퍼져 있을 겁니다." 맥피가 말했다. "공수병처럼 신경 조직에 숨어 있는 바이러스는 뼈에 나타나지 않습니다." 하지만 캡시드capsid(바이러스의 핵산을 싸는 단백질 껍질/옮긴이)에 쌓여 있는 바이러스라면 이야기는 달랐다. "만약 인플루엔자나 디스템퍼라면 뼈 조직에 들어 있을 확률이 높습니다."

자코프 매머드는 치명적인 질병에 걸려 죽었다고 보기에는 사망 연도가 너무 오래되었다. 하지만 맥피와 그린우드는 여전히 자코프 매머드의 조직에서 치명적인 질명을 유발할 수 있는 병원균을 찾고 있다.

맥피는 자코프 매머드가 하탕가 외곽에 있는 얼음 동굴에 보관되어 있을 때도 자코프 매머드의 뼈 조직을 여러 차례 조사해보았다. 하지만 여전히 매머드를 둘러싸고 있는 퇴적물이 녹아 내부에 있는 조직을 검사해보고 싶어했다. 매머드가 녹기를 바라는 것은 우리 기자들도 마찬가지였다.

긴 초가을 북극의 황혼이 저물 무렵, 디클레어는 우리를 한 번도 가보지 못한 하탕가 지역으로 데려가더니 얼어붙은 가파른 길을 따라 내려갔다. 주위가 너무 어두웠기 때문에 나는 가까스로 강의 넓은 만곡에 얼음 낚시꾼들의 오두막이 한 채 있는 것을 알아볼 수 있었다. 우리를 기름통 여러 개가 흩어져 있는 눈 덮인 강가까지 데려간 디클레어는 우리를 그곳에서 기다리게 했다. 그는 언덕 위에 있는 광산의 수갱처럼 생긴 철문 안으로 사라졌다. 몇 분 후 다시 문가로 온 디클레어는 우리에게 따라오라고 고개를 끄덕였다. 그를 따라가면서 이제 드디어 때가 왔다고 생각했다.

동굴의 어두운 조명에 익숙해지자 나는 내가 대단한 곳에 와 있다는 것을 알 수 있었다. 그곳에는 머리와 피부가 없는 거대한 죽음들이 놓여 있었다. 이곳은 하탕가 사람들이 매일 먹는 순록을 도살하는 곳이었다. 정말 끔찍한 장면이었다. 다음 갱도로 들어가자 그곳에는 은색 물고기들이 잔뜩 쌓여 있었다. 마을의 고기 저장소로 쓰이는 곳이었다. 나는 입에서 나오는 입김을 볼 수 있었다. 동굴 안 온도는 연중 영하 15도를 밑돌았다.

우리는 물고기 창고를 지나 작은 방으로 들어갔다. 그곳 벽에는 형형색색의 엄니가 정확히 백 개 늘어서 있었다. 엄니의 색깔은 옅은 아이보리색에서부터 적갈색을 띤 것, 푸른빛을 띤 것, 무기염류 때문에 녹청색을 띤 것까지 아주 다양했다. 이것들은 모두 지난해 여름에 찾아낸 것이었다. 이 엄니들은 엄니 전문가인 대니얼 피셔가 살펴볼 때까지 이곳에 그대로 둘 예정이었다. 피셔는 엄니의 치석을 보고 매머드가 죽었을 당시의 건강 상태와 계절을 알아낼 수 있었다.

그러나 내 시선을 끈 것은 가장 돋보이는 장소에 육중하게 놓인 영화 〈2001 스페이스 오디세이〉에 나오는 것 같은 거대한 돌기둥, 자코프 매머드가 들어 있는 얼어붙은 땅덩어리였다. 땅덩어리 밖으로 뒤틀리듯 튀어나온 것은 3년 전 자코프 형제가 매머드의 두개골에서 잘라낸 2.7미터짜리 엄니였다. 이 거대한 황갈색 엄니는 쇠로 만든 받침대로 땅에 단단히 고정돼 있었다. 그 이유가 매머드에게 경의를 표하기 위해서인지 아니면 텔레비전 화면에 근사하게 나오게 하기 위해서인지는 각자 스스로 판단할 일이다. 동굴의 천장은 둥글고 이랑이 있는데다 불투명한 얼음 결정으로 덮여 있었다. 그래서인지 우리는 고래 뱃속에 들어와 있는 듯한 기분을 느꼈다.

1999년 10월 하탕가로 공수된 자코프 매머드는 방수포에 싸여 안전하게 공항에 안착했다. 그 뒤 매머드는 일반 사람들에게 공개되지 않고 겨울 내내 얼어붙은 채로 공항에 머물렀다. "세상에서 가장 잘 보호된 매머드죠." 몰이 말했다. 2000년 4월, 드디어 뷔게는 얼음 동굴 주인에게서 사용 허가를 받아냈다. 그는 23톤이나 되는 땅덩어리를 크레인과 인부를 동원해 5백 미터 떨어진 동굴까지 끌고 왔다. "마치 공항 활주로에서 얼음 동굴까지 행진을 하는 것 같았습니다." 몰이 말했다.

이제 자코프 매머드는 세상에서 가장 자세히 연구되는 매머드가 될 것이다. 실제로 이 냉동고기 저장고는 자코프 매머드의 연구뿐만 아니라 앞으로 발굴하게 될 모든 매머드의 실험실로 쓰일 예정이다. "이곳은 전세계 과학자들을 위해 쓰일 겁니다"라고 몰은 말한다. 뷔게가 설립한 비영리 단체인 매머더스Mammuthus(프랑스와 러시아 등 각국 과학자들로 구성된 다국적 북극권 탐험대/옮긴이)에서 이곳을 관리하게 된다.

자코프 매머드를 둘러싸고 있는 땅덩어리를 녹이는 과정은 아주 조금씩 진행해야 하는 힘든 작업으로 몇 달이 소요되는 일이었다.

하지만 이런 과학적인 작업은 아주 신중할 필요가 있다. 더구나 고토 팀과 존 크리처, 야나기마치 류조 등 여러 과학자가 복제 실험을 하기 위해 매머드의 냉동된 세포를 기다리고 있었다. 몰은 매머드 복제를 반대하고 있었지만 세포는 기꺼이 나눠주려 했다. 그는 그 이유를 "다른 관점을 가진 과학자들을 반대할 필요가 없기 때문"이라고 했다. "우리는 필요한 과학자들에게 표본을 나누어줄 겁니다. '하, 이건 우리 거니까, 저리 비켜요' 라고 하지는 않을 겁니다. 만약 복제를 하기 위해 표본이 필요한 사람은 우리가 적당한 재료를 찾을 때까지 기다리면 됩니다." 과학자들은 2만 년 동안 얼어붙어 있던 땅덩어리 안에는 완벽하게 보존된 세포가 들어 있을 거라고 생각하고 있다.

이제 땅덩어리의 제일 윗부분이 녹아 자코프 매머드의 모습이 세상에 드러날 때가 왔다. 디스커버리 채널의 연출자 에마뉴엘 메이레스Emmanuel Mairesse는 동굴 바닥에 다리를 쭉 뻗고 앉아 촬영팀이 장비를 만지고 있는 모습을 지켜보고 있었다. 조명 스탠드 중 일부는 물고기가 들어 있는 상자로 쓰러지지 않게 받치고 있었다. 메이레스, 친절하지만 재미가 별로 없는 이 방송국 연출자는 8월과 10월, 자신이 체류를 허락받은 기간 동안 약 60시간을 이 동굴에서 보냈다. "이렇게 완벽한 세트는 만들지 못할 겁니다." 메이레스가 말했다.

하지만 그의 각본은 그리 완벽하지 못했다. 그날 아침, 뷔게는 헤어드라이기로 매머드 윗부분을 녹이고 있었다. 그러자 땅덩어리 윗부분에서 등 쪽으로 척추골 세 개가 모습을 드러냈다. 그 중 두 개는 정확한 해부학적 위치에 관절로 연결되어 있었다. 그러나 실망스럽게도 그는 살점이 전혀 붙어 있지 않은 늑골 한 쌍을 찾아냈다. 이 늑골은 크로스본crossbone(두 개의 뼈를 교차시킨 모습으로 죽음이나 위험을 상징한다/옮긴이)의 형태를 하고 있었다. 모두들 걱정하기 시작했다. 1년 전 티호노프가 자코프 매머드에게서는 건질 것이 별로 없을 거라고 한 이야기가 떠올랐다. 연출자는 크로스본이 꺼림칙했지만 그 장면을 다큐멘터리에서 빼지 않았다. 동굴 안에는 다섯 명의 주요 인사가 있었다. 뷔게와 드 마를리아브, 맥피, 몰, 그리고 티호노프까지. 이들 다섯 사람은 연출자의 지시대로 모두 인조 가죽으로 만든 회색 점프슈트를 입고 있었다.

우리는 촬영팀이 안 들리는 곳에서 신나게 그들을 비웃고 있었다. "파워 레인저 같은데." 페이퍼가 말했다. "펜티엄 광고에 나오는 사람들 같지 않아?" 내가 말했다. 그때 맥피가 우리 쪽을 보며 시퍼렇게 질린 얼굴로 "정말 그렇군요"라고 했다.

조명등이 들어오자 배우들은 나무로 만든 좁은 통로에 서 있다가 땅덩어리 윗부분을 녹이기 위해 들고 있던 헤어드라이기를 작동시켰다. 뷔게는 과장된 몸짓을 하더니 이렇게 말했다. "여기 계신 여러분들, 방청권은 구입하셨소?" 그는 결코 제작진의 요구대로 행동해서 우리를 실망시킬 사람이 아니었다.

다섯 개의 드라이기가 열을 가하자 타이미르 반도의 고대 강둑에서 실려 온 땅덩어리는 조금씩 녹기 시작했다. 몇 분 후 드라이기를 급하게 꺼버린 과학자들이 뭔가 다른 것을 조사하고 있던 티호노프에게 몰려갔다. 각본에는 없는 행동이었다.

“근육 같은 게 있어요.” 맥피가 말했다. 그는 검은 헤어밴드를 두르고 있었기 때문에 안 그래도 큰 키에 수염이 난 그가 훨씬 더 근엄해 보였다.

“이렇게 부드러운 조직은 한 번도 본 적이 없어요.”

몰이 소리쳤다.

그들은 자신들이 찾아낸 것을 전등에 비춰보았다. 그것은 몇 센티미터 되는 길이에 말린 소고기 육포처럼 보였다. 과학자들은 이 피부가 어디에 붙어 있던 것인지 알 수 없었기 때문에 주위에 뼈나 다른 조직이 있는지 살펴보았다. 그러나 단서가 될 만한 것은 아무것도 없었다. 이 오그라든 조직의 일부분이 어디에 속한 것이든 그 결과는 실망스러운 것이었다. 깨끗한 늑골 뼈를 발견한 것 외에는 과학자들이 찾고자 하는 완벽한 조직은 어디에도 없었다. 자코프 매머드는 몰과 다른 과학자들이 그렇게 애타게 기다리던 완벽한 사체가 아니었다.

그러나 맥피는 자신이 예상한 것보다는 더 많은 조직이 나왔다고 말했다. “나는 무척 회의적이었습니다. 자코프 매머드가 부드러운 조직을 가지고 있을 리 없다고 생각했습니다.” 그러나 그는 “하지만 나처럼 부정적인 사람들이 틀린 겁니다… 물론 많은 양은 아닙니다. 하지만 전혀 없는 것은 아닙니다.” 맥피는 자코프 매머드가 완벽한 골격 구조를 갖고 있을 것으로 생각했다. 물론 다른 매머드의 골격보다 훨씬 더 가치가 있는지는 아직 모르지만 말이다. 또한 자코프 매머드가 뼈 외에는 특별한 소득이 없다는 것이 알려지면 사람들은 어떤 반응을 나타낼까? 맥피는 그 질문에 이렇게 되물었다.

"불이 꺼진 후 사람들이 관심을 갖는 걸 봤습니까?" 그는 매머드를 둘러싸고 있는 흙더미가 다 녹으면 자코프 매머드가 가진 신비한 매력이 어느 정도 유지될 수 있을 거라고 말했다. "자코프 매머드는 상징적인 가치를 가지고 있습니다."

자코프 매머드의 해동 과정을 보기 위해 교수로서의 책임도 유보하고 이곳에 온 래리 아겐브로드는 자코프 매머드가 뷔게의 명성을 해치지는 않을 거라고 말한다. "이 땅덩어리 안에 무엇이 들어 있는지 모릅니다. 하지만 그게 무엇이 되었건 저는 신경 쓰지 않습니다." 그는 뷔게의 프로젝트는 발굴한 매머드를 녹이지 않고 운반하는 신기술을 개발했다는 데 의의가 있다고 말했다. "자코프 매머드가 얼어붙은 매머드의 전형을 나타내는 것인지는 현 시점에서 중요하지 않다. 중요한 것은 우리가 한 발 더 앞서나갔다는 것이다." 매머드 전문가인 안드레이 셰르도 아겐브로드의 말에 동의했다. 그는 찾아낸 매머드의 크기를 지층 투과 전파 탐지기로 가늠할 수 있다는 것을 예로 들면서 "이것은 우리가 꿈으로만 생각해오던 새로운 기술"이라고 말했다.

카메라가 촬영을 멈추자 몰은 비슷한 견해를 밝혔다. 그는 자신의 점프슈트를 벗으면서 "우리는 과학을 위해 이 자리에 왔지 영화를 찍기 위해 온 것이 아닙니다"라고 말했다.

그러나 그날 밤 모두들 실망한 것은 분명했다. 뷔게는 "나는 많은 것을 꿈꿔왔는데 얻은 것은 보잘것없군요"라고 말했다. 이 말을 하는 뷔게는 무척 지쳐보였다. "내 머릿속에는 실제로 살아 움직이는 동물이 들어 있습니다. 나는 그 동물의 냄새를 맡을 수 있어요. 정말 살아 있는 동물의 냄새 말입니다." 그러나 천성이 명랑한 그는 곧 우울함을 떨쳐버렸다. 그의 눈은 다시 생기가 돌기 시작했다. "3년 전 자코프 매머드를 발굴하기 시작했을 때가 아련하군요. 이 일이 제 사기를 꺾지는 못할 겁니다. 우리가 찾아내야 하는 것은 앞으로도 무궁무진하니까요."

다음날 뷔게와 그의 동료들은 후크를 조사하기 위해 툰드라 지대로 들어갔다. 기자들은 따라갈 수 없었기 때문에 우리 세 명은 하탕가 시내 탐험을 계속할 수밖에 없었다. 우리는 날이 저물 무렵 하탕가 외곽으로 나가는 길을 따라 걸어가기 시작했다. 매끄러운 콘크리트 보도가 끝나자 우리는 눈 덮인 길을 따라 걸었다. 차갑게 얼어붙은 눈길은 마치 스티로폼을 밟고 지나가는 듯한 소리가 났다. 지나가는 차라고는 라다 한 대가 전부였다. 차 지붕에 커다란 Y자가 놓여 있는 차였다. 차에 탄 사람은 학생이었는데, 그는 급하게 모퉁이를 돌더니 우리를 칠 것처럼 아슬아슬하게 지나갔다.

길을 걸어갈수록 낡은 건물들이 보였다. 곧 알게 된 것이지만 이 텅 빈 거리는 군대가 있던 자리였다. 얼마 안 되는 주택 지구 가운데 한 곳의 입구가 저물어가는 햇빛에 반사되어 빛을 내고 있었다. 철사로 엮인 담장 안에서 제복을 입은 십대 소년 한 명이 칼라슈니코프 라이플총을 어깨에 메고 담배를 피우고 있었다. 찌그러진 그물 레이더 접시를 지나 좀 더 앞으로 가자 버려진 건물의 깨진 벽에 이런 글귀가 씌어 있었다. "군 복무시 병사에게 가장 필요한 덕목은 규율이다." 이 글귀를 읽은 나는 조금이라도 옆으로 비껴나가면 그 즉시 관계 당국에서 나와 우리를 체포할 것 같다는 생각을 했다. 마치 1960년대 영국에서 방영된 TV 시리즈 〈죄수The Prisoner〉에 나오는 패트릭 맥고헌Patrick Mcghan이 탈옥을 시도하다 다시 잡혔을 때처럼 말이다.

다음날 아침, 나는 뷔게의 탐사팀과 함께 얼어붙은 진흙 위에 그대로 묻혀 있는 후크의 척추 뼈를 보기 위해 헬리콥터를 타고 이동했다. 그러나 드 마를리아브의 지층 투과 전파 탐지기가 작동하지 않았다. 추운 날씨 때문에 배터리가 얼어붙은 탓이었다.

하탕가로 돌아가기 위해 헬리콥터에 오르는데 알렉세이 티호노프가 장난기 어린 웃음을 띠며 내게 다가왔다. 그는 지퍼락 백에서 갈색 섬유질 조각을 꺼냈다. 그 전날 그는 철 끌로 콘크리트처럼 딱딱한 땅을 파낸 다음 후크의 오른쪽 옆구리 살에서 근육을 조금 떼어냈다. 전날 밤 야영지에서는 보리스 레베데프의 50번째 생일을 축하하는 파티가 열렸다. 사람들은 물고기 스프와 빵, 보드카를 즐기며 툰드라 지대다운 연회를 즐겼다. 그때 티호노프는 연회에 매머드 고기가 빠지면 안 된다며 사람들에게 후크의 조직을 먹어보라고 권했다. 하지만 지원자가 없었다. 그는 자신이 직접 먹어본 뒤 보드카를 연거푸 마신 다음 이렇게 말했다. "윽, 정말 지독하군. 마치 아주 오랫동안 냉장고에 넣어둔 고기 맛이 나는데요."

그는 내게도 조금 먹어보라고 말했다. "이건 시베리아에서 찾아낸 것 중 최상의 보존 상태를 자랑하는 매머드요." 나는 그의 얼굴에서 아젠브로드가 말하는 이른바 매머디티스mammothitis(매머드 병에 걸린 사람/옮긴이)의 표시가 있는지 유심히 살펴보았다. 그의 입술은 이틀 동안의 혹한 때문에 바싹 말라 있었지만 표정은 매우 밝았다. 그러나 나는 매머드 고기를 먹고 싶지 않았다. 내 소원은 그가 복제 실험을 하려는 과학자들을 위해 그 고기를 남겨두는 것이었다.

에필로그

지상에서 사라져 신화 속으로 들어가버린 동물들은 인류의 마음을 사로잡는다. 누가 살아 움직이는 티라노사우루스 렉스나 검치호랑이를 볼 수 있는 기회를 거절할 수 있을까? 관계 당국에 붙잡힌 새스콰치Sasquatch(북아메리카 북서부 산속에 산다는 손이 길고 털이 많은 사람과 비슷한 동물/옮긴이)에 관한 〈뉴욕 타임스〉 기사를 읽고 싶지 않은 사람이 과연 있을까? 사람이 살지 않는 스코틀랜드의 고성에 용이 나왔다는 기사는 많은 사람이 꿈꾸는 현실일 것이다. 모두 깨닫지 못하는 사이에 사람들은 이런 동물들이 실제로 존재하기를 꿈꾼다. 우리는 신화에 나오는 동물과 공룡이나 빙하기 시대에 살았던 동물처럼 실제 존재했던 동물들을 구별할 수 있어야 한다. 신화에 나오는 생명체 중에서도 실제로 존재했을지 모르는 생명체가 있다.

그런 존재들은 아주 조금이나마 증거를 남김으로써 자신의 실존을 입증한다. 예를 들어 원숭이를 닮은 인간의 사진이나 발자국은 날개 달린 뱀이 있다는 말보다 좀 더 믿음이 간다.

가끔은 멸종했거나 신화에만 존재한다고 믿고 있던 생명체가 갑자기 현실에 나타나는 경우도 있다. 예를 들어 몸길이 1.5미터인 실러캔스coelacanth라는 물고기는 중생대에 멸종한 것으로 알려져 있었다. 그러나 1938년 짙은 푸른색 반점이 있고 기이하게 생긴 물갈퀴 같은 네 개의 지느러미를 가진 이 물고기가 남아프리카 해안에 쳐놓은 심해 그물에 걸려 올라왔다. 그 뒤 이 물고기는 계속해서 발견되고 있다. 이 동물은 살아 있는 화석이다. 그 외에도 멸종된 종으로 알려진 동물들이 발견되는 경우는 종종 있다. 부쾅Vu Quang 소도 그런 예이다. 과학계에 알려지지 않은 신장 90센티미터 정도의 작은 이 동물은 1992년 베트남의 원시림인 부쾅 자연 보존지구에서 모습을 드러낼 때까지 신화 속에만 존재하는 동물로 알려져 있었다. 부쾅 소는 1906년 지금의 자이르 공화국에서 잡힌 숲 속 기린, 오카피okapi 이후 가장 최근에 발견된 새로운 거대 포유류로 기록되었다. 1994년에는 살아 있는 어린 부쾅 소가 잡혔다. 이로써 과학자들은 지구상에서 거대 포유류가 사람의 눈을 피해 오지에서 살아갈 수도 있다는 것을 깨달았다.

털북숭이매머드는 부쾅 소처럼 중앙 시베리아의 숲 속이나 태국 북부에 있는 산림지대로 숨어들어간 것이 아니다. 매머드는 사람들을 피해 숨어들어간 것이 아니다. 아마도 매머드는 부쾅 소처럼 어느 날 갑자기 나타나 사람들을 놀라게 할 것 같지는 않다. 북극 마을로 갑자기 뛰어들어 왔다거나 사냥꾼의 손에 잡혔다는 소식도 듣게 될 확률이 거의 없다. 이 거대한 털북숭이 괴물은 이 추운 러시아의 최북단에서 3천7백 년쯤 전 마지막 자취를 남겼다. 그 뒤 이 바람이 휘몰아치는 땅 시베리아에서 매머드는 영원히 자취를 감췄다.

그러나 매머드는 아직까지 시베리아의 기상으로 남아 있다. 시베리아 원주민들은 매머드가 사라진 지 몇천 년이 흘렀는데도 아직까지 경외의 대상으로 그 뼈를 섬긴다. 또한 러시아 정부에서 금지한 내륙으로 여행을 시도하는 사람들에게는 이 괴물을 찾는 것, 그리고 이 괴물의 사체를 가지고 나오는 것이 꿈이 되었다. 마치 사람들을 유혹하는 세이렌Seiren(그리스 신화에 나오는 반은 새이며 반은 사람인 마녀/옮긴이)처럼 매머드는 탐험가들의 마음을 끌어당긴다. 비록 매머드는 오래 전에 지상에서 사라져버렸지만 시베리아 땅 밑에 살점을 숨긴 채 새롭게 부활하기 위한 준비를 하고 있다. 매머드들은 차가운 얼음 땅에 잠자코 숨어서 자신을 부활시켜줄 적임자가 나타나기를 기다리고 있을지도 모른다. 고토는 자신이 그 적임자이기를 바라고 있다. 매머드에 대한 어린아이 같은 열정, 그리고 생식생물학에 대한 해박한 지식… 그는 매머드를 부활시킬 만반의 준비가 되어 있었다. 그에게 필요한 것은 잘 보존된 매머드 사체뿐이었다.

뷔게에게 매머드는 마치 자식 같은 존재이다. 인생의 10년 이상을 북극에서 보낸 그는 여름이면 매머드가 묻힌 땅덩어리를 발끝으로 알아챌 수 있었고 겨울이면 낙엽송 밑에 숨어 있는 매머드의 채취를 맡을 수 있었다. 그는 시베리아에서 성공과 실패, 죽음과 삶을 경험했다. 자코프 매머드를 헬리콥터로 운반한 것은 커다란 도박이었다. 물론 결과는 실망스러웠지만 그 경험은 뷔게를 완전히 바꿔놓았다. 그저 상업적인 목적으로 매머드 발굴 작업에 뛰어들었던 이 북극여행 관광 가이드는 자코프 매머드를 발굴하면서 완전히 매머드에게 매료되었다. 그가 벌인 발굴 작업은 다른 어떤 매머드 발굴 작업보다 규모가 큰 것이었다.

뷔게와 고토, 두 사람은 완벽하게 보존된 매머드를 찾고 싶어한다. 그러나 아직까지는 모든 시도가 실패로 끝났다. 그러나 두 사람의 무모해 보이는 탐사는 우리가 직접 경험해본 과거보다 훨씬 더 먼 과거를 생생하게 느끼게 해준다. 그들은 운명과 부활에 관해 다시 생각하게 한다. 아마도 뷔게는 완벽한 매머드를 찾아내지 못할 수도 있다. 하지만 그의 탐사는 사람들로 하여금 매머드 멸종에 대해 의구심을 갖게 한다. 그의 탐사로 자극을 얻은 사람들은 여러 가지 멸종 가설을 내놓는다. 하룻밤 사이에 전염병으로 죽었다는 것과 같은 가설을 말이다. 또한 매머드의 멸종은 우리를 뒤돌아보게 만든다. 매머드처럼 지구에서 번성하던 동물이 갑자기 사라져버렸다면 언젠가 우리 인간도 그렇게 될 수 있지 않을까?

매머드 부활을 둘러싼 질문들도 끊임없이 대두되고 있다. 과연 다시 살아난 매머드가 진화할 수 있을까? 만약 매머드가 시베리아의 얼어붙은 땅에서 불사조처럼 부활한다면 우리 인류가 가지고 있는 공통된 죄의식, 즉 이 거대한 동물을 멸종시켰다는 죄책감이 조금은 사라질 수 있을까 하는 문제들 말이다.

고토는 고향 마을의 아이들에게 반드시 매머드를 되살리겠다고 약속했다. 1998년 초 그는 가족 소유의 유치원 원장직을 사임했다. 2년 동안 유치원 경영에 전념해오던 고토에게 이것은 쉽지 않은 결정이었다. 그러나 고토는 아이들이 어렸을 때부터 매머드에게 관심을 갖기를 원했다. "나는 시간이 날 때마다 아이들 한 명 한 명에게 발굴에 대해 말해주곤 했습니다. 언젠가는 그 아이들 중에 나와 같은 일을 하는 사람이 나오길 바랐기 때문이죠. 만약 그런 아이들이 생긴다면 정말 기쁠 겁니다."

"어떤 사람들은 '이미 매머드는 멸종됐습니다. 왜 가만히 쉴 수 있게 놔두지 않는 거죠?'라고 말합니다. 하지만 나는 그 아이들에게 매머드를 다시 살려주겠다고 약속했습니다. 나는 그 아이들의 꿈을 이루어주기 위해 최선을 다할 겁니다." 고토의 말이다. 고바야시 가즈토시는 이 꿈이 필드 스톤 농장에서 이루어지길 바란다. 필드 스톤 농장은 미야자키에서 차로 1시간 정도 걸리는 거리에 있다. 그는 그곳에 매머드 연구소를 세울 계획이다. 물론 시베리아 탐사 계획이 성공해야 하겠지만 말이다. 살아 있는 매머드는 플라이스토세 공원에서 살아갈 것이다. 그러나 필드 스톤 농장에서는 아이들에게 매머드에 대해서 가르칠 예정이다. 오래 전에 지구상에 살았고… 아마도 앞으로도 지구상에 살아갈 동물에 대해서 말이다.

아젠브로드는 자신이 지금 하고 있는 일이 다음 세대에도 그 다음 세대에도 변함없이 계속 되리라는 믿음을 갖고 있다. 그와 그의 아들은 하탕가에 있는 학교에 컴퓨터를 기증할 계획을 세우고 있다. 그들은 그 컴퓨터를 통해 하탕가 아이들이 미국에 사는 아이들과 이메일로 우정을 나누기를 바라고 있다. 그는 앞으로 하탕가에 많은 관광객들이 몰려 뷔게가 발굴한 동사한 매머드와 다른 빙하기 시대 동물들을 관람하게 될 거라고 했다. "물론 디즈니랜드만큼은 아닐 겁니다. 하지만 발리 섬의 새를 보기 위해 수억이나 되는 관광객들이 몰리는 것을 생각해보세요. 매머드를 보러 오는 사람도 그 정도는 될 겁니다. 더구나 완벽한 형태를 갖춘 매머드라면 더욱 사람들을 끌어 모으겠죠. 하탕가의 얼음 동굴은 사람들에게 기막힌 여행지가 될 겁니다." 관광객들이 하탕가로 오지 않는다 해도 상관없었다. 뷔게가 관광객을 찾아 전세계를 돌 수 있었다. 그는 시베리아의 툰드라 지대에서 발견한 그 보물이 전세계 사람들에게 선보이게 될 날을 기대하고 있다. 매머드와 다른 환상적인 동물의 잔해를 태운 제트기가 전세계를 활보하게 될 날을 말이다.

매머드가 복제된다면 그것은 가장 근사한 일이 될 터였다. "동물원에서 털북숭이매머드와 털북숭이코뿔소를 볼 수 있다고 생각해보십시오. 관람객들에게 이보다 근사한 볼거리는 없을 겁니다." 아젠브로드의 말이다. 그는 만약 복제 매머드가 태어난다면 자신과 아내인 완다가 대모와 대부가 되고 싶다고 말했다.

매머드를 복제하고 싶어하는 아젠브로드도 고토처럼 도덕적 근거를 찾기 위해 노력중이다. "사람들은 제게 이렇게 말합니다. '대체 당신이 누구라고 생각하오? 신이라도 되는 것처럼 행동하는구려. 당신이 하는 일은 세상의 종말을 가져올 겁니다. 매머드가 멸종한 것은 그만한 이유가 있기 때문이오. 왜 매머드를 그대로 놔두지 않는 거요?' 라고 말입니다." 아젠브로드의 말이다. 그는 인류가 미국 남서부에 정착하면서 사라진 회색곰과 늑대를 예로 들었다. 이 두 동물은 최근 예전 서식지로 돌아왔다. "매머드와 이 두 동물 모두 인간이 서식지에서 몰아냈다는 공통점이 있습니다. 그렇다면 매머드가 다시 살아나면 안 될 이유가 있을까요?" 아젠브로드는 이렇게 되물었다. "매머드 클론이 우리에게 재앙을 가져올까요? 저는 이렇게 말할 준비가 되어 있습니다. 그런 일은 저-언혀 전-혀 일어날리 없다고 말입니다."

아젠브로드는 후크가 복제에 필요한 재료를 간직하고 있기를 바란다. 후크는 2001년 봄에 뷔게가 발굴한 매머드로 아직 매머드를 감싸고 있는 침전물이 다 녹지 않고 있다. 후크는 트럭에 실려 하탕가로 운반됐다. 수천 년 전에 죽은 후크가 클로닝에 이용되려면 적어도 몸체의 반 이상이 한 번도 녹지 않고 그대로 얼어붙은 채 얼음땅 밑에 묻혀 있어야 한다. 그러나 2001년 뷔게가 발견한 것은 비단 후크뿐만이 아니었다. 딕 몰은 매머드 복제에는 관심이 없다. 그가 추구하는 것은 과학 프로그램의 확립이다. 그는 2001년 뷔게 팀이 발굴해 낸 매머드를 연구하고 여름 발굴 작업에 협력하기 위해 1년 동안 자신의 연구소를 떠나 있었다. 매머드 복제에 회의적이고 대신 과학 프로그램의 확립에 열을 올리는 딕 몰은 다른 과학자들에게 아주 깊은 인상을 남겼다. 맥피는 "그는 아주, 아주 근사한 사람입니다. 정식 학위를 받은 것은 아니지만 아마추어 중에서는 가장 뛰어난 과학자라고 할 수 있습니다"라고 말했다. 그는 맥피가 뷔게 프로젝트를 추진하면서 보여준 개방성에 높은 점수를 주고 있다. 몰은 매머드 표본을 원하는 사람에게는 누구라도 기꺼이 보내주겠다는 태도를 취했다. 학자들에게 존경을 받고 있는 몰은 스스로를 과학 감독이라고 말한다. "인생에 한 번밖에 없는 기회입니다." 몰이 말했다.

2001년 여름, 몰과 뷔게의 탐사팀은 새로운 땅에서 매머드 프로젝트를 시작하기로 했다. 바로 뉴시베리아 군도가 그들의 목표였다. 이곳은 랍테프 해와 동시베리아 해 사이에 있는 북극 군도이다. 알렉세이 티호노프는 이 세상에서 부드러운 매머드 조직을 가지고 있을 확률이 가장 높은 곳이 바로 이곳이라고 했다. 그는 1990년대 중반 러시아 탐사대가 이곳에서 세 개의 매머드 다리를 찾아냈는데 세 개의 다리는 모두 살점이 붙어 있었다고 말했다. "그곳은 매머드 냉동 창고라고 할 수 있지요." 또한 맥피의 '치명적인 질병설'이 사실이라면 이곳에서 치명적인 질병을 일으킨 고약한 병원균도 찾을 수 있을 것으로 기대했다.

얼어붙은 털북숭이매머드는 우리 인류가 문명을 일으키기 전, 즉 문자를 만들고, 논밭을 경작하고, 나라를 세우기 전부터 우리와 함께 지낸 동물이다. 이 오래 전에 사라진 동물은 지금까지 이 괴물을 찾아 헤매던 탐험가들과 과학자들의 눈에만 보이던 매력을 일반인에게 드러내고 있다. 시베리아를 여행하는 동안 나는 매머드에 대해 좀 더 많은 것을 알게 되었다. 그러자 이 상상 속에나 존재하던 거대한 동물에 점점 더 빠져들게 되었다.

나는 인류가 털북숭이매머드에게 알맞은 서식처를 만들 수 있을 거라고 믿는다. 또한 매머드 복제에 필요한 DNA를 충분히 찾아내어 매머드를 복제하더라도 우리 인류가 그 클론을 불행하게 만들지 않을 거라고 생각한다. 매머드 복제가 언제 이루어질지는 아무도 모른다. 그것은 5년 후일 수도 있고 50년 후, 아니면 5백 년 후가 될지도 모른다. 하지만 반드시 털북숭이매머드는 지구상에 다시 모습을 드러낼 것이다.

| 추천도서 |

이 목록은 독자들이 이 책의 주제와 부수적인 설명들을 더 깊이 탐구하는 데 도움을 주기 위해 마련되었다. 하지만 이 목록은 중국 학자들이 최초로 땅 속에 묻힌 쥐의 연대기를 기록하기 시작한 이래로 축적되어온 산더미 같은 매머드에 관한 문헌들을 샘플 추출한 것에 불과하다. 이 책의 각 장들은 일차적으로 과학자들과 탐험가들의 인터뷰, 그리고 시베리아에 대한 나의 인상에 근거하여 씌어진 것으로, 충분하게 설명하지 못한 부분에 대해서는 양해를 구하고 싶다. 매머드에 대해 더 깊은 관심을 가진 독자들은 나의 웹사이트인 www.frozenmammoth.com에서 매머드에 대한 추가적인 정보들을 더 얻을 수 있을 것이다.

죽은 자의 부활

매머드 입문서

헨리 페어필드 오스본Henry Fairfield Osborn의 논문 "The Romance of the Woolly Mammoth", *Natural History* (1930), 30:227~241은 고고학에서 매머드의 중요성을 가장 감동적으로 설명한 글이다. 20세기의 전환기에 매머드에 관해 알아야 할 것을 가장 잘 종합하여 쓴 글은 프레드릭 루카스Frederic A. Lucas의 "The Truth About the Mammoth", *McClure's Magazine*(1900), 2:353~359이다. 게리 헤인즈Gary Haynes의 책 *Mammoths, Mastodonts, & Elephants: Biology, Behavior, and the Fossil Record*(Cambridge University Press, 1991)은 매머드와 그 친족관계에 대한 계몽적인 비교들로 가득하다.

살아 있는 매머드가 어떻게 생겼는지에 대한 가장 과학적인 요약 설명은 러시아 최고의 매머드 전문가들인 베레시차긴Nikolai K. Vereshchagin과 티호노프Alexei N. Tikhonov가 쓴 논문 "Exterior of the Mammoth", *Cranium*(1999), 15:1~48을 참조하면 된다.

아메리카의 매머드

토머스 제퍼슨Thomas Jefferson이 매머드에 얼마나 매료되었는지를 엿보기 위해서는 그의 글 "A Memoir on the Discovery of Certain Bones of a Quadruped of the Clawed Kind in the Western Parts of Virginia", *Transactions of the American Philosophical Society*(1799), 4:246~260을 보면 된다. 또 그 책에 있는 조지 터너George Turner의 글 "Memoir on the Extraneous Fossils, Denominated Mammoth Bones: Principally Designed to Show, That they are the Remains of More Than One Species of Non-Descript Animal", pp. 510~518도 재미있다.

매머드와 그 외 다른 멸종 동물 혹은 환상 동물들은 아메리카의 토착 신화에서 매우 두드러지게 나타난다. 추천할 만한 두 편의 글은 스콧W. B. Scott의 "American Elephant Myths", *Scribner's Magazine*(1887), 1:469~478과 스트롱W. D. Strong의 "North American Indian Traditions Suggesting a Knowledge of the Mammoth", *American Anthropologist*(1934), 36(I):81~88이다.

숲 속의 보물

아기 매머드 디마

디마에 대한 많은 이야기들은 아기 매머드를 부활시키고 연구한 러시아 과학자들과의 인터뷰로부터 나온 것이다. 더 많은 이야기들은 베레시차긴의 "Tracing the Mammoths", *Science in the USSR*(1984), 6:80~128에서 볼 수 있다. 디마를 연구한 미국의 연구팀에 대한 보다 자세한 설명은 엘렌 프레이저Ellen M. Prager 등이 쓴 "Mammoth Albumin", *Science*(1980), 209:287~289를 참조할 수 있다.

초기 매머드에 대한 설명

서구의 문헌들은 매머드에 대한 몇 세기 전의 중국 문헌과는 대립된 설명을 제공한다. 추천할 만한 자료는 메이어스W. F. Mayers의 "The Mammoth in Chinese Records", *China Review*(1877), 6:273~276이다. 중국에 건너간 서구 밀사들의 기록은 매머드를 연상시키는 설명들을 제공한다. 에버하르트 이스브란트 이데스Eberhard Ysbrant Ides의 *Three Years*

Overland From Moscow to China(London, 1706)를 예로 들 수 있다.

애덤스 매머드

발견된 매머드 중에서 가장 덜 손상된—아마 늑대가 손을 대지 못했을—매머드에 대한 드문 설명은 틸레나우William Gottlief Tilesius von Tilenau의 "On the Mammoth, or Fossil Elephant, Found in the Ice, at the Mouth of the River Lena, in Siberia", *Quarterly Journal of Science, Literature, and the Arts*(1820), 8:95~108이다. 좀 더 쉽게 추적해 볼 수 있는 글—그 외 다른 중요한 몇 개의 매머드 발견을 패키지로 묶은—은 톨마초프 I. P. Tolmachoff의 "The Carcasses of the Mammoth and Rhinoceros Found in the Frozen Ground of Siberia", *Transactions of the American Philosophical Society*(1933), 23:2~74이다.

베레조프카 매머드

이 끈기 있는 발굴에 대한 가장 유쾌한 이야기는 (시베리아 토착 문화에 대한 풍부한 설명을 곁들인) 피첸마이어E. W. Pfizenmayer의 책 *Siberian Man and Mammoth*(London: Blackie & Son Limited, 1939)이다. 탐험대장으로부터의 보다 진솔한 설명은 오토 헤르츠Otto F. Herz의 글 "Frozen Mammoth in Siberia", *Annual Report of the Smithsonian Institution For the Year Ending June 30, 1903*(1904), pp. 611~625이다.

베렐레흐 묘지

이 매머드 묘지에 대한 결정적인 설명은 베레시차긴의 "The Mammoth 'Cemeteries' of North-East Siberia", *Polar Record*(1974), 17:3~12를 보면 된다. 또한 베레시차긴의('아기 매머드 디마'에서 인용했던) "Tracing the Mammoths"를 참조할 수 있다.

첫번째 계획, 고베 스테이크

매머드 교배 혹은 유전자 복제

매머드의 부활을 꿈꾸는 일본 과학자들의 과학적 토대를 살펴보기 위해서는, 고토 가즈후미後藤和文등이 쓴 "Fertilization of Bovine Oocytes by the Injection of Immobilised,

Killed Spermatozoa", *Veterinary Record*(1990), 127:517~520과 이리타니 아키라入谷明의 "History and Efficiency of Microassisted Fertilization in Mammals", *Baillier's Clinical Obstetrics and Gynaecology*(1994), 8:1~12를 참조할 수 있다. 매머드의 유전자 복제를 둘러싼 법적 논쟁에 대한 리뷰는 코리 샐스버그Corey A. Salsberg의 "Resurrecting the Woolly Mammoth: Science, Law, Ethics, Politics, and Religion", *Stanford Technology Law Review*(2000), vol. I 이다.

매머드 공상가

마샬 가드너Marshall Gardner가 자비 출판한 지구의 내부 태양에 대한 (그 당시의 지질학적 현상에 대한 중대한 도전으로 제기된) 책 *A Journey to the Earth's Interior*는 매우 흥미롭다. 또 다른 가벼운 읽을거리로는 다이애나 벤-아론Diana Ben-Aaron이 일본인들의 (매머드 부활) 노력을 예고하는 만우절 이야기 "Retrobreeding the Woolly Mammoth", *Technology Review*(April 1984), 85가 있다.

강가의 뼈들

콜리마의 역사

우연히 러시아에 간다면 로워 콜리마 박물관Lower Kolyma Museum에서 정확한 정보로 가득한 팸플릿 "350 Years of Expeditions by Russian Explorers and Polar Navigators on the Kolyma"를 살 수 있다.

얼음 속의 커다란 쥐

토착 시베리아인들과 매머드

책 전반에 걸쳐 등장하는 매머드에 대한 민간전승은 주로 토착 시베리아인들과 러시아인들과의 인터뷰에서 나온 것이다. 유카기르족에 대한 역사적인 설명을 보려면 왈더머 조컬슨Waldemar Jochelson의 "Some Notes on the Traditions of the Natives of Northeastern Siberia About the Mammoth", *The American Naturalist*(1909), 43:48~50을 참조할

수 있다.

북해 화석 채취

딕 몰Dick Mol과 그의 동료들이 네덜란드 연안에서 무엇을 발견했는지 맛보길 원한다면 욘 더 보스John de Vos 등이 쓴 "Early Pleistocene Mammalian Remains From the Oosterschelde or Eastern Scheldt", *Mededelingen Nederlands Instituut voor Toegepaste Geowetenschappen TNO*(1998), 60:173~186을 보면 된다.

매서운 추위

대홍수

헨리 호워스 경Sir Henry H. Howorth의 매머드에 대한 지식을 집대성한 사전 *The Mammoth and the Flood*(London: Sampson Low, Marston, Searle & Rivingston, 1887)을 복간하려는 윌리엄 콜리스William R. Corliss와 그의 사료집 프로젝트에 찬사를 보낸다. 호워스의 팬들은 "The Cause of the Mammoth's Extinction", *Geological Magazine*(1881), 8:403~410에서 그의 논문들을 찾아볼 수 있다.

매머드의 땅

매머드 스텝의 생태계에 대한 가장 중요하고 가치 있는—비전공자에게는 어려울 수 있다—자료는 발렌티나 우크레인체바Valentina V. Ukraintseva의 책 *Vegetation Cover and Environment of the Mammoth Epoch in Siberia*(Rapid City, S. Dak.: Fenske Printing Inc., 1993)이다. 훨씬 더 쉽게 접근할 수 있는 책은 고위도 지방의 생태와 지질에 대한 재미있는 관찰들을 빙하기 들소의 발굴 이야기와 겹쳐놓은 데일 거스리R. Dale Guthrie의 책 *Frozen Fauna of the Mammoth Steppe: The Story of Blue Babe*(Chicago: University of Chicago Press, 1990)이다.

이상 기후설

매머드의 생리를 기후 이상에 의한 멸종과 연관 지으려는 획기적인 시도는 헨리 뉴빌Henri Neuville의 논문 "On the Extinction of the Mammoth", *Annual Report of the*

Smithsonian Institution 1919(1921), pp. 327~338이다. 탐험가 바셋 딕비Bassett Digby도 그의 글 "The Mystery of the Mammoth", *The Nineteenth Century*(1923), 94:222~232에서 이와 같은 의견을 내놓았으며, 잇따라 유쾌한 책 *The Mammoth and Mammoth Hunting in North East Siberia*(London: H. F. & G. Witherby, 1926)을 출간했다. 이상 기후설에 대한 골자가 빠진 비평으로는 파벨 푸시코프Pavel V. Putshkov의 "Were the Mammoths Killed by the Warming?", *Vestnik Zoologii*, Supplement 4(1997): 3~81이 있다.

신대륙에 부는 학살의 바람

플라이스토세의 멸종

많은 정상의 과학자들이 (지질) 제4기의 멸종에 대한 그들의 생각을 로스 맥피Ross MacPhee가 편집한 책 *Extinctions in Near Time: Causes, Contexts, and Consequences*(New York: Kluwer Academic/Plenum Publishers, 1999)에서 보여준다. *Discovery Archaeology*는 매머드의 멸종에 대한 여러 가지 원인들에 대한 논쟁을 1999년 10월호의 특집기사로 다루었다.

대량 학살설

이 가설을 펼쳐 보인 꼭 읽어야 할 폴 마틴Paul Martin의 논문 두 편이 있다. 폴 마틴과 라이트 주니어H. E. Wright Jr.가 편집한 *Pleistocene Extinctions: The Search for a Cause*(1967), pp. 75~120과 "The Discovery of America", *Science*(1973), 179:969~974이다. 래리 아젠브로드Larry Agenbroad도 "Clovis People: The Human Factor in the Pleistocene Megafauna Extinction Equation", *Americans Before Columbus: Ice-Age Origins*〔Ronald C. Carlisle 편집, Ethnology Monographs(1988), 12:63~74〕로 이 논쟁에 참여했다. 또 이 가설을 기발하게 비튼—어떻게 가뭄이라는 자연재해가 사냥꾼들이 매머드를 굴복시키는 데 일조하는지—밴스 헤인즈 주니어C. Vance Haynes Jr.의 "Geoarchaeological and Paleohydrological Evidence for a Clovis Age Drought in North America and its Bearing on Extinction", *Quaternary Research*(1991), 35:438~450도 있다.

치명적인 질병

매머드 DNA

매머드의 세포핵으로부터 DNA 염기서열을 밝히는 데 성공한 알렉스 그린우드Alex D. Greenwood 팀의 보고서는 "Nuclear DNA Sequences from Late Pleistocene Megafauna", *Molecular Biology and Evolution*(1999), 16:1466~1473이다. DNA를 훼손하는 생화학적 과정에 대한 개관은 토마스 린달Tomas Lindahl의 "Instability and Decay of the Primary Structure of DNA", *Nature*(1993), 362:709~715를 참조할 수 있다.

질병설

로스 맥피와 프레스턴 막스Preston A. Marx는 "The 40,000-Year Plague: Humans, Hyperdisease, and First-Contact Extinctions", pp. 169~217, in S. M. Goodman and B. D. Patterson, *Natural Change and Human Impact in Madagascar* (Washington, D. C.: Smithsonian Institution Press, 1997)에서 플라이스토세 말기에 매머드와 수십 개의 종들을 쓸어버린 병원균들의 사례를 배치하고 있다. 야생 생물들을 위협하는 질병의 변종들을 보려면 피터 다작Peter Daszak의 "Emerging Infectious Diseases of Wildlife—Threats to Biodiversity and Human Health", *Science*(2000), 287:443~449가 있다.

소형 매머드 가설

제4기 고생물학의 원대한 세계를 뒤흔든 오리지널 논문은 세르게이 바르탄얀Sergei Vartanyan의 "Holocene Dwarf Mammoths from Wrangel Island in the Siberian Arctic", *Nature*(1993), 362:337~340이다. 유일한 실제 피그미매머드에 대한 개관은 래리 아젠브로드의 *Pygmy (Dwarf) Mammoths of the Channel Islands of California*(The Mammoth Site of Hot Springs, S. Dak., 1998)을 보면 된다.

도약

매머드 매장지

북아메리카 최초의 매머드 매장지에 대한 생생한 일러스트를 곁들인 묘사는 딕 몰의 책 *Mammoths*(The Mammoth Site of Hot Springs, S. Dak., 1993)이다.

DNA 동물원

냉동 동물원

그레고리 벤포드Gregory Benford의 '생명 도서관을 구하자'는 시기적절한 행동 개시 요구는 *Proceedings of the National Academy of Sciences*(1992), 89:11098~11101에 나타나 있다. 이 개념을 살찌운 것은 데이비드 윌트David Wildt와 올리버 라이더Oliver A. Ryder의 공헌이었고, 그들의 생각은 각각 "Genome Resource Banks", *BioScience*(1997), 47:689~698과 "DNA Banks for Endangered Animal Species", *Science*(2000), 288:275~277에서 볼 수 있다.

유전자 복제 과학

두 개의 지표가 되는 보고서는 이언 윌머트Ian Wilmut 팀의 복제 양 돌리에 대한 최초의 보고서 "Viable Offspring Derived from Fetal and Adult Mammalian Cells", *Nature*(1997), 385:810~813과 와카야마 테루히코若山照彦 팀이 쥐 복제에 대해 기술한 "Full Term Development of Mice from Enucleated Oocytes Injected with Cumulus Cell Nuclei", Nature(1998), 394:369~374이다. 또 복제 소도 매우 인기 있는데 가토 요코加藤容子 등이 쓴 "Eight Calves Cloned from Somatic Cells of a Single Adult", *Science*(1998), 282:2095~2098을 참조할 수 있다. 이 빠르게 변화하는 현장에서 몇 편의 보고서는 복제 동물들이 겪는 질환을 다루고 있다. 예를 들면 장 폴 르나르Jean-Paul Renard의 "Lymphoid Hypoplasia and Somatic Cloning", *Lancet*(1999), 353:1489~91을 볼 수 있다.

멸종 생물 복제

복제 양 돌리 이후 이러한 가능성에 대한 최초의 논의 중 하나는 존 코헨Jon Cohen의 "Can Cloning Help Save Beleaguered Species?", *Science*(1997), 276:1329~1330이다. 로버트 랜저Robert P. Lanza와 그의 공저자는 "Cloning Noah's Ark", *Scientific American*(2000), 283(5): 84~89에서 열정적으로 이를 개관하고 있다.

플라이스토세 공원

매머드와 글립토돈(플라이스토세의 거대한 포유동물)은 어디서 공존했는가

세르게이 지모프Sergei Zimov와 그의 동료들은 "Steppe-Tundra Transition: A Herbivore-Driven Biome Shift an the End of the Pleistocene", *The American Naturalist*(1995), 146:765~794에서 플라이스토세 공원의 과학적 가능성에 대해 약술하고 있다. 북아메리카에서 이와 비슷한 혁명적인 실험을 상상하기 위해서는 폴 마틴Paul Martin과 데이비드 버니David Burney의 "Bring Back the Elephants!", *Wild Earth*, Spring 1999, 57~64를 참조할 수 있다.

얼음 동굴 속으로

후크 매머드

이 귀중한 발견에 대한 최초의 과학적 보고서는 딕 몰이 2001년 로마에서 열린 제1차 국제대회에서 '코끼리들의 세계World of Elephants'라는 주제로 발표할 예정이었다.

| 찾아보기 |

매머드, 빙하기 거인의 부활

초판 1쇄 인쇄일 | 2005년 1월 28일
초판 1쇄 발행일 | 2005년 2월 4일

발행처 | 지호출판사
발행인 | 장인용
출판등록 | 1995년 1월 4일
등록번호 | 제10-1087호
주소 | 서울시 마포구 서교동 410-7 1층 121-840
전화 | 02-325-5170
팩시밀리 | 02-325-5177
이메일 | chihopub@yahoo.co.kr

표지 디자인 | 오필민
본문 디자인 | 이미연
편집 | 김철식 · 김인경
마케팅 | 전형세

종이 | 대림지업
인쇄 | 대원인쇄
라미네이팅 | 영민사
제본 | 경문제책

ISBN 89-5909-001-8

C.S. Preobrajenia
Ust Anabarsk
Katanska
L.Piasia
Iakoot
L.Evsievsk
Starokantaisk
Arctic Circ
ARCTIC
Nova Zemlia
Karskoe
Golf of Obi
TOBOLSK
OMSK
TOMSK
TOMSK
KRASNOIARSK
IRKUTSK
Narim
Ishim
Tchapogirs
TARTARY
CHINESE
Balkash Nor
Scale of English Statute Miles
0 50 100 200 300 400 500
English Feet
Siberian Plain
Altai Mts
Sajan Mts
Byelucha 11063 ft
Culminating point of the Altai and of Siberia
Section

AMERICA
OCEAN
Bhering's Strait
G. of Anadir
C. Atchene
S. Thadeus Noss
New Siberia
Kotelnoy
Mth of the Lena
Svatoi Noss
Tchaoun B.
Ice I.
Bear Ist
C. Chalagskoy
C. North
Pt Tenkourgin
Burney I.
R. Palkhia
R. Tchaoun
Shalaurovo
Nijenoi Kolumsk
Sredne Kolumsk
Kolima R.
Zim Alazarsk
Alazarsk
Europatchia R.
Anadirsk
Mountains
TCHUKTCHI
JAKUTSK
Gigansk
Ust Yansk
Okhotsk
Omekon
SEA OF OKHOTSK
Kamtschatka
C. Lopatka
Bolsheretzk
Nertchinsk
Ust Stretensk
Argunsk
Novo Tzurukaitshevsk
R. Amoor
EMPIRE
Nertchinsk Mts 4000 ft
Iablonnoi
Lake Baikal 1410 ft
Kiakhta 2240 ft